Zur Zukunft des Raumes

Stadt und Region als Handlungsfeld

Herausgegeben vom Kompetenzzentrum für Raumforschung
und Regionalentwicklung in der Region Hannover

Band 1

PETER LANG

Frankfurt am Main · Berlin · Bern · Bruxelles · New York · Oxford · Wien

Barbara Zibell (Hrsg.)

Zur Zukunft des Raumes

Perspektiven für Stadt – Region – Kultur – Landschaft

PETER LANG
Europäischer Verlag der Wissenschaften

Bibliografische Information Der Deutschen Bibliothek
Die Deutsche Bibliothek verzeichnet diese Publikation in der
Deutschen Nationalbibliografie; detaillierte bibliografische
Daten sind im Internet über <http://dnb.ddb.de> abrufbar.

Satz und Layout: Kerstin Sailer, Hannover.

ISSN 1610-2444
ISBN 3-631-50220-6
© Peter Lang GmbH
Europäischer Verlag der Wissenschaften
Frankfurt am Main 2003
Alle Rechte vorbehalten.

Das Werk einschließlich aller seiner Teile ist urheberrechtlich
geschützt. Jede Verwertung außerhalb der engen Grenzen des
Urheberrechtsgesetzes ist ohne Zustimmung des Verlages
unzulässig und strafbar. Das gilt insbesondere für
Vervielfältigungen, Übersetzungen, Mikroverfilmungen und die
Einspeicherung und Verarbeitung in elektronischen Systemen.

www.peterlang.de

Inhaltsverzeichnis

Vorwort der Herausgeberin — 7

Einführungen — 13

Barbara Zibell
Zur Zukunft des Raumes zwischen Stadt - Region und Kultur - Landschaft — 15

Dietmar Scholich
Flächenverbrauch - ohne öffentliches Interesse? — 33

Dietrich Fürst
Aufwertung der Region als Ebene gesellschaftlicher Selbststeuerung — 49

Grundlagen und Analysen — 71

Hans Hermann Wöbse
Über die Kultur des Umgangs mit Landschaft in der Stadt-Region — 73

Hansjörg Küster
Die Stadt in der Landschaft: Das Beispiel Hannover — 87

Carl-Hans Hauptmeyer
Zukunft aus der Vergangenheit. Stadt, Region, Kultur und Landschaft aus der Sicht der Regionalgeschichte — 101

Heiko Geiling
Die Stadt in der Region - Probleme sozialer Integration in Hannover — 119

Beispiele und Perspektiven — 135

Jörg Knieling
Stadt-regionale Entwicklung durch Großprojekte, Festivalisierung und neue
Leitbilder. Planungsstrategien in der Metropolregion Hamburg — 137

Axel Priebs
Regionale Konsensstrategien am Beispiel des Einzelhandelskonzeptes des
Großraumes Hannover — 163

Jürgen Weber
Der Ort in der Region: Gemeindeentwicklung und Regionalplanung — 177

Hille von Seggern
Gestaltung urbaner Landschaft. Oder: zur Qualifizierung urbaner Landschaft. Beispiel Abwasser — 199

Michael Braum
Ist weniger mehr? Städtebau und Stadtplanung unter veränderten Vorzeichen — 219

Schlusswort — 229

Schlusswort der Herausgeberin
Rückblick und Ausblick: Raum zwischen Stadt - Region - Kultur - Landschaft — 231

Zu den Autorinnen und Autoren — 245

Vorwort der Herausgeberin

Zur Zukunft des Raumes. Perspektiven für Stadt – Region – Kultur – Landschaft

Inhalt des vorliegenden Bandes ist die Dokumentation einer Vortragsreihe, die im Sommersemester 2002 an der Universität Hannover stattgefunden hat. Bei dieser Vortragsreihe handelte es sich um eine gemeinsame Veranstaltung der Arbeitsgruppe für Raumplanung und Regionalentwicklung an der Universität Hannover, kurz: AG Raum + Region, und des Kompetenzzentrums für Raumforschung und Regionalentwicklung in der Region Hannover.

Die Arbeitsgruppe Raumplanung und Regionalentwicklung an der Universität Hannover

Die AG Raum + Region ist eine fachbereichsübergreifende Arbeitsgruppe, die auf Antrag der Fachbereiche Architektur, Landschaftsarchitektur und Umweltentwicklung, Geowissenschaften und Geographie sowie Geschichte, Philosophie und Sozialwissenschaften an der Universität Hannover 2001 eingerichtet worden ist. Die AG ist zugleich Nachfolgerin der beiden vormaligen, ebenfalls fachbereichsübergreifenden Arbeitsgruppen Stadt und Region bzw. Dorf und ländlicher Raum, die mit der Gründung der neuen AG aufgelöst worden sind.

Mit dieser faktischen Zusammenlegung der beiden früheren Arbeitsgruppen wurde den realen Entwicklungen im Raum Rechnung getragen, die mit der zunehmenden Sub-, Des- und Periurbanisierung seit den 90er Jahren verstärkt zu beobachten sind: Stadt und Region lassen sich nicht mehr in „urban oder städtisch" einerseits und „dörflich oder ländlich" andererseits trennen. Das heißt, eine AG Stadt und **Region**, die sich den aktuellen Herausforderungen stellt, muss die Themen einer AG Dorf und ländlicher **Raum** integrieren und umgekehrt. Der neue Name AG Raum und Region ist entsprechend aus Namensbestandteilen von jeder der ehemaligen zwei Arbeitsgruppen zusammengesetzt, um das Zusammenführen der vormals getrennten Inhalte deutlich zu machen.

Die AG Raum + Region hat sich zum Ziel gesetzt, Forschung und Lehre in den raumrelevanten Studiengängen im Hinblick auf neue Anforderungen weiter zu entwickeln und dazu entsprechende Vorbereitungen innerhalb und außerhalb der Hochschule zu treffen. Neben der Einrichtung eines Weiterbildungsprogramms sowie weiterer studiengangsrelevanter Maßnahmen und eigenständiger interdisziplinärer Forschungen gehört dazu insbesondere die Mitwirkung am Aufbau eines raumwissenschaftlichen Kompetenzzentrums am Standort Hannover.

Das Kompetenzzentrum für Raumforschung und Regionalentwicklung in der Region Hannover

Das Kompetenzzentrum ist in Kooperation mit der Akademie für Raumforschung und Landesplanung (ARL) und anderen außeruniversitären PartnerInnen im Jahre 2001 gegründet worden unter Beteiligung der Fachhochschule Hannover, des Kommunalverbandes Großraum Hannover beziehungsweise neu: der Region Hannover, des Niedersächsischen Instituts für Historische Regionalforschung, des Niedersächsischen Instituts für Wirtschaftsforschung sowie ausgewählter Planungsbüros und vieler anderer Einrichtungen, die in der raumwissenschaftlichen Forschung aktiv sind bzw. diese in der Praxis anwenden oder entwickeln. Ziel des raumwissenschaftlichen Kompetenzzentrums ist es, die einschlägigen fachlichen Kompetenzen am Standort Hannover zu bündeln, ein entsprechendes Netzwerk aufzubauen und zu fördern sowie Raumplanung und Regionalentwicklung in Forschung und Praxis zu qualifizieren. Zentrale Bestandteile dieser Netzwerkarbeit sind insbesondere der wechselseitige Wissenstransfer, der Austausch von fachlichen Informationen und die Zusammenarbeit der beteiligten Einrichtungen an gemeinsam interessierenden, raumrelevanten Fragestellungen. Dazu gehören gemeinsame Forschungs- und Ausbildungsvorhaben genauso wie die gemeinsame Nachwuchsförderung, die Politikberatung und die Öffentlichkeitsarbeit, die zum Beispiel in Form von raumwissenschaftlich orientierten Veranstaltungen stattfinden kann.

Die Schriftenreihe „Stadt und Region als Handlungsfeld"

Die hier dokumentierte Vortragsreihe war die erste öffentliche Veranstaltung, die gemeinsam von der AG Raum + Region und dem raumwissenschaftlichen Kompetenzzentrum durchgeführt wurde. Es war zugleich ein erster gemeinsamer Schritt, um in der engeren und weiteren Fachöffentlichkeit auf diese neue Kooperation aufmerksam zu machen und Interessierte in Stadt und Region in den Prozess des Zusammenwachsens einzubeziehen.

Zur Zukunft des Raumes

Um die Arbeit des neuen Kompetenzzentrums auch über die Fachöffentlichkeit der Hannover Region hinaus bekannt zu machen, wurde sehr frühzeitig die Herausgabe einer gemeinsamen Schriftenreihe in Erwägung gezogen, deren erster Band mit dieser Publikation nun vorgelegt werden kann.
Gemeinsame Basis der Schriften wie auch aller zugrundeliegenden Veranstaltungen und Forschungsarbeiten ist mit der Leitvorstellung der nachhaltigen Entwicklung gegeben, denen sich alle hieran Beteiligten verpflichtet fühlen.

Die Vortragsreihe „Raum ohne Zukunft? Was wird aus Stadt – Region – Kultur – Landschaft"

Da die Vortragsreihe sich nicht nur an Interessierte aus der universitären und regionalen Fachöffentlichkeit wandte, sondern insbesondere auch dazu dienen sollte, das Zusammenwachsen unter den Mitgliedern der veranstaltenden Einrichtungen selbst zu befördern, wurde das Generalthema bewusst sehr breit gewählt. Weiter wurde es als Frage formuliert, um die Bandbreite der möglichen Antworten zu maximieren und größtmögliche Offenheit zu signalisieren. Den unterschiedlichen Perspektiven der Vortragenden sollte Raum gegeben, sie sollten nicht bereits im Vorfeld durch spezifische thematische Vorgaben eingeengt werden; vielmehr ging es darum, die gesamte Bandbreite der beteiligten Institute und Institutionen mit ihren je eigenen Denkansätzen und Forschungsthemen zum Ausdruck kommen zu lassen. Spezialisierungen und thematische Vertiefungen sollen künftigen Vortragsreihen vorbehalten bleiben.

Der vorliegende Band „Zur Zukunft des Raumes. Perspektiven für Stadt – Region – Kultur – Landschaft"

Der Titel des vorliegenden Bandes ist nicht mehr als Frage formuliert, da die hier dokumentierten Vorträge aus der Ringvorlesung im Sommersemester 2002 bereits Antworten zur Zukunft des Raumes liefern. Die Dokumentation entspricht in ihrem Aufbau der dreiteiligen Struktur der zugrundeliegenden Veranstaltungsreihe: Einführungen – Grundlagen und Analysen – Beispiele und Perspektiven.
Dabei geht es im Allgemeinen um die Region, den gemeinsamen Bezugsraum, vor dessen Hintergrund Stadt, Kultur und Landschaft sowie die Handlungsansätze in diesem Raum in unterschiedlicher Weise ausgeleuchtet und reflektiert werden.
Die drei einführenden Beiträge widmen sich – auf ganz unterschiedliche Weise – drei grundlegenden Themen:

- dem Raum an und für sich, in seinen materiellen und immateriellen Formen und Konstruktionen sowie dem Raum in der räumlichen Planung (Zibell),
- dem Flächenverbrauch bzw. der Frage, was sich im konkreten Raum, zwischen Stadt und Region, in der Siedlungslandschaft vollzieht (Scholich),
- dem Phänomen der Steuerung, das hier mit dem Fokus auf der Selbststeuerungsfähigkeit insbesondere der Bildung von Akteursnetzwerken gewidmet ist (Fürst).

Grundlagen und Analysen werden aus Sicht von Kultur und Landschaft sowie aus historischer und sozialwissenschaftlicher Perspektive geliefert, und zwar:

- zum Kulturbegriff im Allgemeinen und zur Kultur des Umgangs mit Landschaft in der Stadt-Region im Besonderen (Wöbse),
- zur allgemeinen Bedeutung der Topographie für das Siedeln und zur historischen Entwicklung der Siedlungs- und Kultur-Landschaft am Beispiel von Hannover (Küster),
- zur geschichtlichen Bindung des Planens und Handelns und zum Anwendungsnutzen von Regionalgeschichte für raumorientierte Planung (Hauptmeyer),
- zu den sozialräumlichen Realitäten zwischen Integration und Segregation und zu den künftigen Möglichkeiten für einen sozialen Zusammenhalt (Geiling).

Um Beispiele und Perspektiven geht es in der dritten Sequenz; hier wird in fünf verschiedenen Beiträgen gezeigt, welche Probleme Stadt und Region heute beschäftigen und wie diese in konkreten Fallbeispielen angegangen werden. Dabei werden im Einzelnen thematisiert:

- aktuelle Planungsstrategien einer prosperierenden Stadt am Beispiel der Freien und Hansestadt Hamburg, unterstützt durch Leitbilder und Großprojekte (Knieling),
- regionale Konsensstrategien, am Beispiel der Einzelhandelsentwicklung in der Region Hannover, unterstützt durch neue planerische Instrumente (Priebs),
- kommunale Entwicklungsstrategien im regionalen Kontext unter besonderer Berücksichtigung des einzelnen Ortes und dessen siedlungsgeschichtlicher Bedeutung (Weber),
- Projekte zur Gestaltung und Aufwertung urbaner Landschaften durch den Umbau von Abwassersystemen am Beispiel der Stadt Salzgitter in Niedersachsen (von Seggern),

Zur Zukunft des Raumes

- städtebauliche und stadtplanerische Projekte für größere und kleinere Gemeinden in den neuen Bundesländern, welche von Schrumpfungsprozessen betroffen sind (Braum).

Den Abschluss bildet eine Auseinandersetzung der Herausgeberin mit dem Ertrag der Reihe und den aufgeworfenen beziehungsweise offen gebliebenen Fragen. Hier werden Aussagen aus dem Podiumsgespräch verwendet, das am Ende der Vortragsreihe stattgefunden hatte.

Einen Wermutstropfen stellt – gerade für mich als Herausgeberin und Vorsitzende der AG Raum + Region – die geringe Beteiligung von Frauen als Autorinnen im Rahmen dieser Dokumentation wie auch als Akteurinnen an der zugrundeliegenden Vortragsreihe dar. Hier zeigt sich, dass Fachfrauen, insbesondere auf der hier angesprochenen regionalen Ebene – sowohl im universitären Bereich wie auch in der Planungspraxis – immer noch (zu) dünn gesät sind. Nachwuchsförderung in den Raum- und Regionalwissenschaften wird daher in nächster Zukunft zu weiten Teilen immer noch Frauenförderung sein.

Hierzu gehört nicht zuletzt auch ein selbstverständlicher Umgang mit geschlechtsneutralen beziehungsweise beide Geschlechter umfassenden Formulierungen im geschriebenen wie im gesprochenen Wort. Im Zusammenhang mit der Herstellung dieser Dokumentation hat sich gezeigt, dass hier zum jetzigen Zeitpunkt kein einheitlicher Modus gefunden werden konnte; den AutorInnen wurde es daher selbst überlassen, die Formulierungsfrage in ihrem Sinne zu lösen.

Es bleibt zu hoffen, dass dieser Band, den wir einer breiten LeserInnenschaft anempfehlen möchten, insbesondere auch Fachfrauen anregt, sich in die komplexen Probleme räumlicher Entwicklung, gerade auf der regionalen Ebene, einzumischen, und dass er insgesamt einen Beitrag leistet zum vertieften Nachdenken über und zur Entdeckung neuer Handlungsoptionen für die Region der Zukunft. Um nichts mehr und nichts weniger geht es uns, als dass die hier eingenommenen verschiedenen Perspektiven auf Stadt, Region, Kultur und Landschaft Anstöße liefern für die weitere fachliche Debatte zur Zukunft von Stadt und Region.

Hannover, im Oktober 2002

Barbara Zibell

Geschäftsführende Leiterin der AG Raum & Region, Vorstandsmitglied Kompetenzzentrum

Einführungen

Barbara Zibell
Zur Zukunft des Raumes zwischen
Stadt - Region und Kultur - Landschaft ■

Dietmar Scholich
Flächenverbrauch -
ohne öffentliches Interesse? ■

Dietrich Fürst
Aufwertung der Region als Ebene
gesellschaftlicher Selbststeuerung ■

Barbara Zibell

Zur Zukunft des Raumes zwischen Stadt – Region und Kultur – Landschaft

„Raum ohne Zukunft?" So lautete der Titel dieser Vortragsreihe – und im Untertitel: „Was wird aus Stadt – Region – Kultur – Landschaft", offen formuliert, ohne Fragezeichen. „Zur Zukunft des Raumes" – diesen Titel, der schließlich zum Titel der ganzen Publikation geworden ist – hatte ich für meinen Einführungsvortrag gewählt und dieser Titel war und ist Programm: PlanerInnen, also Menschen, die sich mit dem Raum und dessen Entwicklung, dessen Steuerung in eine ungewisse Zukunft beschäftigen, glauben per se immer an eine Zukunft; das ist Inhalt ihrer Profession. Gleichzeitig ist es auch Ausdruck der Überzeugung, dass Menschen ihre Zukunft selber bauen (können), sie gewissermaßen in der Hand haben, zumindest verantwortlich sind für das, was entsteht: Zwischen dem Ausverkauf der Erde und einer nachhaltigen Entwicklung steht eine ganze Bandbreite an Möglichkeiten offen.

Voraussetzung für eine Annäherung an die – offene – Zukunft des menschlichen Lebensraumes, um den es hier letztlich geht, ist die Auseinandersetzung damit, wo wir heute stehen, wie wir den städtischen Raum, unseren Kulturraum, Region und Landschaft heute sehen und beurteilen und wie wir diese in die Zukunft projizieren. Damit werden Möglichkeiten entworfen, aber gleichzeitig immer auch Unmöglichkeiten erzeugt.

Zwei grundlegende Bedingtheiten sind es, die hier eine zentrale Rolle spielen:

- erstens: **was** ist aus der derzeitigen Sicht der Dinge, vom jetzigen Stand der Entwicklung her möglich? Das ist die Frage nach der Bedingtheit aus dem Bestand, auch aus den Regeln des Systems, und
- zweitens: **wer** spielt bei der Entwicklung der Zukunft eine Rolle, wer nicht? Das ist die Frage der Bedingtheit aus der individuellen Stellung im System,

innerhalb der Hierarchie, die aus Geld, Macht und Einfluss gebildet wird und die die Rolle der Einzelnen, als AkteurInnen oder als Betroffene, bestimmt.

1 Zum Raumbegriff in den planenden und gestaltenden Disziplinen

Bernd Meurer, Professor am Fachbereich Gestaltung der FH Darmstadt, hat den „Raum" und dessen Zukunft vor einigen Jahren folgendermaßen umschrieben: „Der Raum, den wir als Lebensraum erfahren, ist Handlungs-, Orientierungs- und Kommunikationsraum. (...) Mit Zukunft des Raumes ist dessen Gestaltung gemeint, ein Prozess, der sich in der (...) Gegenwart vollzieht und nie abgeschlossen ist. Es geht um die Problematisierung des Raumes, den wir wahrnehmen, den wir uns aneignen, den wir als Ressource gebrauchen, den wir als sozialen Interaktions- (...) -raum, als städtischen Raum, als Landschaftsraum, als öffentlichen und als privaten Raum nutzen und dadurch stets aufs Neue transformieren, den wir als Distanz entweder überwinden oder mit den Mitteln der Telematik auflösen, den wir imaginieren, simulieren und den wir als alternativen, virtuellen Raum elektronisch zu generieren vermögen ..." (Meurer 1994, S. 13)

Ein weiter Raumbegriff, der zum Nachdenken anregt und nicht zuletzt die Frage aufwirft, wie wir diesen Begriff eigentlich füllen und verwenden, in den räumlich denkenden und planenden Disziplinen, im täglichen Alltagsgeschäft der Planungspraxis. Welchen Raum haben wir im Kopf, wenn wir planen und entwerfen? Auf welchen Raum beziehen sich diejenigen, die ein Haus planen, eine Stadt oder deren Teile, auf welchen die, die Landschaft planen, oder die, die sich mit der Planung und Entwicklung ganzer Regionen beschäftigen? Ich habe den Eindruck, dass Raum von verschiedenen Disziplinen ganz unterschiedlich verstanden wird, indem immer wieder andere Facetten dessen, was Raum sein kann, im Vordergrund stehen – wenn „Raum" überhaupt als solcher thematisiert und reflektiert wird.[1]

1.1 Gedanken zum Raum: zwischen Konzeption und Konstruktion

Die Marburger Sozialwissenschaftlerin Gabriele Sturm übt in ihrer Habilitationsschrift „Wege zum Raum" (Sturm 2000, S. 8) zumindest Kritik an der meist unreflektierten Verwendung des Raumbegriffs in den planenden und

---

1   zu den vielen Facetten räumlichen Denkens siehe auch Reichert 1996

gestaltenden Disziplinen. Da würde „Raum" zwar permanent in den Mund genommen, als Flächeneinheit benutzt und in Konzepten verplant, dabei aber selten als solcher reflektiert. Dabei ist Raum – wie wir im Grunde alle wissen – ein weitreichender Begriff und ein ebenso unermessliches Phänomen, irgendwo zwischen Weltraum und menschlichem Lebensraum angesiedelt, und je nachdem, von welchem Standpunkt wir ihn betrachten (wollen und können), auch in aller Regel relativ.

Das Verhältnis des Menschen zum Raum hat sich mit den Möglichkeiten der Raumdarstellung und der Entwicklung entsprechender Methoden – erst dem Kartenzeichnen, wie es seit den ersten römischen Landvermessungen praktiziert wurde, dann dem perspektivischen Darstellen seit der Renaissance bis hin zu den virtuellen Darstellungstechniken heute (CAD) – immer weiter entwickelt und ausdifferenziert. Die individuelle Raumerfahrung wurde dabei zunehmend abstrahiert und in zwei-, drei- und schließlich vierdimensionale Darstellungen projiziert. Wir haben heute eine Fülle an Möglichkeiten, Raum wahrzunehmen und zu erleben, darzustellen und zu simulieren. Über welchen Raum sprechen wir also, welchen Raum meinen wir, wenn wir planen, Raum in und für die Zukunft entwickeln?

Was wir um uns herum sehen und worauf wir uns in aller Regel bei der Planung von Raum auch beziehen, die gebaute Umwelt oder die Landschaft, das kann man zunächst als „konkreten" Raum bezeichnen – im Unterschied zum „abstrakten" Raum, der nur in der Vorstellung vorhanden ist beziehungsweise in der Darstellung oder der Kommunikation Gestalt annimmt: ob als Fläche, als Raum, als Zeitraum, materiell oder virtuell. Mit den vielfältigen Darstellungsmöglichkeiten von Raum und den medialen Vermittlungstechniken bis hin zu den modernen Informations- und Kommunikationstechnologien sind diese Übergänge fließend geworden: Sobald eine Raumvorstellung aufgezeichnet, mit graphischen oder auch virtuellen Mitteln dargestellt wird, wird sie aus der Abstraktion des Geistes in vorstellbare Materie umgesetzt und damit anderen vermittelbar, sie wird gleichzeitig aber auch aus einer potentiellen Fülle denkbarer Möglichkeiten eingeschränkt auf die ausgewählte Version. Damit wird vorselektiert und gegenüber anderen auch Macht ausgeübt, insbesondere dann, wenn ihnen diese Vorstellung nicht nur vermittelt, sondern gegen sie durchgesetzt wird.

Durch die Darstellung wird gleichzeitig auch die eigene Raumwahrnehmung verändert und erweitert: Indem eine zuvor abstrakte Vorstellung ent-äußer-t, konkretisiert und damit gewissermaßen zum Gegenüber wird, mit dem wieder kommuniziert werden kann, verändert sich das Denken des Autors / der Autorin. Raum pendelt sozusagen hin und her zwischen konkreter Erscheinungswelt und abstrakter Vorstellungswelt; dabei wird das Gesehene immer wieder neu interpretiert und in neue Konstruktionen – zunächst im Kopf, dann gegebenenfalls in konkreten Raum – umgesetzt.

Raum – wie wir ihn erleben, erfahren und planen – ist nicht nur Anschauungs- und Darstellungsraum, er ist auch Denk- und Freiraum, Bewegungs- und Veränderungsraum, Ergebnis und Gegenstand von (Re-) Konstruktionen aller Art: Er engt ein oder er befreit, je nachdem, auf welcher Seite wir stehen. Raum ist nicht nur relativ und subjektiv, er ist immer auch konstruiert, eine Konstruktion von Verortungen, von Platzzuweisungen im Raum, die gleichzeitig durch individuelle und kollektive Wertvorstellungen genährt werden, die der Gedankenwelt, der geistigen Welt, dem Metaphysischen, dem Übersinnlichen und Transzendentalen, entnommen sind. Durch Erfahrungen in der konkreten Körperwelt werden diese immer wieder angereichert, bewertet und angenommen oder – so die individuellen und kollektiven Möglichkeiten und Fähigkeiten vorhanden sind – auch verändert.

Spätestens hier kommt die Machtfrage ins Spiel: Je nach Alter und nach Geschlecht, nach Hautfarbe, gesellschaftlichem Status und sozialer Rolle im System wird Raum nicht nur unterschiedlich wahrgenommen, auch die (potentielle) Aneignung von Raum[2] ist grundlegend von diesen individuell und kollektiv wirksamen Determinanten geprägt. Auch diejenigen, die planen und entwerfen, Raum in die Zukunft projizieren, sind von diesen Bedingungen nicht ausgenommen.

1.2 Aneignung von Raum: zwischen Vermögen und Bewegen

Nützlich für ein vertieftes Raumverständnis sind die drei von Bourdieu geprägten Kategorien des „physischen", des „sozialen" und des „angeeigneten physischen" Raumes (Bourdieu 1991). Dabei entspricht:

- **der physische Raum** dem konkreten Raum, dem körperlich-materiellen, dem gebauten und umbauten Raum, der die örtliche Gebundenheit des Menschen zum Ausdruck bringt – darauf beziehen wir uns im Allgemeinen beim Planen;
- **der soziale Raum** dem abstrakten Raum, der von Personen konstituiert wird, die bestimmte Positionen einnehmen – er spielt als Interaktionsraum beim Planen zwar eine große Rolle, indem er zum Beispiel zwischen Entscheidenden und Betroffenen klare Grenzen zieht, wird aber nicht in

---

2 der Begriff wird hier verstanden als Aneignung der Umwelt durch Arbeit im weitesten Sinne beziehungsweise als Aneignung des Lebensraumes durch jede menschliche Tätigkeit, wie er von Karl Marx geprägt worden ist

jedem Entwurfs- beziehungsweise Planungsprozess auch grundsätzlich reflektiert und berücksichtigt;
- **der angeeignete (physische) Raum** dem, was die Einzelnen subjektiv aus den gegebenen Möglichkeiten machen beziehungsweise zu machen in der Lage sind. Hier spielen nicht nur Macht und Einfluss, sondern zunächst auch Vermögen und Können eine wichtige Rolle – wenn dieser Raumaspekt bei jeder Planung, jedem Entwurf in allen seinen Facetten ausgelotet würde, entspräche das im Prinzip der Anwendung des Gender Mainstreaming[3], wie es heute von der EU gefordert und gefördert wird: nämlich das grundsätzliche Denken in sozialen Rollen.

Voraussetzungen für die Aneignung von Raum, im nutzenden wie im ausnutzenden Sinne, sind einerseits Macht und Vermögen, also **Kapital** im weitesten Sinne, und andererseits Möglichkeiten und Spielräume, also **Bewegung** aufgrund von Nutzungsprozessen aller Art.

Raumaneignung durch Kapital

Zur Aneignung von Raum sind nach Bourdieu drei Formen des Kapitals erforderlich, und zwar: soziales, kulturelles und ökonomisches Kapital; ich füge diesen drei Formen noch eine vierte Form, das politische Kapital, hinzu:

- **soziales Kapital** – das umfasst Herkunft beziehungsweise Zugehörigkeit nach Klasse und Schicht, Ethnie beziehungsweise Hautfarbe und Geschlecht; damit verbunden ist die Position im gesellschaftlichen System sowie die Akzeptanz durch Andere;
- **kulturelles Kapital** – das ist die Kompetenz, sich im gegebenen Raum angemessen zu verhalten; das wird primär nach den genannten Kriterien wie Herkunft, Klasse und Schicht beziehungsweise Milieu usw. bestimmt und durch weitere Faktoren wie Bildungsstand und Ausbildung, Stellung im Beruf etc. sekundär vermittelt;

---

3   Gender mainstreaming (GM) besteht in der Reorganisation, Verbesserung, Entwicklung und Evaluation von Entscheidungsprozessen in allen Politik- und Arbeitsbereichen der Gesellschaft, das heißt auch in jeder Organisation. Ziel ist es, die Perspektiven des Geschlechterverhältnisses in alle Entscheidungsprozesse einzubeziehen und alle Entscheidungsprozesse für die Gleichstellung der Geschlechter nutzbar zu machen (Definition nach Stiegler 2000, S.8f).
Im Rahmen der 4. Weltfrauenkonferenz 1995 in Peking hatte sich die weltweite Frauenbewegung auf diese neue Strategie zur Gleichstellung der Geschlechter geeinigt. Dem Ziel, „Ungleichheiten zu beseitigen und die Gleichstellung von Männern und Frauen zu fördern", haben sich im Amsterdamer Vertrag von 1999 auch die Staaten der Europäischen Union verpflichtet; in der Förderpolitik des Europäischen Strukturfonds wird das Prinzip des GM bereits angewandt.

- **ökonomisches Kapital** – das umfasst die Verfügung und Verfügungsgewalt über Geld, Immobilien, aber auch über Arbeitskräfte und Produktionsmittel;
- **politisches Kapital** – das bedeutet Entscheidungsgewalt, Legitimation von Handlungen beziehungsweise Zugang zu oder Möglichkeit der Einflussnahme auf Entscheidungen.

Die Verfügung über soziales und kulturelles Kapital erleichtert die Inanspruchnahme und Nutzung gegebener Räume – wer wenig davon hat, hat auch wenig Raum, im konkreten wie im abstrakten Sinne. Für die Konstruktion und Produktion von Raum ist notwendige Voraussetzung immer die Verfügung über ökonomisches und politisches Kapital; hier reicht allein das soziale und kulturelle Kapital nicht aus, und hier wird der Unterschied nicht nur zwischen Arm und Reich, sondern auch zwischen Männern und Frauen, die im Durchschnitt über einen Bruchteil des ökonomischen und politischen Kapitals verfügen, eklatant. Konsequenz ist, dass die Definitions- und Gestaltungsmacht und damit die Chancen zur Aneignung von Raum ungleich verteilt sind.

Raumaneignung durch Bewegung

Für die Aneignung des konkreten wie auch des abstrakten Raumes ist Bewegung Voraussetzung. Jede Ausübung einer Tätigkeit, jede Nutzung oder Umnutzung erfordert Bewegung – ohne Bewegung gibt es weder Produktion noch Reproduktion, weder Aufbau noch Veränderung.

Aneignung im konkreten Raum vollzieht sich im Rahmen des alltäglichen Gebrauchs der Umwelt. Durch Routinen, regelmäßige Verrichtungen und Gewohnheiten wird Raum zur bekannten und vertrauten Umgebung, mit der sich Einzelne wie auch Gruppen identifizieren (können). Das Altbekannte und Vertraute wird durch Realisierung entsprechender Planungen reproduziert.

Aneignung im abstrakten Raum vollzieht sich über die Ausnutzung gegebener Möglichkeiten, wobei bestimmte Spielregeln – wie soziale Codes und Gepflogenheiten, Konventionen oder auch gesetzliche Bestimmungen – einzuhalten sind, zu denen die Mitglieder der Gesellschaft aufgrund der verschiedenen Kapitalformen unterschiedliche Zugangsmöglichkeiten haben.

„Umnutzungen" – im konkreten wie im abstrakten Raum – vollziehen sich in aller Regel im vorgesehenen Rahmen, denn jede Umnutzung setzt die Duldung durch die Gesellschaft, in einem demokratischen System auch die Bestätigung durch politische Beschlüsse respektive eine Bewilligung durch entsprechend legitimierte Behörden voraus. Umnutzungen, die den gegebenen Rahmen sprengen, werden häufig durch soziale „Bewegungen" – zum Beispiel von Arbeitern,

Frauen, Studenten, HausbesetzerInnen – ausgelöst (vgl. Fritzsche 2000, S.19-27), mit denen eine Veränderung der gegebenen Spielregeln in Betrieb, Familie oder Gesellschaft angestrebt wird. Dies findet in vielen Fällen seinen Niederschlag im konkreten Raum, zum Beispiel auf öffentlichen Straßen oder in leer stehenden Gebäuden; hierbei werden dann oftmals auch die Grenzen der Legalität überschritten. Die Verschränkung von gebautem und sozialem Raum wird in diesem Kontext besonders deutlich.

Umnutzungen auf der gesellschaftlichen Mikroebene vollziehen sich täglich, fast unbemerkt und ungestraft; es sind dies zum Beispiel die zahlreichen Fälle der Missachtung von Hinweistafeln mit der Aufschrift „Privat" oder „Betreten verboten" oder das Überschreiten der Straße bei roter Ampel. Auf der Makroebene sind Umnutzungen, die sich spontan ereignen – Umwälzungen größeren Ausmaßes wie Revolutionen – seltener anzutreffen. Größere Veränderungen können sich aber auch schleichend vollziehen; das zeigt der Prozess der Motorisierung, im Zuge dessen die selbstverständliche Nutzung der öffentlichen Straßenräume für nicht motorisierte VerkehrsteilnehmerInnen im Laufe des 20. Jahrhunderts nach und nach und ohne große Widerstände eingeschränkt wurde.

Fazit für den Raumbegriff

Raum ist nicht nur in seiner konkreten, materiellen, gebauten oder gestalteten, sondern immer auch in seiner abstrakten, immateriellen, sozialen und psychologischen Dimension zu denken.

Alle menschgemachten Formen und Strukturen in Stadt und Region, Dorf und Landschaft sind durch gedankliche Konstruktionen vorweggenommen, sie sind zeit- beziehungsweise epochengebundene Materialisierungen von Gesellschaft im Raum. Daher können sie immer auch anders beziehungsweise neu gedacht werden. Was nicht im Kopf als Möglichkeit vorweggenommen wird, kann nicht entstehen. Konkrete Räume sind Ergebnis zuvor gedachter Räume, gedachter Möglichkeiten. Sie sind gleichzeitig Ergebnis abstrakter Beziehungen im Raum, Ausdruck von sozialen Konstruktionen und Konstellationen. Planung und Steuerung der räumlichen Entwicklung ist somit nicht nur eine Frage baulicher, sondern immer auch eine Frage sozialer Räume.

1.3 Zur neuen Dimension des Virtuellen

Neben die Unterscheidung in konkrete und abstrakte Räume ist heute eine weitere Kategorie getreten, eine Zwischenform, die weder rein materiell noch rein immateriell ist: die virtuelle Dimension, die real ist, indem sie eine neue Form der Wirklichkeit darstellt, aber nicht reell ist, nicht wirklich greifbar. Sie ist virtuell, nur elektronisch vermittelt vorhanden und medial sichtbar, aber sie ist nicht spirituell[4], das heißt: Sie kümmert sich nicht um Werthaltungen und ethische Fragen. Sie ist zugleich konkret und abstrakt, indem sie Welten und Räume entwirft, konstruiert, gestaltet und für die Öffentlichkeit erschließt. Allerdings steht sie nur einer Teilöffentlichkeit zur Verfügung, all jenen, die Zugang haben oder sich Zugang verschaffen (können) zu diesen ansonsten unsichtbaren und ungreifbaren Welten. Ohne die entsprechenden Medien und Zugangsportale, ohne Vernetzung und Verkabelung gibt es diese Welten nicht. Sie sind nur real für diejenigen, die sich entsprechend einloggen (können und wollen).

Für die Vernetzten vermag die virtuelle Dimension abstrakte Welten wie Denk-, Wahrnehmungs- und Handlungsräume zu beeinflussen und damit gleichzeitig auch deren Wahrnehmung und Handlungsmöglichkeiten im konkreten Raum zu verändern. Sie bleibt nicht abstrakt, sondern sie ragt hinein in das Konkrete, verzahnt sich mit der materiellen Körperwelt des alltäglichen Lebens, mit der gebauten und der konkret gelebten Umwelt. Über Planungen und konkrete Veränderungen im Raum wirkt das zurück auf alle, die sich im Raum bewegen, seien sie medial vernetzt oder nicht.

Die Formen und Strukturen, die uns in den raum-planenden und -gestaltenden Disziplinen beschäftigen, erhalten mit den modernen Informations- und Kommunikationstechnologien eine neue Vermittlungsebene. Daraus ergeben sich:

- zum einen **neue Polarisierungen** – zwischen NutzerInnen dieser Technologien und Nicht-NutzerInnen, und zwar VerweigerInnen wie Ausgeschlossenen,
- zum anderen **neue Peripherien** – nicht mehr nur an den traditionellen Rändern, in maximaler Entfernung vom nächsten Zentrum, sondern auch innerhalb materiell zusammenhängender Räume, jedoch neu dispers verteilt und fragmentiert (vgl. Zibell 2001, S.3-6).

---

4   Seit dem Vortrag von Martin Boesch am Symposium „Die virtuelle Stadt" vom 13. September 2000, das von der Forschungsstelle für Wirtschaftsgeographie und Raumordnungspolitik an der HSG Universität Hochschule St. Gallen veranstaltet wurde, habe ich mir angewöhnt, die Wirklichkeit in drei Realitäten zu gliedern: die reelle, die virtuelle und die spirituelle. Dabei umfasst die reelle Welt alles materiell Greifbare, die virtuelle alles mediengestützt Sicht- oder mit anderen Sinnen Erfassbare und die spirituelle alles geistig-übersinnlich Vernehmbare oder Wirksame. Während die reelle und die spirituelle Dimension so alt sind wie die Menschheit, schiebt sich die virtuelle Realität zwischen diese beiden Wahrnehmungsebenen erst, seit technische Medien zur Übertragung menschlicher Kommunikation benutzt werden. Mit der Ausbreitung der modernen IuK-Technologien nimmt dieser Teil der Realität immer mehr Raum ein, dies vielfach zu Lasten der spirituellen Realität, des Nachdenkens über das Wünschenswerte, das von der Begeisterung über das technisch Machbare allzu häufig verdrängt wird.

Die AkteurInnen werden mit dem Zugang zu den Informations- und Kommunikationstechnologien, auch wenn sie sich damit zugleich immer mehr vom konkreten Raum ablösen, stärker und mächtiger; gleichzeitig bestimmen sie weiterhin und vermehrt die Entwicklung und Gestaltung konkreter Räume. Die Betroffenen werden im Zuge dessen abhängiger und ohnmächtiger.

Dies ist – nicht zuletzt angesichts der aktuellen Globalisierungstendenzen – auch eine Frage von Gewinner- und VerliererInnen; dabei geht es vor dem Hintergrund der Leitvorstellung einer nachhaltigen Entwicklung mit ihrem Anspruch an soziale Gerechtigkeit vor allem darum, Gewinne und Verluste möglichst gerecht zu verteilen. Der räumlichen Planung stellt sich damit zwar keine grundlegend neue Aufgabe, ihre Verantwortung wird aber tendenziell größer. Sie ist aufgefordert, der wachsenden Komplexität des Raumes – nicht nur in seiner Überlagerung von konkreten und abstrakten, sondern zunehmend in der Unterscheidung von reellen und virtuellen und nicht zuletzt auch „spirituellen" Dimensionen, mit denen Leitbilder und Werthaltungen angesprochen sind – Rechnung zu tragen und das entsprechende Wissen in Planungs- und Entscheidungsprozessen zu vermitteln.[5]

2 Raum zwischen Stadt – Region und Kultur – Landschaft

Der Planungs- und Gestaltungsraum der Zukunft wird sich vor diesem Hintergrund neu definieren müssen. Virtuelle Netze wirken sich aus auf abstrakte Handlungsräume wie auf konkrete Gestaltungsräume. Sie schieben sich zwischen die altbekannten Dimensionen und erweitern einerseits Optionen, andererseits ermöglichen sie neue, vorher ungekannte Reichweiten. Für die hier interessierenden Phänomene zwischen Stadt – Region und Kultur – Landschaft bedeutet das:

- Die Stadt wird zur Region, zum erweiterten **Handlungsraum.**
- Freiraum und Landschaft werden zum erweiterten **Gestaltungsraum.**

Kultur erweist sich dabei in der Art und Weise der Kommunikation beziehungsweise in den Umgangsformen, die bei der künftigen Entwicklung des Lebens- und Siedlungsraumes angewendet und gepflegt werden.

---

5 Zibell 2001. Die Aussagen basieren auf dem Vortrag „Drinnen und draussen – Städtebau für eine virtuelle Gesellschaft", den die Autorin am erwähnten Symposium der Forschungsstelle für Wirtschaftsgeographie und Raumordnungspolitik am 14. September 2000 an der HSG Universität Hochschule St. Gallen zum Thema „Die virtuelle Stadt. Stadtszenarien für das 21. Jahrhundert" gehalten hat.

2.1 Erweiterter Handlungsraum: Die Region als neue Stadt

Das Motto der Jahrestagung 1999 der Akademie für Raumforschung und Landesplanung lautete, die Region sei die Stadt[6] – was bedeutet das? Vor dem Hintergrund der vorherigen Ausführungen ist dies eine logische Konsequenz, wenn wir Stadt nicht in erster Linie oder gar ausschließlich als Siedlungsform, sondern vor allem als Lebensform begreifen.

Zum allgemeinen Verständnis von Stadt

Das Verständnis von Stadt beschränkt sich vielfach – auch in Fachkreisen – auf das gebaute Phänomen, die materielle Erscheinung; das zeigt sich zum Beispiel in den Diskussionen über die europäische Stadt. Auch im Handwörterbuch der Raumordnung (ARL 1995, S. 871) wird Stadt entsprechend definiert; und zwar heißt es dort: „Eine Stadt unterscheidet sich von ihrer Umgebung (...) durch einen kompakten Siedlungskörper beträchtlicher horizontaler und in ihrem Kern mehr und mehr auch vertikaler Ausdehnung, mit einem meist über lange Zeiten von Menschenhand gestalteten Grund- und Aufriß, der Spiegelbild gestalterischen Willens der für diese Gestalt Verantwortlichen ist."

Wenn wir diese Umschreibung der Stadt vergleichen mit der Realität heutiger Stadtbilder und -silhouetten, dann ist entweder nicht viel übrig geblieben von der Stadt oder alles ist heute Stadt geworden. Von einem „kompakten Siedlungskörper" oder einer „im Kern mehr und mehr vertikalen Ausdehnung" haben wir uns spätestens seit der Realisierung der Großwohnsiedlungen in den 60er und 70er Jahren – sei es an den Stadträndern oder als Trabanten der Kernstadt – inzwischen weit entfernt. Zersiedlung, Siedlungsbrei und Zwischenstadt sind Realität, Siedlungslandschaft ist in weiten Teilen weder Stadt noch Land. Dass wir das vielfach gar nicht wahrnehmen (wollen oder können), hängt vielleicht auch damit zusammen, dass wir als AbendländerInnen traditionell daran gewöhnt sind, in scharfen Trennungen zu denken. Wir wollen Eindeutigkeit, die Realität ist aber in aller Regel mehrdeutig.

Die Beschreibung aus dem Handwörterbuch der ARL ist mit den bisher zitierten Sätzen nicht zu Ende; es heißt nämlich weiter: „Der Begriff der Stadt ist nicht zu fassen, ohne ihn auch als komplexes soziales Gefüge zu verstehen, in dem ethnische Herkunft, Nationalität, Berufszugehörigkeit, Haushaltsgröße, Lebensstile und soziale Interaktion eine wesentliche Rolle spielen. (...) Aus der Vernetzung dieser Faktoren ergibt sich das (...) Phänomen des „Städtischen Lebens", das

---

6 Dokumentation der Tagung erschienen in der Reihe ARL-Forschungs- und Sitzungsberichte Nr. 206, Hannover 1999; vergleiche auch Priebs 1999

(...) so typisch städtisch und so unverwechselbar prägend für die Stadt ist. Der Begriff umschreibt das Nichtfaßbar-Faszinierende des Städtischen ebenso wie der ebenfalls auf die städtischen Lebensformen zielende Begriff der Urbanität. (...)" (ARL 1995, S. 871)

Auch wenn diese Definition in eine Tautologie mündet, wird doch deutlich, dass Stadt nicht nur als eine bestimmte äußere Gestalt gesehen wird, also als Bau- und Siedlungsform, sondern insbesondere auch als Lebensform, und hierin liegt tatsächlich die einzige Konstante für Stadt, die gleichzeitig permanentem Wandel unterworfen ist. Stadt als Ausdruck einer Lebensform, die nicht in erster Linie auf der Produktion für die eigene Selbsterhaltung, also Subsistenzwirtschaft, beruht, sondern auf Handel und Tauschwirtschaft. Dazu ist das Blicken über den eigenen Tellerrand, die Wahrnehmung des Anderen, des Fremden und dessen permanente Verarbeitung und Integration, eine wichtige Voraussetzung.[7]

Die Lebensform beziehungsweise das Prinzip „Stadt" ist damit einerseits von Konkurrenz (mit anderen Städten) geprägt, existiert andererseits aber auch nicht ohne Differenz (in ihrem Innern), ohne Vielfalt und ohne Abgrenzung, also Segregation. Unterschiede prägen die Stadt und gehören zur Stadt, seit jeher, auch wenn das Leitbild der europäischen Stadt stark vom Integrationsgedanken geprägt ist. Leitbilder sind aber ja grundsätzlich nicht zu verwechseln mit der Realität, sie entspringen immer menschlichem Wunschdenken und bilden im besten Fall den Konsens über Ziele und grundlegende Wertvorstellungen. Sie sagen immer mehr aus über das, was sein soll, als über das, was tatsächlich ist.

Die Stadt als Region

Wenn es nun heißt, die Stadt sei zur Region geworden oder gar, die Region sei die Stadt, dann stellt sich die grundlegende Frage nach der Definition von Stadt. Verstehen wir sie in erster Linie als gebaute Form, als Siedlungsform, oder verstehen wir sie als Lebensform, als eine bestimmte Form des Zusammenlebens, die sich eben – je nach historischer Epoche – immer wieder ihre materielle Form gibt und diese entsprechend den Rahmenbedingungen der wirtschaftlichen und gesellschaftlichen Entwicklung auch immer wieder anpasst und verändert? Stadt wäre dann eben nicht unbedingt nur da, wo sie „sich von ihrer Umgebung durch einen kompakten Siedlungskörper unterscheidet", sondern überall da, wo Menschen städtische Lebensformen pflegen, egal in welchen baulichen Hüllen

---

7   in Anlehnung an Niklas Luhmann, der die Begriffe der „kognitiven Offenheit" und der „operativen Geschlossenheit" als wesentliche Bestandteile sozialer Systeme definiert hat; vergleiche hierzu Luhmann 1991

und gebauten Strukturen, die ja – zumindest bei der europäischen Stadt – aus einem „meist über lange Zeiten von Menschenhand gestalteten Grund- und Aufriß" resultieren, der „Spiegelbild des gestalterischen Willens der für diese Gestalt Verantwortlichen" ist, aber nicht unbedingt mehr Spiegelbild des städtischen Lebens im Hier und Jetzt. Im Zuge von Sub-, Des- und Periurbanisierung werden städtische Lebensformen zunehmend auch in ehemalige dörflich-ländliche Siedlungsbereiche transportiert und implementiert.

Administrative Konsequenzen

Stadt ist heute überall da, wo urbane Lebensformen sich ausgebreitet haben, und das ist nicht mehr unbedingt an der äußeren Erscheinung einer bestimmten Siedlungsform – ländlich oder städtisch – abzulesen, sondern hat mit den Kommunikationsstrukturen zu tun, die letztendlich jede Form und Organisation von Raum determinieren. Diese Beobachtung hat Dieter Hoffmann-Axthelm bereits vor Jahren dazu geführt, den Ruf nach der „dritten Stadt" (Hoffmann-Axthelm 1993), nach einem neuen Stadtvertrag, erschallen zu lassen. Diese dritte Stadt, die nach dem ersten Gründungsvertrag der antiken Stadt und dem zweiten Gründungsvertrag des Mittelalters, der auf der Trennung von Stadt und Land basierte, heute auszuhandeln wäre, hätte sich mit den weit reichenden Konsequenzen des industriellen Wachstums auseinander zu setzen, das dazu geführt hat, dass die städtische Besiedlung die administrativen Grenzen der Stadt erstmals überschritten hat. Neue Formen interkommunaler Zusammenarbeit, wie sie im Jahre 2001 in der neuen Region Hannover eingeführt wurden, sind Beispiele für einen solchen neuen Gründungsvertrag der heutigen Stadt.

Basis dieser in der Tat neuen Stadt sind die realen räumlichen und wirtschaftlichen Verflechtungsbereiche, Agglomerationen und Stadtregionen, die heute in aller Regel kommunale Grenzen überschreiten. Ver- und Entsorgungsstrukturen wie auch die Lebensweisen der Menschen beziehen sich mittlerweile vielfach auf regionale Einheiten, die „Regionalisierung der Lebensweisen" ist Realität geworden und die Entfernungen, die zwischen Wohn- und Arbeitsstätten, zu Einkaufsorten und Freizeitzwecken zurückgelegt werden, nehmen nach wie vor und unverkennbar zu (vgl. Danielczyk 1997, S.67). Dabei haben sich sowohl Wahrnehmungs- als auch Bewegungsräume erweitert, begünstigt durch die Möglichkeiten der konkreten Mobilität wie auch der virtuellen Mobilität im Netz. Die Einzugsbereiche, in denen die nach städtischen Mustern lebenden Menschen sich bewegen, in denen sie denken und sich täglich organisieren (müssen), sind de facto regional geworden.

Die operative Ebene einer Kommunalverwaltung reicht nicht mehr aus, um die ganze Bandbreite realer Lebensbedingungen zu bedienen. Die Erweiterung der

Handlungsräume, das Eingehen neuer Formen der Zusammenarbeit, ist eine Konsequenz, die künftig vermehrt wird gezogen werden müssen. Dabei ist die Kernstadt von den Gemeinden im Umland genauso abhängig wie umgekehrt; die Bildung gemeinsamer Identitäts- und Handlungsräume, auch durch Verwaltungsreformen gestützt, ist Basis für eine zukunftsfähige Gestaltung der umfassend und weiträumig verstandenen neuen Stadt.[8]

Die Region im globalen Kontext
Angesichts der Globalisierung erhalten Regionen heute weltweit eine größere Bedeutung. Die Erhaltung der Konkurrenzfähigkeit im globalen Wettbewerb erfordert zunehmend größere Einheiten. Städte und Gemeinden in ihren administrativen Grenzen sind allein zu klein; sie haben nur eine Chance, wenn sie sich zusammenschließen, um ihre Potentiale gemeinsam auszuschöpfen. Gleichzeitig sind viele Städte und Gemeinden – wie vorher beschrieben – zu Agglomerationen, Stadtregionen, Metropolregionen herangewachsen.
Hier schließt sich der Kreis: Die Region ist die neue Stadt – nicht nur, weil veränderte wirtschaftliche Produktionsbedingungen und Suburbanisierungsprozesse dazu geführt haben, sondern auch, weil die weltwirtschaftlichen Rahmenbedingungen das erfordern. Es geht gar nicht mehr anders, will die einzelne Stadt im globalen Wettbewerb überleben. Stadt realisiert sich heute zunehmend im regionalen Kontext.

2.2 Erweiterter Gestaltungsraum: Kultur-Landschaft in der Stadt-Region

Das bedeutet gleichzeitig: Landschaft ist nicht länger Gegensatz von Stadt, außen vor beziehungsweise draußen vor den Toren beziehungsweise den Gemeindegrenzen (wobei auch diese Unterscheidung sich zu weiten Teilen als Konstruktion entlarven lässt), sondern Landschaft ist einbezogen in die neue Stadt, sie ist zum integralen Bestandteil des regionalen und global vernetzten Lebensraumes geworden.

Zum Begriff der Kulturlandschaft
Dass die „Kulturlandschaft" ein fest stehender Begriff ist, der auf internationaler Ebene definiert und von der UNESCO nach drei Kategorien differenziert wurde,

---

8   Diese und die folgenden Aussagen basieren auf einem Vortrag der Autorin zum Thema „Die Region als zentrale Ebene einer Politik der Nachhaltigkeit", den sie anlässlich des 3. Innovationsforums im Rahmen des Wettbewerbs „Regionen der Zukunft" des Bundesamtes für Bauwesen und Raumordnung am 2. Februar 2000 in Bad Boll gehalten hat.

soll mit den nun folgenden Ausführungen weder in Abrede gestellt noch ignoriert werden. Die vom Menschen geformte und überformte Landschaft wird im fachlichen Diskurs über Kulturlandschaften aber gemeinhin aus einer historisch-geographischen Perspektive betrachtet, die sich auf gestaltete Landschaften wie Parks und Gärten oder auf die organisch entwickelte Landschaft beziehen, wie sie sich insbesondere im Zusammenhang mit landwirtschaftlichen Produktionsformen über die Jahrhunderte herausgebildet hat. Es handelt sich dabei um Landschaften, die sich durch eine Gestaltung auszeichnen, die aufgrund spezifischer wirtschaftlicher, sozialer oder politischer Rahmenbedingungen entstanden ist, wie beispielsweise Weinbauterrassen-Landschaften oder Ähnliches, und deren Pflege und Erhaltung sich einschlägige Disziplinen und Institutionen beziehungsweise Tätigkeitsbereiche, wie etwa die Denkmalpflege oder der Naturschutz, die Landschaftsplanung, die Flurbereinigung oder die Dorferneuerung, zu eigen gemacht haben. Nicht selten werden dazu auch Pflegekonzepte entwickelt mit dem Ziel, den natürlichen Reichtum und gesellschaftlichen Wert der jeweiligen Kulturlandschaft zu erhalten und fortzuentwickeln. Technische wie künstlerische Bauwerke und -denkmale sind in diese Landschaften genauso integriert wie landschaftsbezogene Museen oder Bildungseinrichtungen. Sie umfassen alle menschlichen Aktivitäten zwischen Natur, Architektur und Kunst, die einer bestimmten Landschaft ihren spezifischen Stempel aufdrücken, worüber sich Identifikation vermittelt.

Das Konzept der Kulturlandschaften scheint mir interessant genug, um es einmal analog auf unsere heutigen und in aller Regel zerrissenen und zersiedelten Stadt-Landschaften zu übertragen. Umfassende Pflegekonzepte täten auch hier not. Voraussetzung ist allerdings zunächst einmal die Einsicht, dass es sich auch bei den weitläufigen modernen Siedlungsräumen um eigentliche „Kulturlandschaften" handelt[9].

Ein neuer alter Kulturbegriff

Vor diesem Hintergrund knüpfe ich mit den folgenden Ausführungen an den ursprünglichen Kulturbegriff an, der ja bekanntlich vom lateinischen Verb „colere (colo, colui, cultum)" abgeleitet ist, das so viel heißt wie: pflegen, eigentlich: bebauen, bestellen, bearbeiten, aber auch wohnen, bewohnen, sogar Stadt bewohnen. Eine Kultur, die sich auf die Landschaft in der Stadt-Region bezieht,

---

9 eine Position, die im Rahmen der gemeinsamen wissenschaftlichen Plenartagung der Akademie für Raumforschung und Landesplanung ARL und der Österreichischen Gesellschaft für Raumforschung und Raumplanung ÖGR auch von Referenten wie Fabian Dosch, Thomas Sieverts oder Manfred Kühn vertreten wurde; vergleiche hierzu ARL 2001

könnte entsprechend dieser ursprünglichen Bedeutung als eine kollektive Aufgabe gemeinsamer Pflege und damit auch Aneignung gebauter Umwelt verstanden werden. Ein solches Verständnis von Kultur würde jede und jeden in die Pflicht nehmen und in die Verantwortung einbeziehen. Denn wenn Kultur mit dem Bewohnen und Bearbeiten von Raum zu tun hat, dann äußert sie sich in der täglichen und alltäglichen Benutzung und Aneignung von städtischer Landschaft im weitesten Sinne: Landschaft in der Stadt wäre nicht mehr etwas, das außerhalb der individuellen Zuständigkeit der Einzelnen läge, für eine anonyme Allgemeinheit von Behörden, einer abstrakten unsichtbaren Hand zur Lenkung der Stadtkultur zur Verfügung gestellt, sondern sie würde – zum Beispiel im Rahmen der Hausarbeit oder im Rahmen einer im weitesten Sinne verstandenen gärtnerischen Betätigung – rund um die Wohnung beziehungsweise rund um das bewohnte Haus und bis hinaus auf die öffentlich zugänglichen Straßen, Plätze und Wege gehegt und gepflegt. Nicht nur für Hausmänner und Hausfrauen, sondern auch für noch nicht oder nicht mehr Erwerbstätige würde dies ein mögliches Feld sinnstiftenden Tätigseins darstellen oder neue Möglichkeiten sinnvoller und vergüteter Beschäftigungen bieten.[10]

Eine solche städtische „Regional-Kultur" würde sich auf mindestens drei Kategorien von Stadt-Landschaft oder Freiraum beziehen:

· Landschaft als **Garten** – gestaltet und gepflegt von privater Hand, in privatem Eigentum oder Besitz, mit gestalteten und gepflegten Übergangszonen zum halbprivaten beziehungsweise halböffentlichen Bereich,
· Landschaft als **Park** – wohl gestaltet und gepflegt von der öffentlichen Hand, der Öffentlichkeit zur Verfügung gestellt, mit halböffentlichem Charakter im Sinne der Zugangsberechtigung (Eintritt oder Umzäunung / nächtliche Schließung), für die gut angezogenen flanierenden Sonn- und FeiertagsbürgerInnen,
· Landschaft als **Freiraum** – hierzu gehören öffentliche Plätze und Straßenräume genauso wie Wege und offen zugängliche Wiesen sowie Brachland, auch die vielen Zwischenräume und Niemandsländer der Stadtregion, für die sich niemand wirklich verantwortlich fühlt; hier liegt der größte Aneignungsbedarf, gleichzeitig auch das größte Aneignungspotential.

---

10 Diese Gedanken hat die Autorin in einem Vortrag zum Thema „Öffentlicher Raum: Definition, Einflussnahme, Gestaltung" anlässlich der gemeinsamen Veranstaltung der Fachstelle für Gleichberechtigung von Frau und Mann und der Präsidialdirektion der Stadt Bern zum Thema „Öffentlicher Raum: Beleben und Erleben?!" am 10. Juni 1999 in Bern näher ausgeführt.

Niemandsländer, diese Räume ohne Namen und Anschauung, ohne Adresse und Identität (vgl. Sieverts 1997), könnten zu einem eigenständigen Charakter von „Jemandsländern" (vgl. Adrian 1997) entwickelt werden; als solche böten sie Raum für Aneignungsprozesse und „sozialen Wildaufwuchs"[11] aller Art.

Gestaltung der Kulturlandschaft - eine Aufgabe für Alle

Kultur-Landschaft in der Stadt-Region entstünde aus dem täglichen und pfleglichen Umgang aller Stadtbewohner- und -benutzerInnen mit dem Freiraum vor der Haustür bis hin zum Landschaftsraum in der weiteren Agglomeration und diese Pflege läge nicht nur im Zuständigkeitsbereich der Kommunal- oder Regionalverwaltungen, sondern würde die Bevölkerung in die Pflicht und in die Verantwortung mit einbeziehen. Voraussetzung für eine solche Form der Stadt- oder Regional-Kultur wäre allerdings die Delegation von Verantwortung, der Wechsel vom allseits geläufigen top-down- zum bottom-up-Prinzip.

Die Pflege der städtischen Landschaft könnte auf einer neuen Art von Public-Private-Partnership gegründet sein, nicht nur zwischen InvestorInnen und StadtpolitikerInnen, sondern auch zwischen der Stadt als Gemeinwesen und den BürgerInnen beziehungsweise allen EinwohnerInnen, ob eingebürgert oder nicht. Private und öffentliche Verantwortung könnten so in optimaler Weise miteinander verbunden werden.

Dies wäre zugleich ein Beitrag zu einem nachhaltigen Umgang mit dem gemeinsamen Lebensraum und für eine neue Form städtischer Alltagskultur, sowohl als **Gestaltungsaufgabe** künftiger Stadt- und Regionalentwicklung wie auch als **soziale Aufgabe**, die von der Basis der Stadtteile und Siedlungseinheiten her in Angriff zu nehmen wäre, eine Chance für Aneignungsprozesse von BewohnerInnen, die zur Stärkung des Selbstwert- und des Verantwortungsgefühls beitragen, gleichzeitig politische Vermittlungs- und Integrationsfunktion für MigrantInnen und andere Randständige übernehmen könnte, und ein Thema, das auch in einen entsprechend verstandenen, breit angelegten stadt-regionalen Agenda-Prozess einzubeziehen wäre.

---

11 Diese Gedanken finden sich ausführlich in: Zibell 1996

3 Plädoyer für die Zukunft des Raumes

Es sollte deutlich geworden sein, dass es mir zum einen darum geht, ein breites und tiefes Verständnis von Raum in den planenden und gestaltenden Disziplinen zu wecken:

- **breit,** das heißt: interdisziplinär, über die Grenzen der Einzeldisziplinen hinweg, und ganzheitlich, auf das ganze Leben und den ganzen Alltag bezogen, unter Einbezug aller Lebensformen,
- **tief,** das heißt: grundsätzlich nicht nur konkret, als materiellen Raum, begreifen, sondern immer auch in seiner abstrakten Dimension denken, als sozialen Handlungs- und Interaktionsraum, dem seitens der räumlichen Planung gerade angesichts zunehmender Virtualisierung größere Aufmerksamkeit zukommen sollte.

zum anderen darum, Perspektiven für die Zukunft unseres gemeinsamen Lebensraumes aufzuzeigen.

Mit einem solchen Verständnis, das auf der Wertschätzung aller Potentiale und Kapitalien der Gesellschaft und ihrer Individuen beruht, und unter der Voraussetzung interkommunaler Kooperation genauso wie der Förderung lokaler Verantwortung, kann ich mir eine nachhaltige Zukunft des Raumes – für alle gestaltet und von allen verwaltet – auf Dauer tatsächlich vorstellen.

Literaturverzeichnis:

ADRIAN, HANNS: Die Stadt des 21. Jahrhunderts. Konzepte für die Zukunft Berlins. Vortrag im Rahmen des Planwerks Innenstadt Berlin am 3. Februar 1997 (unveröffentlichtes Manuskript)

AKADEMIE FÜR RAUMFORSCHUNG UND LANDESPLANUNG [ARL] (Hg.): Handwörterbuch der Raumordnung, Hannover 1995

AKADEMIE FÜR RAUMFORSCHUNG UND LANDESPLANUNG [ARL] (Hg.): Die Zukunft der Kulturlandschaft zwischen Verlust, Bewahrung und Gestaltung. Forschungs- und Sitzungsberichte Bd. 215, Hannover 2001

BOURDIEU, PIERRE: Physischer, sozialer, angeeigneter Raum. In: Wentz, Martin (Hg.): Stadträume, Frankfurt am Main/New York 1991

DANIELCZYK, RAINER: Die Stärkung der regionalen Ebene im Raum Hannover. In: Kommunalverband Großraum Hannover / Akademie für Raumforschung und Landesplanung (Hg.): Hannover Region 2001. Vorschläge zur Entwicklung neuer

Organisationsstrukturen für die Wahrnehmung regionaler Verwaltungsaufgaben. Beiträge zur regionalen Entwicklung Heft Nr. 59, Hannover 1997

FRITZSCHE, BRUNO: Stadt – Raum – Geschlecht. Entwurf einer Fragestellung. In: Imboden, Monika; Meister, Franziska; Kurz, Daniel (Hg.): Stadt – Raum – Geschlecht. Beiträge zur Erforschung urbaner Lebensräume im 19. und 20. Jahrhundert, Zürich 2000

HOFFMANN-AXTHELM, DIETER: Die dritte Stadt: Bausteine eines neuen Gründungsvertrages, Frankfurt am Main 1993

LUHMANN, NIKLAS: Soziale Systeme. Grundriss einer allgemeinen Theorie, Frankfurt am Main 1991

MEURER, BERND: Die Zukunft des Raums. In: Meurer, Bernd (Hg.): Die Zukunft des Raums, Frankfurt am Main 1994

PRIEBS, AXEL: Die Region ist die Stadt. In: Informationen zur Raumentwicklung Heft 9/10 1999, Bonn/Berlin 1999

REICHERT, DAGMAR (Hg.): Räumliches Denken, Zürich 1996

SIEVERTS, THOMAS: Zwischenstadt – zwischen Ort und Welt, Raum und Zeit, Stadt und Land, Bauwelt Fundamente 118, Braunschweig/Wiesbaden 1997

STIEGLER, BARBARA: Wie Gender in den Mainstream kommt, Bonn 2000

STURM, GABRIELE: Wege zum Raum. Methodologische Annäherungen an ein Basiskonzept raumbezogener Wissenschaften, Opladen 2000

ZIBELL, BARBARA: Raumplanung unter veränderten Vorzeichen. In: Lernen von der Chaosforschung. Raumplanung unter veränderten Vorzeichen, DISP 124 (ORL-Institut ETH Zürich) Januar 1996

ZIBELL, BARBARA: Virtuelle Realitäten? Auswirkungen der neuen Informationstechnologien auf Raumplanung und Raumentwicklung. In: ARL-Nachrichten 3/2001

Dietmar Scholich

Flächenverbrauch – ohne öffentliches Interesse?

1 Entwicklungen und Fakten zum Wachstum der Siedlungsfläche

1.1 Starkes Wachstum der Siedlungsfläche

Die Schweiz ist ein vergleichsweise kleines und bergiges Land. Wahrscheinlich deshalb hat es Tradition, die Entwicklung der Flächennutzung im Auge zu behalten und dafür stets neueste Daten der Statistik präsent zu haben. Danach hat sich seit Beginn der 1980er Jahre die Siedlungsfläche in der Schweiz um 294 km² ausgedehnt. Das entspricht knapp der Hälfte des Gebietes von Hamburg und das bedeutet, dass die Siedlungsfläche im Durchschnitt mit einer Geschwindigkeit von einem Quadratmeter pro Sekunde gewachsen ist, weitgehend auf Kosten bislang landwirtschaftlich genutzter Flächen (ARE 2000, S. 3 ff.).
Obwohl in der Schweiz Raumplanungspraxis und -politik – mehr als in anderen Staaten – seit geraumer Zeit expressis verbis die haushälterische Bodennutzung zum Ziel haben, nahm die Siedlungsfläche pro EinwohnerIn auch dort beständig zu. Sie liegt jetzt bei 410 m² (ARE 2000, S. 5).
Die Statistik zur Flächeninanspruchnahme ist in Deutschland nicht schlechter. Aber auch die Rahmenbedingungen sind hierbei keinesfalls günstiger.
Im europäischen Vergleich ist Deutschland ein dicht besiedelter Industriestaat. Die Siedlungsflächen verteilen sich dezentral konzentriert. Innerhalb des europäischen Binnenmarktes ist diese Siedlungsstruktur nach Ansicht von Fachleuten ein Wettbewerbsvorteil, den es zu sichern und weiter zu entwickeln gilt (BBR 2000, S. 35).
Die Siedlungsfläche, das sind Flächen für Infrastrukturen, Wohnen, Arbeiten, Freizeit und Mobilität, ist im Laufe der Jahre auch in der Bundesrepublik Deutschland ständig gewachsen.

Sie macht derzeit rund 12% der Gesamtfläche aus[1]. Und sie ist in etwa zur Hälfte versiegelt, das heißt etwa 6% des Bundesgebiets ist versiegelte Fläche (BBR 2000, S. 38).

Die Siedlungsfläche nimmt in den Kernstädten der Verdichtungsräume allerdings mehr als 50% des Stadtgebietes ein (BBR 2000, S. 35). In der Stadt Hannover lag der Wert 1979 bei 55,7%. Er stieg bis zum Jahr 1997 auf 68%. In der Region Hannover wuchs der Anteil der Siedlungsfläche im gleichen Zeitraum von 13,9% auf 17%[2].

Zwischen 1993 und 1999 beschleunigte sich der Zuwachs an Siedlungsfläche im Bundesgebiet von 120 auf 129 Hektar pro Tag (BMVBW; BMZ 2001, S. 15), das sind nahezu 200 Fußballfelder in 24 Stunden. Einen besonders hohen Zuwachs verzeichnet dabei das ländliche Umland der Städte.

Das Siedlungsflächenwachstum erfolgte – wie in der Schweiz – fast ausschließlich auf Kosten der Landwirtschaftsflächen, die um 133 ha pro Tag zurückgingen (BBR 2000, S. 40) und die oftmals auch für den Naturschutz und für die Kulturlandschaft wertvolle Wiesen und Weiden waren.

Im Vergleich zur Schweiz mit 410 m²: 1950 entfielen in Deutschland im früheren Bundesgebiet auf jeden Einwohner 350 m² Siedlungsfläche. Ende der 1990er Jahre stieg dieser Wert auf 500 m² (BBR 2000, S. 37). Das entspricht einer Zunahme von gut 40%.

Völlig ausgeblendet wurden hier die so genannten indirekten Flächeninanspruchnahmen durch zum Beispiel Emissionen (Verlärmung, Verschmutzung etc.) und Zerschneidungen. Sie wären aufgrund ihres Gewichts eine eigene Betrachtung wert (hierzu unter anderem Scholich; Schramm 1986).

1.2 Besserung in Sicht?

Es wird davon ausgegangen, dass sich die Prozesse des technisch-organisatorischen Wandels sowie der Umstrukturierung der Wirtschaft in Zukunft – durch neue Informations- und Kommunikationstechnologien noch verstärkt – fortsetzen werden. Zugleich und in engem Zusammenhang damit werden sich auch weiterhin Lebens-, Wohn- und Arbeitsformen verändern. Neue Standortwünsche und Flächenansprüche von Haushalten und Betrieben sind davon die Folge (BMBau 1996, S. 41).

In den Verdichtungsräumen schreitet die Ausweitung, Fragmentierung und Spezialisierung der Siedlungsgebiete weiter fort. Den suburbanen Raum bevorzu-

---

1   In den westlichen Ländern liegt der Wert bei 13,3%, in den östlichen Ländern bei 8,4%.
2   Eigene Berechnungen; Grundlage: Katasterfläche in Niedersachsen am 01.01.02, Niedersächsisches Landesamt für Statistik.

gen Einrichtungen, die zunehmend zu Kristallisationspunkten einer flächenbeanspruchenden und verkehrsabhängigen Lebens- und Wirtschaftsweise werden. Das sind vor allem Verbrauchermärkte, Freizeitparks und in digitale Kommunikationsnetze eingebundene Bürozentren. Es haben sich vielerorts so genannte Zwischenstädte entwickelt. Damit verbunden sind Vorteile für UnternehmerInnen und einzelne BürgerInnen. Diese Vorteile lassen sich allerdings immer weniger mit dem öffentlichen Interesse an einer nachhaltigen Siedlungs-, Regional- und Stadtentwicklung vereinbaren (BMBau 1996, S. 41).

Ohne Gegensteuerung wird sich das Siedlungswachstum – geprägt durch den wenig flächensparsamen Ein- und Zweifamilienhausbau – nach Art einer Wanderdüne in immer weiter von der Kernstadt entfernte Städte und Gemeinden im Umland und hier meist in kleinere Gemeinden ohne zentralörtliche Bedeutung verlagern. Damit kommt es zu einer weiteren flächenzehrenden räumlichen Ausdehnung der Verdichtungsräume, einer weiteren Zunahme des Autoverkehrs, einem weiteren Verlust siedlungsnaher Freiräume und einer weiteren Minderung ökologischer Ausgleichsfunktionen (BMBau 1996, S. 42).

Folgen des ungebremsten Verstädterungsprozesses sind Zersiedelungen und disperse Siedlungsstrukturen. Diese führen generell zu einem erhöhten Verkehrsaufkommen mit einer daraus folgenden erhöhten Umweltbelastung durch Emissionen und Lärm (BMBau 1996, S. 42). Durch ungehemmte Siedlungsflächenansprüche werden Lebensräume für Pflanzen und Tiere zerstört, zerschnitten und zurückgedrängt (BMBau 1996, S. 42). Schon heute gibt es in einer Reihe von Räumen kaum noch unzerschnittene größere Flächen (BBR 2000, S. 154 ff.).

Dabei bringt der ungebremste Verstädterungsprozess neben ökologischen und wirtschaftlichen auch soziale Probleme. Er führt vor allem in den Kernstädten zu strukturellen Defiziten und Benachteiligungen. Einkommensstarke Bevölkerungsgruppen ziehen ins Stadtumland und darüber hinaus. Einkommensschwache Bevölkerungsgruppen bleiben in den Städten (BMBau 1996, S. 42).

Status-quo-Trendrechnungen Ende der 1990er Jahre zeigen bis 2010 bundesweit einen Anstieg des Anteils der Siedlungsfläche an der Gesamtfläche von 12 auf 13,4%[3] (Dosch; Beckmann 1999, S. 831). Das wäre ein Zuwachs von mehr als 10mal der Größe des Bodensees, der eine Fläche von 539 km^2 aufweist. Die Bandbreite der Referenzszenarien aus der jüngeren Zeit ist groß. So ist prinzipiell das Szenario eines beschleunigten Siedlungsflächenwachstums denkbar, würden sich die gesellschaftlichen Wertvorstellungen in Richtung einer of-

---

[3] In den westlichen Bundesländern würde der Anteil der Siedlungsfläche auf 14,9%, in den östlichen Bundesländern auf 9,8% steigen (Dosch; Beckmann 1999, S. 831).

fensiveren Baulandausweisung bewegen[4]. Schon heute werden 90% der Flächen in den Umlandgemeinden Hannovers für Ein- und Zweifamilienhäuser (Rohr-Zänker et al 2001, S. 3) vorgesehen. Eine verstärkte Flexibilisierung von Arbeits- und Berufswelt, starke Außenwanderungsgewinne, eine alterungsbedingte Wohnflächenzunahme, eine nur geringe Wiedernutzungs- und Modernisierungsquote sowie anhaltende Suburbanisierung in den ostdeutschen Ländern könnten hierfür weitere Gründe sein, die zu einer weiteren Zunahme des gegenwärtigen Siedlungsflächenwachstums führen. Nach den Annahmen des Wachstumsszenarios wäre ein Anstieg von heute 129 auf 175 Hektar pro Tag im Jahr 2010 die Folge (Dosch; Beckmann 1999, S. 838). Die jährliche Zunahme entspräche dann fast der derzeitigen Siedlungsfläche von Berlin. Die Werte liegen bei anderen Szenarien wesentlich niedriger.

Bei Szenarien mit deutlich höheren Rücknahmen des Zuwachses würde es zu merklichen Einsparpotenzialen gegenüber dem Status-quo-Trend kommen: So würde bei einer schrittweisen Halbierung der jährlichen Zunahmen bis 2010 der Zuwachs auf 61 Hektar pro Tag sinken (Dosch; Beckmann 1999, S. 837). Allerdings müsste es hierfür aber zu einer mittelfristig stark rückläufigen Neubautätigkeit und einem strikten Vorrang der Innen- vor der Außenentwicklung, das heißt Mobilisierung und Wiedernutzung brachliegenden Baulandes kommen (Dosch; Beckmann 1999, S. 828).

So geht das Szenario der Enquête-Kommission „Schutz des Menschen und der Umwelt" von einer massiven Siedlungsflächenreduzierung im Jahr 2010 gegenüber dem Status quo aus, nämlich um 90%. Dadurch würde der tägliche Siedlungsflächenzuwachs von heute 129 auf 12 Hektar beschränkt (Simons 1999, S. 753). Bei langfristiger Betrachtung der Entwicklung ist jedoch ein mittlerer Trend am wahrscheinlichsten.

1.3 Grenzenloser Konsum?

Manche behaupten, Eva sei schuld. Seit ihrem kühnen Griff verstünde sich der Mensch als Genießer und vor allem als Verbraucher. Selbst im Paradies der Fülle entdecke der Mensch mit Sicherheit das, was ihm gerade noch fehle. Insofern sei der Mensch im Allgemeinen ein Mängelwesen (Moxter 2001, S. 31). Zudem verhalten sich die Wünsche, die der Mensch zu befriedigen trachtet, ausgesprochen unsportlich. Kaum sind sie befriedigt, stellen sie sich nämlich kurze Zeit später gesteigert wieder ein. Das Ersehnte sättigt nicht das Sehnen, sondern

---

4 Beispielsweise fordern die Bausparkassen eine deutliche Erhöhung der Eigenheimquote (Dosch; Beckmann 1999, S. 838).

steigert es. Um es mit den Worten des Sports auszudrücken[5]: Nach dem Konsum ist vor dem Konsum! Jeder Gegenstand wird in eine Erneuerungsdynamik hineingerissen, das heißt alsbald durch einen neuen Gegenstand ersetzt. Was zum Konsumgegenstand wird, büßt Dauerhaftigkeit ein (Moxter 2001, S. 31). Dabei ist Konsumzwang nicht nur ein gesellschaftliches, sondern auch ein anthropologisches Phänomen. Allerdings nimmt der Konsum – wie alles Menschliche – an den Zweideutigkeiten des Lebens teil. So konsumiert der Mensch, indem er etwas verzehrt: das tägliche Brot in erster Linie, aber auch die Zeit, die für die Zubereitung der Mahlzeit gebraucht wird. Solcher Konsum ist für die Erhaltung des Lebens notwendig. Gleichzeitig leert er allerdings auch die Vorratskammer. Wenn zuviel konsumiert wird, das beweist jeder Blick in die Kasse, bleibt zu wenig für Investitionen übrig. Insofern gehört es zur Eigenart des Lebens, die Grundlagen, von denen es existiert, zu verbrauchen (Moxter 2001, S. 31).

Der Philosoph Peter Sloterdijk spricht von der „Verwöhngesellschaft", die in den westeuropäischen Staaten zwar Verfallserscheinungen zeige, indem sich fast jeder zwischenzeitlich Gedanken darüber mache, wo der Luxus herkomme, was wiederum den Verwöhneffekt schmälere. Allerdings führe dieses Nachdenken nicht zu Verhaltensänderungen. Vielmehr werde nach Wegen gesucht, wie zum Beispiel die Energieverschwendung[6], die für den Luxus notwendig ist, auf Dauer sicher gestellt werden kann (DPA 2002, S. 7). Sloterdijk hält es für unmöglich, eine Verwöhngesellschaft zur Bescheidenheit zu erziehen. „Das wäre so, als wolle man eine Granate, die das Kanonenrohr verlassen hat, auf dem Verhandlungswege wieder zurückholen." Die Menschen seien so sehr von ihrem Lebensstandard abhängig, dass sie eher den Untergang wählten als den Verzicht (DPA 2002, S. 7).

Das kann man beklagen, betrachtet man beispielsweise das menschliche Einkaufsverhalten.

Das Beispiel Einkaufen

Schaut man sich in den Zentren der Verdichtungsräume und im Umland der großen Städte um, verspürt man die Allgegenwart von Einkaufen: innen die Fußgängerzonen, Passagen, Shopping-Paläste, Erlebnisbahnhöfe etc., außen die großflächigen Einzelhandelsgebiete. Shopping ist überall. Nach Rem Koolhaas, einem der renommiertesten Architekten der Gegenwart, ist Shopping die letzte Form von Öffentlichkeit. Und deshalb eines der großen Themen, mit denen sich Politik, Planung und Wissenschaft auseinandersetzen müsse (Koolhaas 2001, S. 30).

---

5   Frei nach Sepp Herberger.
6   Entsprechendes gilt für den Flächenverbrauch.

Mittlerweile schwappt die Entwicklung auch in ländliche Räume über, so diese denn verkehrlich gut angebunden sind, soll heißen, über einen Autobahnanschluss verfügen. Auf diese Standorte haben die Entwickler von Factory Outlet Centers (FOC) oder Designer Outlet Centers (DOC) ein kräftiges Auge geworfen. Es sind spezifische öffentliche Räume. Der so genannte Fabrikverkauf in der Shopping Mall wird für die ganze Familie zum Erlebnis. Man soll nicht mehr nur Hosen oder Kleider kaufen, sondern auch beispielsweise gut essen (Koolhaas 2001, S. 30). Das Konsumverhalten muss man beklagen, schaut man sich das menschliche Wohnverhalten an.

Das Beispiel Wohnen

Die mittlere Wohnfläche pro Kopf liegt in der Schweiz derzeit bei rund 50 m². In Deutschland wuchs sie von weniger als 15 m² 1950 (BBR 2000, S. 35) auf derzeit rund 42 m² (Simons 1999, S. 747) an[7]. Sie hat sich in 50 Jahren also verdreifacht. Prognosen gehen davon aus, dass die Wohnfläche pro Kopf auf heutiges Schweizer Niveau steigen wird: auf 48 m² im Jahr 2015 und weiter auf 52 m² 2030 (Simons 1999, S. 749). Und dies, obwohl die Bevölkerungszahlen teilweise drastisch schrumpfen. Eine Ursache ist der so genannte „Remanenzeffekt", der besagt: Die Partner leben auf einer bestimmten Fläche zusammen. Fällt einer der Partner weg, zieht der zweite in der Regel nicht um und verkleinert seine Wohnfläche, sondern bleibt auf der zuvor gemeinsam genutzten Fläche wohnen.

Im Gegensatz zu den Konsumgütern Brot, Hose oder Kleid handelt es sich beim Boden (bei der Fläche) um ein nicht vermehrbares Gut. Bei allem Verständnis für den menschlichen Wunsch, einfach gern und wohnflächenmäßig komfortabel leben zu wollen, und der damit einhergehenden Verweigerung, für die stets nachrechnenden Krämerseelen Verständnis aufzubringen (Moxter 2001, S. 31), darf deshalb beim Umgang mit dem Boden (der Fläche) die Hoffnung auf Bestand im Sinne einer nachhaltigen, generationsübergreifenden Entwicklung nicht aufgegeben werden. Das sensible System muss im Gleichgewicht gehalten werden.

---

7   Die Differenz zwischen den Teilräumen in Ost- und Westdeutschland ist allerdings erheblich. In der ehemaligen DDR wurden kleinere Wohnungen und weniger Eigenheime gebaut (BMBau 1996, S. 32). Die Zahl der Eigenheime ist wegen des Nachholbedarfs nach der Wende allerdings drastisch gestiegen.

2 Wissen über und Interesse an Flächenverbrauch und seine Konsequenzen

2.1 Anstöße aus der Wissenschaft und Politikbekundungen

In Anbetracht der aufgezeigten Fakten stehen Politik, Verwaltung und Wissenschaft vor enormen Herausforderungen. Es fehlt auch keineswegs an Mahnungen vor allem der Wissenschaft zur Reduzierung des Flächenverbrauchs in bestimmten Teilräumen. Die gesellschaftliche, wirtschaftliche und politische Bedeutung des haushälterischen Umganges mit der Fläche wird regelmäßig betont. Und auf gesetzlicher Ebene ist sie verankert worden (unter anderem im Bodenschutzgesetz, Baugesetzbuch und Raumordnungsgesetz).

Die Akademie für Raumforschung und Landesplanung (ARL) hat als raumwissenschaftliche Einrichtung bereits Ende der 1980er Jahre für eine konsequente Flächenhaushaltspolitik plädiert und konkrete Vorschläge zu deren Umsetzung unterbreitet (ARL 1987). Sie hat 10 Jahre danach ihre Forderungen erneuert und präzisiert (ARL 1999)[8]:

- Prämisse ist, dass nachhaltige Raum- und Siedlungsentwicklung Flächenhaushaltspolitik erfordert. Die Ziele der Flächenhaushaltspolitik bestehen vor allem darin, die weitere Ausdehnung von Siedlungs- und Verkehrsflächen zu Lasten der Freiflächen deutlich zu verringern und langfristig zum Stillstand zu bringen (Mengenziel) sowie die ökologischen Qualitäten der Ressource Fläche zu erhalten beziehungsweise die von neuen oder bereits bestehenden Flächennutzungen ausgehenden Beeinträchtigungen in qualitativer und quantitativer Hinsicht auszugleichen (Qualitätsziel).
- Flächenhaushaltspolitik ist Kreislauf- und Umbaupolitik, das heißt: Bestandsnutzung hat Vorrang vor Neuausweisung.
- Flächenhaushaltspolitik benötigt die Unterstützung durch weitere Planungs- und Politikbereiche, durch staatliche Wohnungspolitik ebenso wie durch Verkehrspolitik, Agrarpolitik, Steuerpolitik, Energiepolitik und Sozialpolitik.
- Flächenhaushaltspolitik will einen Wandel des gesellschaftlichen Bewusstseins und der politischen Rahmenbedingungen einleiten. Denn als Planungspolitik ist Flächenhaushaltspolitik Bestandteil der umfassenden Gesellschaftspolitik und deshalb abhängig von gesellschaftlichen Werthaltungen und normativen Vorgaben.

---

8   Die Vorschläge der betreffenden Forschungsgremien der ARL werden hier nur schlagwortartig umrissen (ARL 1999, S. 4 f).

- Die neue Leitvorstellung einer nachhaltigen Raumentwicklung ist tragendes Fundament einer ethisch verstandenen Raumplanung, die generationsübergreifende Verantwortung für die ökologische, ökonomische, soziale und kulturelle Entwicklung bündelt.
- Flächenhaushaltspolitik ist nur durch konsequente Anwendung des vorhandenen raumplanerischen Instrumentariums, vor allem auch der informellen Ansätze, umsetzbar.
- Allerdings muss das raumplanerische Instrumentarium durch ökonomische Instrumente flankiert werden. Beispielsweise könnte an eine effektivere Flächennutzung durch Einführung von Preismechanismen, etwa einer Bodenwertsteuer, gedacht werden. Eine an Zielen der Flächenhaushaltspolitik ausgerichtete ökonomische Steuerung der Bodennutzung wird nicht ohne weitere Eingriffe in private Verfügungsrechte auskommen können. Dabei ist der verfassungsrechtlich normierten Sozialbindung des Grund und Bodens Geltung zu verschaffen.
- Die rechtlichen und ökonomischen Instrumente sind durch eine Politik der finanziellen Anreize zu ergänzen. Staatliche Förderprogramme verfolgen bislang jedoch vorrangig sektorale Ziele, zum Beispiel Wohnungsbauförderung und Fernstraßenbau, unter weitgehender Ausblendung freiraumschonender und umweltschützender Erfordernisse. Die Fördergrundsätze sind deshalb so auszurichten, dass sie Anreize zu flächensparendem und bodenschonendem Verhalten bieten.
- Die interkommunale Kooperation muss gestärkt werden. Denn angesichts wachsender Stadt-Umland-Verflechtungen und Standortkonkurrenzen werden die Entwicklungs- und Steuerungsmöglichkeiten der einzelnen Kommune zunehmend eingeschränkt.
- Leistungsfähige Organisationsstrukturen, wie in den Räumen Hannover und Stuttgart, sind zu schaffen, und das Personal in der Planungsverwaltung ist zu qualifizieren.
- Flächenhaushaltspolitik bedeutet nicht zuletzt umfassende Informationsbereitstellung und freier Informationstransfer.

1995 postulierte das anerkannte Wuppertal-Institut in seiner Studie „Zukunftsfähiges Deutschland" die Notwendigkeit einer Rückführung des Verbrauchs bisher freier Flächen auf null Prozent innerhalb von zehn Jahren (Dosch; Beckmann 1999, S. 827)[9]. Zwei Jahre später forderte die Enquête-Kom-

---

9   Das wäre bereits in drei Jahren so weit.

mission „Schutz des Menschen und der Umwelt" die sukzessive Verringerung des zusätzlichen Flächenverbrauchs auf 12 Hektar pro Tag bis zum Jahr 2010 sowie langfristig vollständiges Siedlungsflächenrecycling (Dosch; Beckmann 1999, S. 828).

Das Bundesumweltministerium avisierte in seinem umweltpolitischen Schwerpunktprogramm mit dem Umweltbarometer 1998 unter anderem eine Reduzierung der Zunahme der Siedlungsfläche auf 30 Hektar pro Tag bis zum Jahr 2020 (Dosch; Beckmann 1999, S. 838), das heißt um rund 77%.

In Anbetracht stabiler Zuwachsraten beim Siedlungsflächenwachstum waren zwischenzeitlich jedoch Tendenzen in der Politik zur Rücknahme solcher Forderungen zu bemerken. Und um die Formulierung grundsätzlicher Einsparziele war es merklich ruhiger geworden. Als pragmatische Ziele der Politik rückten vor allem aktives kommunales Flächenressourcenmanagement und die Wiedernutzung von Brachflächen in den Vordergrund (Dosch; Beckmann 1999, S. 828). Es fehlte und fehlt allerdings weitgehend an deren Umsetzung.

Die Bundesregierung hat im April 2002 die so genannte Nachhaltigkeitsstrategie für Deutschland vorgelegt. Darin wird eine Verringerung der täglichen Flächeninanspruchnahme von derzeit 129 auf 30 Hektar im Jahr 2020 angestrebt (Die Bundesregierung 2002, S. 195).

In den Städten entstehen durch den wirtschaftlichen Strukturwandel zwar Gewerbe- und Industriebrachen. Allerdings haben 80% der Städte mit mehr als 50.000 EinwohnerInnen aber Probleme bei der Wiedernutzung dieser Brachen. Dies trifft aufgrund der schnellen wirtschaftlichen Umstrukturierung insbesondere auf die neuen Länder zu. Neue Nutzungen für solche Flächen finden sich nur in wenigen Städten mit einer hohen Nachfrage nach Gewerberaum. Hinzu kommt, dass schnelle Nachnutzungen bei diesen Industrie- oder Gewerbebrachen meist auch deshalb nicht möglich sind, weil der Boden häufig ganz erheblich verunreinigt ist[10].

2.2 Wissensstand in der Bevölkerung und bei den Kommunen

Der Wissensstand in der Bevölkerung über Flächenverbrauch und die Notwendigkeit einer nachhaltigen Flächenhaushaltspolitik ist ohne Frage verbesserungsbedürftig. Man kann allerdings nicht sagen, dass es an Problembewusstsein überhaupt mangelt. Es ist durchaus in Teilen der Bevölkerung allgemein bekannt, dass der Flächenverbrauch in bestimmten Räumen eingeschränkt werden müsste

---

10 Durchschnittlich 4,5% des Gemeindegebietes der deutschen Städte sind so genannte Altlastenverdachtsflächen; in einzelnen Fällen sind es bis zu 14% des Gemeindegebietes (BMBau 1996, S. 24).

und dass bauliche Verdichtung und Nutzungsmischung positive Wirkung auf die Flächeninanspruchnahme hätten (Mühlegger 2001, S. 17).
Neuere Untersuchungen machen deutlich, dass man sich die allgemeine Bekanntheit der Flächenproblematik und ein noch so bescheidenes Grundbewusstsein über die damit zusammenhängenden Schwierigkeiten zunutze machen sollte. Die Arbeiten haben zutage gefördert, dass die Bevölkerung bereit wäre, gewisse Konsequenzen, zum Beispiel in Form von Begrenzungen der Grundstücksgrößen und von Nutzungsbeschränkungen, in Kauf zu nehmen, wenn keine negativen finanziellen Folgen[11] damit verbunden sind und wenn – das wird besonders hervorgehoben – ausreichend informiert wird (Mühlegger 2001, 18).
Die Kommunen haben hingegen keine Wissensdefizite. Doch trotz der Kenntnis über Flächenengpässe und den schleichenden Rückzug der Freiraumpotenziale wird der Flächenverbrauch eigentlich nicht als Problem gesehen, werden vielfach immer neue Flächen für Siedlungszwecke ausgewiesen. Dabei wird auch schon einmal bestehendes Baurecht geändert, indem Flächen für den Landschaftsschutz schlankweg in Bauland umgewandelt werden[12]. Das geschieht regelmäßig, um die Nachbarkommune zum Beispiel gegenüber dem Investor auszustechen, besonders in den Fällen, wo die regionale Zusammenarbeit unterbelichtet ist. Aber auch in den Regionen mit fortschrittlichen Kooperationsstrategien ist man vor gemeindlichem Egoismus und spontanem Ausbruch aus der regionalen Phalanx keineswegs sicher.

3 Verbesserung des Wissenstransfers

Der räumlichen Planung kommt beim Transfer des vorhandenen Wissens über Flächeninanspruchnahmen, deren Konsequenzen und Wechselwirkungen in Richtung Politik und Öffentlichkeit eine Schlüsselrolle zu. Denn als gemeinwohl- und zukunftsorientiertes Aufgabenfeld ist sie die Anwältin des Raumes. Die räumliche Planung nimmt diese Aufgabe allerdings bislang nicht überall in dem notwendigen Umfang wahr und sie nutzt dafür nicht in ausreichendem Maße die grundlagen- und anwendungsorientierten Kenntnisse, die ihr die Raumwissenschaft als Partnerin an die Hand gibt.
Ein wirkungsvolles Konzept zur Förderung des Wissenstransfers und damit zugleich des Flächenbewusstseins muss die verschiedenen Bezugsgruppen konkret und zielgruppenspezifisch ansprechen sowie deren Werthaltungen und

---

11 Beispielsweise Steuererhöhungen.
12 Beispiele sind hinlänglich bekannt.

Informationskanäle berücksichtigen. Im Detail geht es unter anderem um (Mühlegger 2001, S. 18 f.):

- das Bewusstmachen effektiver Veränderungen (zum Beispiel Siedlungswachstum, Intensivierung der Landwirtschaft, Verlust an naturnahen Flächen),
- die Darstellung räumlicher Konsequenzen von Entwicklungen in der Flächennutzung (zum Beispiel Dominanz des Einfamilienhauses, weitere Zunahme des Privatverkehrs),
- das Aufzeigen von Zusammenhängen (zum Beispiel zwischen ungeeigneten Standorten von Bauten und Verkehr, zwischen intensiver Landwirtschaft, Umweltbeeinträchtigungen und Artensterben),
- das Ansprechen von Rollenträgern (gerade auch Lehrer), bei denen Vorbild- und Multiplikatorwirkung vermutet wird.

Eine gute Präsentation des Wissens in einer Sprache, die auch Nichtfachleute verstehen, beeinflusst entscheidend die Wirksamkeit der Informationen. Der Bogen reicht von Standardpräsentationen, zum Beispiel ansprechende und aussagefähige thematische Karten, über Flächenbilanzen und Flächenkontrollberichte bis hin zum Wissenstransfer durch Nutzung moderner Informations- und Kommunikationstechniken.

Es ist aus anderen Bereichen bekannt, dass die Aufmerksamkeit von Adressaten reizabhängig ist. Die Vermittlung reinen Sachwissens spricht nur Insider des Fachs an, aber nicht die breite Öffentlichkeit. Deshalb erfordert eine Marketingstrategie für das Bewusstmachen von Flächenverbrauch und dessen weitreichenden Konsequenzen, dass die Botschaften inszeniert, das heißt für die Öffentlichkeit oder für die Politik aufbereitet werden. Raumforschung und Raumplanung müssen dafür, um Aufmerksamkeit zu wecken, gezielt die Probleme und Lösungsstrategien anhand konkreter Beispiele und Ereignisse kommunizieren (Informations- und Initiativkreis 2001, S. 9).

Ein frühes und zugleich wegweisendes Beispiel dafür, wie Nutzungsänderungen im baulichen Bestand erfasst werden können, lieferte schon vor Jahren das Kommunale Planungs- und Analysesystem (KOMPAS) der bayerischen Landeshauptstadt München (Streich; Homa 1999, S. 193). Damit werden aus Gebäude- und Wohnungszählungen sowie aus der Baufertigstellungsstatistik kontinuierlich Veränderungen der Realnutzung im Bestand nach unterschiedlichen Strukturtypen registriert[13]. Die Kombination des Münchner Systems zur Erfas-

---

13 Dabei findet nicht nur eine parzellenscharfe, sondern darüber hinaus eine alle Gebäude des Stadtgebietes einbeziehende Erfassung der Nutzungen in Größe und prozentualem Anteil in Bezug auf die jeweilige Bruttogeschossfläche statt.

sung von Realnutzungen im Bestand mit luftbild- und satellitengestützten Verfahren zur Erfassung der Inanspruchnahme von Freiraumflächen für bauliche Zwecke bietet ein umfassendes Raumbeobachtungssystem, das die Anschaulichkeit und jährliche Bilanzierungsfähigkeit von Flächenveränderungen durch Informationsmedien gewährleistet.

Ein anderes Beispiel für ein Informationssystem, das in Richtung einer Flächenhaushaltspolitik weist, wurde von der Senatsverwaltung für Stadtentwicklung des Landes Berlin Mitte der 1990er Jahre entwickelt (Streich; Homa 1999, S. 195). Es zeichnet sich vor allem durch eine sehr detaillierte und gut strukturierte Zugänglichkeit über das Internet aus. Seit 1995 entsteht im Rahmen des Berliner Umweltinformationssystems (UIS) der „Digitale Umweltatlas Berlin". Der Atlas wird unter anderem für die Flächenhaushaltpolitik eingesetzt, da die Systematik auch die Flächennutzung beinhaltet. Es können dort zum Beispiel Informationen zur realen Nutzung der bebauten Flächen sowie zum Grün- und Freiflächenbestand eingesehen werden[14]. Das Beispiel zeigt deutlich die Möglichkeiten der Umsetzung einer Flächenhaushaltspolitik mit digitalen Medien, vor allem unter Einsatz des Internets.

4 Raumplanung tut Not

Die vorne genannten Fakten ergeben für bestimmte Teilräume eine glasklare Bilanz: anhaltend steigender Flächenverbrauch für die Besiedelung, fortschreitende Zersiedelung der Landschaft und hoher Veränderungsdruck auf die Kulturlandschaft.

Der Raumplanung ist es bis heute noch nicht überall und hinreichend gelungen, der Flächenausdehnung der Siedlungsgebiete in die Landschaft wirkungsvoll Einhalt zu gebieten (ARE 2000, S. 6). Die Erfahrungen zeigen, dass nicht nur Politiker- und BürgerInnen, sondern auch die Gemeinden weiter weg vom Flächensparen, von umweltfreundlichem Verkehr und Ähnlichem sind als gerade in der Wissenschaft angenommen wird. Für die Begrenzung von Grundstücksgrößen, die Orientierung der Siedlungstätigkeit auf den ÖPNV, die Begrenzung des Wildwuchses im großflächigen Einzelhandel etc. gibt es eigentlich keine richtige Lobby.

---

14   Wobei die Darstellungen in textlicher, graphischer und kartographischer Form vorliegen. Diese Darstellungen werden um digitale Karten ergänzt. BenutzerInnen gelangen dabei von der Übersichtskarte für das gesamte Land Berlin durch Hineinklicken in die jeweilige Karte der betreffenden Stadtbezirke bis zu den Baublöcken, zu denen dann in detaillierter Weise die Realnutzungen kartographisch dargestellt sind.

Da das so ist und da es keine Zweifel gibt, dass die Entwicklung auch im Bereich der Raum- und Siedlungsstruktur weitergehen wird, müssen Bund, Länder, besonders jedoch Regionen und Gemeinden im Rahmen ihrer raumplanerischen Aufgaben neben der Intensivierung des Informations- und Wissenstransfers der Siedlungsentwicklung nach innen, der inneren Erneuerung und der Orientierung der Siedlungsentwicklung auf den ÖPNV größere Beachtung schenken. Es müssen Industriebrachen und hohe Nutzungsreserven in den bereits überbauten Siedlungsgebieten genutzt werden, bevor Bauflächen unbedacht auf der „grünen Wiese" erweitert werden. Standortfestlegungen für Arbeitsplätze, öffentliche Einrichtungen und Wohnungen in gut durch den öffentlichen Verkehr erschlossenen Gebieten helfen, Wege kurz zu halten und Siedlungs- und Verkehrsfläche zu sparen. Die maßvolle bauliche Verdichtung bestehender Siedlungsräume schont die Landschaft und die Erholungsgebiete vor der Zersiedelung. Zugleich werden damit die Kosten für die Infrastrukturanlagen auch längerfristig niedrig gehalten und vielfältige Chancen zur Verbesserung der Lebensqualität für die BewohnerInnen und der Standortqualität für die Wirtschaft eröffnet (ARE 2000, S. 6 f.).

Die Erfüllung raumplanerischer Aufgaben erfordert eine langfristige Sichtweise. Denn es geht vor allem auch darum, dass nachfolgende Generationen Möglichkeiten zur räumlichen Entwicklung vorfinden und nicht nur mit der Bewältigung von teuren Altlasten früherer Generationen beschäftigt sind.

Vor diesem Hintergrund ist die Entwicklung der Flächeninanspruchnahme eine Herausforderung an die Weitsicht und Gestaltungskraft der Politik, der verantwortlichen Behörden, der Gesellschaft und jedes Einzelnen, damit nachhaltige Raumentwicklung keine Leerformel bleibt.

Um die gemeindlichen Egoismen abzuschwächen, müssen interkommunale Kooperationen, da wo es hakt und kneift, verstärkt werden. Auch wenn es bislang noch nicht überall Beispiele gibt[15], so zeigen sie die Bedeutung von regionalen Wohnbau- und Gewerbeflächen- sowie von Einzelhandelskonzepten. Sind diese zudem Bestandteile von Regionalen Entwicklungskonzepten (REK), bieten sich neben dem Ausgleich von Nutzen und Lasten zusätzliche Anreize durch Einwerbung von Fördermitteln.

---

15 Unter anderem das Einzelhandelskonzept der Region Hannover.

5 Fazit

Eines der größten Probleme auf dem Weg zu einer nachhaltig zukunftsfähigen Entwicklung liegt nach wie vor in der ungebremsten Flächeninanspruchnahme in bestimmten Teilräumen, insbesondere für Siedlungs- und Verkehrszwecke. Mit der Flächeninanspruchnahme steigt kontinuierlich der Grad der Flächenzersiedelung und der Flächenversiegelung. Eine fortschreitende Beanspruchung von Umweltressourcen scheint unaufhaltsam zu sein.

Anhaltspunkte für eine Trendwende oder gar für eine nennenswerte Verringerung des Freiflächenverbrauchs sind derzeit nicht erkennbar. Und es wäre ein verhängnisvoller Trugschluss zu erwarten, dass sich wegen zurückgehender Bevölkerungszahlen die Probleme in Zukunft von selbst lösen würden. Vielmehr werden die Konflikte zwischen anhaltendem Flächenverbrauch für Siedlungszwecke und der aus ökologischen Gründen immer dringlicher geforderten Beschränkung der Flächeninanspruchnahme ohne gezieltes und konsequentes Gegensteuern weiter zunehmen.

Staatliche Institutionen mit ihrem oftmals zwischen Wahlterminen eingezwängtem politischen Handeln sind nicht immer Garantinnen notwendiger und langfristiger Reformen. Die Schwierigkeiten sind unverkennbar, die mit der Durchsetzung von grundlegenden Veränderungen einhergehen, selbst wenn sie von der Gesellschaft als zwingend anerkannt werden.

Trotzdem werden hoffentlich die Chancen für einen breiten gesellschaftlichen Konsens über eine nationale Nachhaltigkeitsstrategie[16] mit der fortschreitenden und immer bedrohlicheren Gefährdung der natürlichen Lebensgrundlagen wachsen.

Es gibt eine Vielzahl von gesetzlichen Regelungen, die das freie Verfügungs- und Nutzungsrecht über Grund und Boden über die allgemeinen Vorschriften des bürgerlichen Rechts hinaus reglementieren und beschränken. Das vorhandene raumordnungsrechtliche Instrumentarium muss jedoch viel konsequenter eingesetzt und durch kommunikative Ansätze unterstützt werden. Zudem wird es durch den Egoismus der kommunalen Ebene und durch Maßnahmen anderer Politikbereiche teilweise konterkariert[17]. Es fehlt auch keineswegs an Mahnungen vor allem der Wissenschaft zur Reduzierung des Flächenverbrauchs in bestimmten Teilräumen.

---

16 Perspektiven für Deutschland. Unsere Strategie für eine nachhaltige Entwicklung (Die Bundesregierung 2002).

17 Beispiele hierfür sind die Entfernungspauschale oder die Besserstellung der Neubauförderung gegenüber der Altbauförderung in der Steuerpolitik. Die Grundsteuer muss dringend reformiert werden. Beiträge zur Innenentwicklung sollten stärker belohnt werden.

Da es einer nachhaltigen Änderung des flächennutzenden Verhaltens auf Seiten der Bevölkerung bedarf, muss das Wissen über die Flächenproblematik aufbereitet und in geeigneter Form der Öffentlichkeit zugänglich gemacht werden (Wissenstransfer). Der räumlichen Planung kommt bei diesem Transfer eine Schlüsselrolle zu. Bislang nimmt jedoch die räumliche Planung diese Aufgabe nicht überall in dem notwendigen Umfang wahr.

Literaturverzeichnis:

ARL (Hg.): Flächenhaushaltspolitik. Ein Beitrag zum Bodenschutz. ARL-Forschungs- und Sitzungsberichte Bd. 187, Hannover 1987

ARL (Hg.): Flächenhaushaltspolitik. Feststellungen und Empfehlungen für eine zukunftsfähige Raum- und Siedlungsentwicklung. ARL-Forschungs- und Sitzungsberichte Bd. 208, Hannover 1999

BUNDESAMT FÜR BAUWESEN UND RAUMORDNUNG [BBR] (Hg.): Raumordnungsbericht 2000, Bonn 2000

BUNDESAMT FÜR RAUMENTWICKLUNG [ARE] (Hg.): Raumplanung, Informationshefte 4/2000, Bern 2000

BUNDESMINISTERIUM FÜR RAUMORDNUNG, BAUWESEN UND STÄDTEBAU [BMBau] (Hg.): Siedlungsentwicklung und Siedlungspolitik. Nationalbericht Deutschland zur Konferenz HABITAT II., Bonn 1996

BUNDESMINISTERIUM FÜR VERKEHR, BAU- UND WOHNUNGSWESEN [BMVBW] und BUNDESMINISTERIUM FÜR WIRTSCHAFTLICHE ZUSAMMENARBEIT UND ENTWICKLUNG [BMZ] (Hg.): Auf dem Weg zu einer nachhaltigen Siedlungsentwicklung. Nationalbericht der Bundesrepublik Deutschland zur 25. Sondersitzung der Generalversammlung der Vereinten Nationen („Istanbul+5"), Berlin 2001

DIE BUNDESREGIERUNG – Presse- und Informationsamt (Hg.): Perspektiven für Deutschland. Unsere Strategie für eine nachhaltige Entwicklung, Berlin 2002

DOSCH, FABIAN; BECKMANN, GISELA: Trends und Szenarien der Siedlungsflächenentwicklung bis 2010. In: Perspektiven der künftigen Raum- und Siedlungsentwicklung. Informationen zur Raumentwicklung des BBR (Hg.), Heft 11/12.1999, Bonn 1999, S. 827-842

DPA: Sloterdijk sieht Ende der Verwöhngesellschaft. In: Hannoversche Allgemeine Zeitung, 15. März 2002, S. 7

INFORMATIONS- UND INITIATIVKREIS REGIONALPLANUNG: Für eine Modernisierung der Regionalplanung. In: ARL-Nachrichten 2/2001, Hannover 2001, S. 8 - 10

KOOLHAAS, REM: Bauen am Rande des Nervenzusammenbruchs. In: Frankfurter Allgemeine Sonntagszeitung, Nr. 49/2001, S. 30

MOXTER, MICHAEL: Hätte Eva nur den Konsum verweigert! In: Frankfurter Allgemeine Sonntagszeitung, Nr. 49/2001, S. 31

MÜHLEGGER, ROBERT: Einstellungen zum Bodensparen. In: StadtRaumZeit, 1/2001, S. 17 – 19

ROHR-ZÄNKER, RUTH; SCHLEIFNECKER, THOMAS; TOVOTE, UWE: Wohnungsmarkt in der Region Hannover. Materialien zur regionalen Entwicklung in der Region Hannover, Region Hannover (Hg.), Heft Nr. 8, Hannover 2001

SCHOLICH, DIETMAR; SCHRAMM, WERNER: Nichts genaues weiß man (noch) nicht – zur Situation regionaler Landnahme und Raumnutzung. In: Stadtbauwelt, Heft 91, Berlin 1986, S. 1332 - 1336

SIMONS, HARALD: Perspektiven des westdeutschen Wohnungs- und Büromarktes bis 2030. In: Perspektiven der künftigen Raum- und Siedlungsentwicklung. Informationen zur Raumentwicklung des BBR (Hg.), Heft 11/12.1999, Bonn 1999, S. 745 – 754

STREICH, BERND; HOMA, ULRICH: Informationsmedien in der Flächenhaushaltspolitik. In: Flächenhaushaltspolitik. Feststellungen und Empfehlungen für eine zukunftsfähige Raum- und Siedlungsentwicklung. ARL-Forschungs- und Sitzungsberichte Bd. 208, Hannover 1999, S. 184 – 196

Dietrich Fürst

Aufwertung der Region als Ebene gesellschaftlicher Selbststeuerung

1 Region als Steuerungsebene

„Region" ist ein seit ca. 15 Jahren inflationär gebrauchter Begriff, der im deutschsprachigen Raum primär eine raumbezogene Handlungsebene oberhalb der Gemeindeebene, unterhalb der Staatsebene meint. Die Diskussion, wie eine Region abzugrenzen sei, lässt sich nur vom Handlungszweck der Region bestimmen. Dafür gibt es grundsätzlich zwei Abgrenzungs-Logiken: die funktionale und die auf raumbezogene Gemeinsamkeiten der relevanten Akteure basierende Abgrenzung. Zur ersten gehören zum Beispiel Arbeitsmarktregionen, Schulregionen, ÖPNV-Regionen, zur zweiten politisch-administrativ abgegrenzte Regionen, die in der Regel multi-funktional ausgerichtet sind. Im folgenden sollen unter „Regionen" räumlich abgegrenzte multi-funktionale übergemeindliche Handlungssysteme bezeichnet werden, die aber keine Gebietskörperschaften (zum Beispiel Landkreis oder Regionalkreis) sind.

Der Bedeutungsgewinn der Region kann mit den bekannten Erklärungslinien von Angebot und Nachfrage nach regionaler Selbststeuerung plausibel gemacht werden (vgl. Blotevogel 2000; Benz et al. 1999).

1.1 Woher kommt die „Nachfrage" nach Regionalisierung?

Die Nachfrage resultiert aus drei zentralen Veränderungen in den Bereichen Staat, Wirtschaft und „Dritter Sektor"[1] (Priller et al. 1999)[2].

---

[1] Mit „Dritter Sektor" werden nicht-gewinnorientierte kollektive Handlungsträger bezeichnet, die sich mit kollektiven Leistungen befassen, intermediär zwischen Staat und Wirtschaft vermitteln und / oder Quasi-Staatsfunktion wahrnehmen.

[2] Brenner (2000) hat das für die Raumplanung und die Föderalismus-Diskussion nachgewiesen.

Stichworte zum Wandel des Staates sind:

- Rücknahme des Staates auf sogenannte „Kernkompetenzen" und Aktivierung von Selbsthilfekräften in der Gesellschaft. Regionalisierung der Fachpolitiken, um problemdifferenzierter, treffsicherer und akzeptanzfähiger zu werden (Fürst 1998, Fürst 1999; Genosko 1999)[3],
- Wandel der Verhaltensmodalitäten zum „kooperativen Staat", um die Adressaten seiner Steuerung aktiv in die Steuerung einzubeziehen (Voigt 1995, Dose 1994).

Der Regionalisierungsbedarf der Wirtschaft hat sich mit dem Übergang zu „flexible specialization", „lean production", „out-sourcing" und dem wachsenden Gewicht „weicher Standortfaktoren" verstärkt. Dieser Entwicklung wird in der „Neuen ökonomischen Geographie" Rechnung getragen (Lammers/Stiller 2000; Porter 1991; Storper 1997)[4]. Netzwerke spielen dabei eine immer wichtigere Rolle (Genosko 1999), wobei die „new economy" dieses Netzwerkdenken befördert. Denn Vernetzungen führen zu Netzwerk-Vorteilen, weil der Nutzen von wissensbasierten Netzwerken mit der Anzahl der Nutzer ansteigt und „virtuelle Unternehmen" davon abhängen, dass sie schnell und nahezu ohne

---

Er zeigt, wie die Aufwertung der Region in ihren Steuerungs- und Entwicklungspotentialen vor allem seit Beginn der 80er Jahre (Verweis des Beirats für Raumordnung auf die „eigenständige Regionalentwicklung", 18.03.1983) verstärkt über die Umstellung der Regionalpolitik im Ruhrgebiet (ZIM-Programm NRW), über entsprechende Modellvorhaben des Bundes und programmatische Äußerungen im Raumordnungsbericht 1990, im Raumordnungspolitischen Orientierungsrahmen 1993 sowie im Raumordnungspolitischen Handlungsrahmen 1995 nachzuweisen ist.

3   Das gilt insbesondere für die wirtschaftliche Strukturpolitik, die mit dem traditionellen interventionistischen Instrumentarium an ihre Grenzen gestoßen ist (Mitnahme-Effekte statt Steuerungs-Effekte). Forschungsergebnisse zeigten zudem, dass Re-Strukturierungsprozesse systemgebundene Prozesse sind, wobei das relevante System diejenigen Akteure in Regionen sind, die durch gemeinsame Produktionsbedingungen (z.B. Infrastruktur, Arbeitsmarkt, Dienstleistungen), durch produktive Verflechtungen (zum Beispiel über *Produktions-Cluster:* Enright 1999) und durch eine Reihe gemeinsamer Interaktionsbezüge enger verbunden sind. Diese Vernetzung kann zwar auch konservierend wirken (man bestätigt sich in der Vergangenheit und verhindert gemeinsam neue Zukünfte), aber eben auch das Potential für Neuerungen haben (zum Beispiel Sicherheit durch soziale Abstützung, Vertrauen in die Hilfe des Umfeldes, Integration des Neuen in einen reichen regionalen Erfahrungsschatz).

4   So haben die intensivierte Arbeitsteilung (outsourcing, neue unternehmensbezogenen Dienstleistungen etc.) und der Tatbestand, dass regionale Umstrukturierungsprozesse kollektive Anpassungsleistungen verlangen, den Kooperationsbedarf zwischen regionalen Akteuren erhöht: Trotz der Marktkonkurrenz arbeiten Unternehmen in „strategischen Allianzen" zusammen, bilden sich zwischen Industriebetrieben und Zulieferern Produktionsgemeinschaften heraus etc.

Transaktionskosten die Verbindung zwischen Anbietern und Nachfragern respektive zwischen arbeitsteilig verknüpfbaren Produzenten herstellen lassen. Die neuen sozialen Bewegungen sind eng mit Bestrebungen von Menschen verbunden, gegenüber der wachsenden Fremdbestimmtheit und Entfremdung (Globalisierung, Individualisierung) regionale Solidargemeinschaften wiederzubeleben. Die Kommunitarismus-Bewegung, aber auch die Motivkräfte des sogenannten „Dritten Sektors" (vgl. Priller et al. 1999), weisen auf die sozio-emotionale Kraft des „associationalism" (Amin/Thrift 1995).

Diese drei Kraftfelder der Nachfrageseite wurden durch Rahmenbedingungen verstärkt, die Globalisierungseffekte unmittelbar in regionale Politik umsetzen lassen, wie etwa:

- **der Einfluss der EU:**

Die EU hat den Regionalisierungsprozess in mehrfacher Hinsicht beeinflusst. Zunächst war die Kampagne zum europäischen Binnenmarkt ein wesentlicher Auslöser, die Kommunen in ihrer Eigenständigkeit zu verunsichern und die Region als Handlungsebene zumindest wahrzunehmen. Das geschah etwa im Zusammenspiel der unterschiedlichen Kampagnen von EU, Bund und Ländern[5] zur Inszenierung der regionalen Kooperation (vgl. Soeters 1993, S. 639, der von einem „Europe-virus" spricht)[6]. Sodann hat die Strategie der eigenständigen Regionalentwicklung der EU-Strukturfonds, insbesondere in der Form der Gemeinschaftsinitiativen, erheblich zu Direktkontakten zwischen EU-Kommission und Regionen, aber auch zum Zwang auf die Regionen, sich zu organisieren, geführt. Drittens sollte auch nicht unterschätzt werden, dass Regionen einen allgemeinen Bedarf entwickelten, gegenüber Brüssel direkt vertreten und einflussreich zu sein (beispielsweise über Büros in Brüssel, über Beratungsfunktionen im Ausschuss der Regionen). Die EU nutzt diesen Bedarf exzessiv mit ihren Gemeinschaftsinitiativen, die – nachdem der Rat sie 1999 auf

---

5   Delors' Kampagne für das „Europa der Regionen", operationale Programme der EU-Strukturfonds, die Regionalkonferenzen von Bund und Ländern, das Modellvorhaben Städtenetze des Bundes, Regionalmanagement etc. (vgl. Fürst 1999; Benz et al. 1999)

6   Solche Kampagnen lösen einen erheblichen Bewusstseinswandel in den Kommunen aus. Sie sind allerdings begrenzt, weil sie die Kooperation auf den jeweiligen Stimulus zuschneiden: Fällt der Stimulus weg oder ist der Auftrag erledigt, fällt die Kooperation häufig auseinander. Es ist hier selten, dass sich nach der Initiierung kooperative Lernprozesse dergestalt einstellen, dass die Akteure immer mehr Gemeinsamkeiten entdecken, das Sozialkapital wächst und paradigmatische Veränderungen in der Weise eintreten, dass das „wohlverstandene Eigeninteresse" der Akteure immer mehr im regionalen Bezug gesehen wird.

vier reduziert hatte – heute über sogenannte „innovative Aktionen" wieder vervielfältigt werden.

- **„lesson drawing":**

Nachahmung von guten Vorbildern (Rose 1991) hat eine erhebliche Rolle gespielt: Je mehr sich Regionen – auch mit Hilfe staatlicher Förderung – neu formierten, um so mehr wurden bisher nicht formierte Regionen unter Zugzwang gesetzt. Gute Beispiele finden sich in Deutschland in Frankfurt und Kassel in Reaktion auf die Modelle Stuttgart und Hannover, aber noch mehr in Großbritannien, wo Regionen bisher nicht institutionalisiert waren und unter dem Zwang der EU, aber auch der konkurrierenden anderen Regionen sich neue kollektive Handlungsformen suchen.

- **Wechsel in der staatlichen Industrie- und Strukturpolitik:**

An die Stelle des traditionellen wohlfahrtsstaatlichen Interventionismus wird immer mehr auf innovatorischen Wettbewerb zwischen Regionen gesetzt: Der generelle Paradigmen-Wechsel der Politik zu marktlichen Steuerungsmechanismen, der sich nicht nur in den „Neuen Steuerungsmodellen" der öffentlichen Verwaltung ausdrückt, sondern auch die regionale Strukturpolitik und die Umweltpolitik erfasst, hat die Steuerungsmuster des Staates verändert: Immer mehr werden Fördermittel mit Wettbewerbselementen verknüpft, sei es, dass die Antragsteller um die Mittel konkurrieren (so bei der IBA Emscher Park), sei es, dass der Staat Wettbewerbe zu bestimmten Themen organisiert (Beispiele: Wettbewerb „Zukunft der Regionen", „BioRegio", „InnoRegio" und andere).

Zusammengefasst folgt daraus, dass offenbar die wichtigste Nachfrage nach Regionalisierung sich aus den folgenden Aspekten ergibt:

- Identifikation eines regionalen kollektiven Handlungsbedarfs,
- Gestaltung kollektiver Prozesse der Problembearbeitung zwischen Politik, Wirtschaft und ziviler Gesellschaft,
- Entwicklung einer kollektiven Handlungsfähigkeit zur Koordination der Handlungsweisen nach innen sowie zur Vertretung der Region nach außen (zum Beispiel gegenüber der EU),
- Mobilisierung von Selbsthilfekräften.

1.2 Welches „Angebot" der Regionalisierung steht dagegen?

Über die Nachfrageseite der Regionalisierung ist inzwischen viel geschrieben worden. Blickt man aber auf die Angebotsseite, also auf die spezifischen regionalen Potentiale, die eine Aufwertung der Regionen rechtfertigen würden, so fällt die

Argumentation wesentlich dürftiger aus. Es sind in erster Linie plausible Annahmen, die für eine höhere Leistungsfähigkeit der Region sprechen, insbesondere:

- Eine wachsende Zahl von kommunalpolitischen Aufgaben ist immer weniger in den Grenzen der Kommunen zu bearbeiten. Das ist weniger ein technisches Problem als ein Bewusstseins-Wandel: PolitikerInnen, auch KommunalpolitikerInnen, neigen heute stärker als früher dazu, Problemlösungen zu wählen, die nur überlokal zu bearbeiten sind (zum Beispiel beim Verkehr, bei der Abfallwirtschaft etc.). Aber es gibt zunehmend auch Themen, deren externe Effekte die Kooperation der NachbarInnen schlicht erfordern, etwa im Bereich der Umweltpolitik, der Wirtschaftsentwicklung, der lokalen Arbeitsmarktpolitik usw.
- Die Region bietet zum einen Systemvorteile wie „untraded interdependencies" (Storper 1997), „Milieu-Effekte" (Maillat 1998) und Agglomerationsvorteile, zum anderen Innovationsvorteile über Netzwerke der Klein- und Mittelunternehmen (Morgan 1997). Regionen begünstigen innovatorische Vernetzungen von Akteuren über regionale Wissensspillovers (Dohse 2000, S. 14), wodurch wiederum die Interaktionsprozesse intensiviert werden (Arndt/Steinberg 2000).
- Regionen können dabei auf eine gewisse Identifikationsbasis zurückgreifen, die Menschen zu kollektivem Handeln leichter zusammenschweißt. Das damit angesprochene Thema des „regionalen Sozialkapitals" (vgl. Offe/Fuchs 2001) wird noch ausgeprägter in der Milieu-Debatte aufgegriffen: Regionen entwickeln soziale Bindungen, aus denen Vertrauen, Solidarität, wechselseitige Hilfsbereitschaft und ähnliches resultieren können, die aber gleichzeitig der Risiko-Reduktion und dem Informationsaustausch mit niedrigen Transaktionskosten dienen.
- Regionen bieten aber auch besondere Potenziale für neue Formen der „regional governance", weil sie durch schwache Institutionalisierung handlungsoffener sind und weil sie leichter die unterschiedlichen Steuerungslogiken von Markt, politisch-administrativer Hierarchie und sozioemotionaler Assoziation[7] zu integriertem Handeln verbinden lassen: Die institutionellen Barrieren sind hier niedriger, gleichzeitig die Möglichkeiten, über Netzwerke solche Verbindungen herzustellen, größer.

---

7 Die Handlungslogiken unterscheiden sich in einigen Aspekten gravierend: Die wirtschaftliche Handlungslogik ist wettbewerbs- und marktbezogen, funktional ausgerichtet und mit klar definierten Zielen verbunden; die politisch-administrative Handlungslogik ist regel- und wählerbezogen, auf das

- Darin werden Regionen durch die Fortschritte in den sozialen Innovationen (Runde Tische, Aufwertung des kooperativen Verhaltens, Vernetzung über IuK-Techniken etc.) unterstützt.
- Außerdem bietet die Region durch das vernetzte Zusammenspiel von Akteuren und „Wissens-Einrichtungen" Voraussetzungen der „lernenden Region" (vgl. Fürst 2001).

Die Mindest-Steuerungsleistung der Region liegt folglich in der regionalen Gestaltung von Kommunikations- und Integrationsprozessen, die zu kollektivem Handeln zwischen unterschiedlichen Akteursgruppen führen.

2 Wie lassen sich komparative Leistungspotenziale der Region begründen?

Die Analyse von Angebot und Nachfrage nach regionaler Selbststeuerung ist nicht gleichbedeutend mit der Aussage, die Region sei besonders steuerungsstark. Vielmehr gibt es gute Gründe, die Selbst-Steuerungskraft der Region zu hinterfragen. Warum sollten die Regionen komparative Handlungsvorteile haben gegenüber Gemeinden oder gegenüber dem Land und welches sind die Ressourcen und Leistungen, die auf regionaler Ebene genutzt werden könnten? Zur ersten Frage, warum die Nachfrage nach dezentraler Selbststeuerung zur Aufwertung der Region und nicht der Kommunen führen sollte, gibt es keine leichte Antwort. Denn hier spielt sicherlich eine Rolle, dass im Bewusstsein der relevanten Akteure – zumindest in den EU-Staaten – die Kommune sich zunehmend als unzureichende Handlungsebene erweist. Immer mehr setzt sich in den EU-Mitgliedsstaaten die Einschätzung (Paradigma-Wandel) durch, dass „im Zuge des fortschreitenden europäischen Integrationsprozesses ... unterhalb der Landesebene nur noch Kooperationsräume als Partner in der europäischen Regionalpolitik wahrgenommen (werden), die eine Mindestgröße an Bevölkerungs- und Wirtschaftspotenzial und handlungsfähige Organisationsstrukturen aufweisen" (Nds. Landesraumordnungsprogramm 2001, Erläuterung zu Ziel C.1.1.07) (vgl. auch Newman 2000). Zudem ist die Meinung weit verbreitet, dass die Reichweite der kommunalen Problembearbeitung als Folge externer Effekte (zum Beispiel bei Kultureinrichtungen) und überlokaler Synergiewirkungen (zum Beispiel bei Abfallbeseitigung, ÖPNV), aber auch wegen

---

Territorium (die Gebietskörperschaft) ausgerichtet und durch eher diffuse Ziele charakterisiert; die sogenannte „zivile Gesellschaft", das heißt private Haushalte und Dritter Sektor, sind auf Ideen, Werte und Mitglieder bezogen, sind ebenfalls funktional ausgerichtet (zweckorientiert), aber ebenfalls in ihren Zielen eher diffus-emotional bestimmt.

unzureichender Interessendurchsetzung gegenüber global agierenden Adressaten zu gering sei. Dass dabei auch nicht geprüfte („implizite") Theorien und sogar Zeitgeist eine Rolle spielen, dürfte unstrittig sein.

So lassen sich deutliche Paradigmen-Unterschiede beobachten:

(a) zwischen der amerikanischen Diskussion, welche eher die Kommune stärken will, und der europäischen Diskussion, die sich stärker auf die Region richtet,
(b) zwischen verschiedenen Wissenschafts-Disziplinen.

Ad (a): In den USA tendieren vor allem ÖkonomInnen zur Skepsis gegenüber der Region, weil damit regionale Zentralisierung und Vereinheitlichung verbunden sei, was gegenüber der innovatorischen Konkurrenz vieler Gemeinden nachteilig sei (Siegel 1999). Im Gegensatz dazu scheint sich in Europa über die Fachdisziplinen hinweg ein wachsender Konsens dahingehend zu entwickeln, dass die regionale Selbststeuerungsfähigkeit für den Strukturwandel im Zeichen der Regionalisierung hoch-relevant sei und dass „regional governance" eine spezifische Steuerungsqualität habe (Keating 1998, Benz et al. 1999; Lammers/ Stiller 2000; Arndt/Sternberg 2000).

Ad (b): Etwas vereinfacht könnte man den Paradigma-Unterschied der Disziplinen zwischen denen sehen, die stärker individualistisch orientierten Gesellschaftsmodellen zuneigen, und jenen, die eher eine Vorliebe für gemeinschaftsbezogene Gesellschaftsmodelle hegen. So neigen Kultur- und WirtschaftsgeographInnen dazu, die Region aufzuwerten, während ÖkonomInnen den Regionsbezug eher herunterspielen. Zudem ist unter ÖkonomInnen sehr umstritten, ob die Region relevant sei oder ob es nicht vielmehr funktionale Vernetzungen sind, die Produktivitätseffekte haben. Wenige ÖkonomInnen – vor allem der neuen ökonomischen Geographie (Lammers/Stiller 2000) – akzeptieren die Ansicht, dass spezifische sozio-kulturelle, institutionelle und innovatorische Bedingungen für die regionale Entwicklung wichtig sind und dass sich diese Bedingungen an räumliche Nähe (einer Region) binden. In den Sozialwissenschaften und in der Wirtschaftsgeographie hat sich demgegenüber das Denken in Regionen weitgehend durchgesetzt, sei es im „Milieu-Konzept", im „Konzept der lernenden Region" / „regionaler Innovationssysteme", des regionalen „Cluster-Ansatzes" oder des institutionell gestützten „Netzwerk-Ansatzes" (im Sinne der Storperschen untraded interdependencies: Storper 1997). Zur Frage nach der Leistungsfähigkeit regionaler Selbststeuerung gibt es leider keine empirische Bestandsaufnahme. Vielmehr artikuliert sich zunehmend Skepsis in den Veröffentlichungen, weil die Vermutung groß ist, dass die vorherrschenden hermeneutischen Ansätze der Bestimmung einer solchen Leistungsfähigkeit die

Wirklichkeit idealistisch überzeichnen (vgl. Lagendijk 2001). Dennoch zeigen die vorliegenden Untersuchungen zahlreiche Hinweise, dass regionale Selbststeuerung eine Realität ist (vgl. Levine 2001, S. 198).
Die Theorie bietet im Prinzip drei Begründungen zur Leistungsfähigkeit der Regionen an, die letztlich auf Interaktions- und Kommunikationsvorteilen basieren, die durch regionale Kooperation entstehen:

- der aus der Soziologie kommende Milieu-Ansatz[8], der die Selbststeuerung aus sozialen und institutionellen Bindungen erklärt und die besondere Ressource im „Sozialkapital" sieht (vgl. unter anderem Maillat 1998). Sozialkapital ist vor allem in Zeiten hoher Unsicherheit und Richtungslosigkeit eine wichtige Ressource, weil sie Risiken mindert und kollektive Orientierung erleichtert;
- der Netzwerkansatz, der die Selbststeuerung aus Interaktionsprozessen erklärt, über die Veränderungen in der Problemwahrnehmung, ferner kreative Erweiterungen im Lösungsraum sowie Handlungsallianzen zwischen Partnern entwickelt werden, die bisher nicht kooperiert haben (vgl. unter anderem Rhodes 1996). Die Steuerungsleistung liegt hier in der Identifikation von gemeinsamen Interessenlagen, im Wandel enger egoistischer Perspektiven zugunsten der Perspektive der wohlverstandenen Eigeninteressen und in der Erweiterung der Kooperationspartner über die Grenzen des politisch-administrativen Systems hinaus in den privatwirtschaftlichen und sozialen Raum hinein;
- der aus der Institutionalismus-Forschung stammende Ansatz des „new regionalism", der räumliche Agglomerationsvorteile in den Vordergrund rückt und wirtschaftliche Entwicklungsprozesse eingebettet sieht in ein System von Interdependenzen mit niedrigen Transaktionskosten der Interaktion sowie „untraded interdependencies"[9] und hohen „economies of scope" einer vielfältigen Infrastruktur (vgl. Storper 1997, Porter 1991).

Die deduktiven Ableitungen lassen sich durch die induktiv-pragmatische Herangehensweise ergänzen. Zumindest lassen sich daraus „starke Vermutungen" für komparative Leistungsvorteile der Region ableiten, und zwar dort,

---

8   Der Milieu-Ansatz wurde durch die französische Forschungsgruppe GREMI (Paris) ab Anfang/ Mitte der 80er Jahre in die Diskussion gebracht (Maillat 1998).
9   wechselseitige Abhängigkeiten, die nicht über den Markt oder über Austauschprozesse „gehandelt" werden können, sondern durch Konventionen, informelle Regeln/Verhaltensnormen, Traditionen und ähnliches geregelt werden, aber die Handlungen der AkteurInnen unter Unsicherheit koordinieren (Storper 1997, S. 5)

Aufwertung der Region als Ebene der gesellschaftlichen Selbststeuerung 57

- wo Kooperation über gesellschaftliche Teilsysteme (Wirtschaft, Politik, zivile Gesellschaft) hinweg erforderlich wird, aber das Steuerungsobjekt regional gebunden ist (zum Beispiel regionaler Arbeitsmarkt, regionale Standortpolitik),
- wo flexible Handlungsstrukturen notwendig sind, in denen die Transaktionskosten der Kooperation niedrig sind, aber auch die „exit-Option" mit niedrigen Kosten belastet ist (Netzwerke),
- wo über Kommunikationsprozesse sowohl Synergieeffekte als auch Lernprozesse in den sogenannten „wohlverstandenen Eigeninteressen" induziert werden: AkteurInnen erkennen Gemeinschaftsaufgaben und interpretieren ihre Interessen nicht egoistisch, sondern gemeinwohlorientiert.

Die Argumente für regionale Steuerungsleistungen differenzieren allerdings wenig zwischen den Leistungen, für welche die territoriale Bindung vorteilhaft ist, gegenüber den Leistungen, für welche die territoriale Gebundenheit nachteilig ist, weil eine funktionale Bindung überlegen ist. Um das zu erläutern: Die Erfahrungen mit der Globalisierung zeigen, dass die politisch-administrativen Bindungen an ein Territorium zu Steuerungsverlusten gegenüber den sich funktional und territorium-unabhängig sich orientierenden wirtschaftlichen Akteuren führen. Denn diejenigen, die sich territorial ungebunden verhalten können, haben den Vorzug der größeren Optionenfülle und der Chance, allen territorial begrenzten Steuerungen auszuweichen (zum Beispiel hohen Gewerbesteuersätzen, hohen regionalen Umweltschutzanforderungen). Immer mehr werden dann territorial gebundene Regelungen unter den Zwang gestellt, sich den Regelungen der konkurrierenden Standorte außerhalb der Region anzupassen (siehe „Standort-Deutschland-Debatte"). Immer mehr dominieren damit die funktionalen Steuerungsmodalitäten über die territorial begrenzten. Politiker sind territorial gebunden, Wirtschaftler nicht – deshalb verschiebt sich im Zuge der Globalisierung die Steuerungsmacht immer stärker auf die Wirtschaft, während die Politik in jenen Handlungsfeldern zum Anpassungsverhalten gezwungen wird, die der überregionalen Konkurrenz ausgesetzt sind.

Regionale Prozesse der Selbststeuerung sind jedoch schwach institutionalisiert und als Folge davon selektiv gegenüber behandelbaren Themen, präferierten Lösungen und einbezogenen AkteurInnen:

- **Aufgegriffene Themen** müssen gemeinsame regionale Probleme betreffen, die auch leicht regional (und nicht sektoral oder lokal) definiert werden können. Denn im Zweifel ziehen die AkteurInnen solche Themen vor, die sie allein oder bilateral und sektoral statt regional bearbeiten können;

- **Präferierte Lösungen** müssen *win-win*-Perspektiven vermitteln – planerische Ordnungsaufgaben mit hohen Restriktionsanteilen haben es hier schwer. Solche Lösungen müssen aber auch mit niedrigen Kosten für die Beteiligten verbunden sein und die Kosten entsprechend dem Äquivalenzprinzip oder gleichmäßig über alle AkteurInnen verteilen lassen. *Win-win*-Lösungen hängen allerdings auch von der Bereitschaft der AkteurInnen ab, Kompromisse und Zugeständnisse zugunsten der gemeinsamen Sache einzugehen. Wo diese Kooperationsbereitschaft fehlt, dominieren vor allem „Lösungen", die zur Inanspruchnahme öffentlicher Mittel führen, die sich in Konzepten erschöpfen oder zum Konsens des Bewahrens führen, zum Beispiel Verhinderungs-Allianzen (vgl. Grabher 1993).
- **Bevorzugte AkteurInnen** sind jene, die zur Problembearbeitung einen Beitrag leisten können oder die „Störmacht" haben. Das sind primär institutionalisierte AkteurInnen, kaum einzelne BürgerInnen. Unter den institutionalisierten Akteuren finden sich primär Kommunen und Verbände des Dritten Sektors, seltener Unternehmen. Allerdings ist die geringe Beteiligung der Unternehmen nicht sach-notwendig. In Deutschland geht sie vielmehr auf Eigenheiten der regionalen Kooperationsprozesse zurück: Sie werden primär aus der Kommunalpolitik initiiert, meist in Reaktion auf staatliche Fördermittel / Anreize und werden folglich durch die politisch-administrative Handlungslogik geprägt. Im Gegensatz dazu bilden sich in den USA mit schwacher regionaler politischer Selbststeuerung häufig privatwirtschaftlich initiierte regionale Selbststeuerungsformen (vgl. Yaro 1999)[10].

Selbststeuerungsfähigkeit der Regionen muss gestaltet werden. Welche governance-Strukturen sich dabei entwickeln und stabilisieren und wie

---

10 In der Region New York (sie umfasst 31 Kreise in grenzüberschreitender Kooperation aus den Staaten New York, New Jersey und Connecticut) hat sich 1922 auf Initiative eines Direktors der First National City Bank eine Regional Planning Association (RPA) als nicht-staatliche Organisation gegründet. Sie hat sich zur Aufgabe gemacht, Kollektivgut-Probleme, welche die Handlungsebene der fast 2000 Gemeinden und Zweckverbände (die heute die New Yorker Region bilden) überschreiten, zu identifizieren und zum Thema zu machen. Das betrifft in erster Linie Aufgaben gemeindeübergreifender Infrastrukturen (Straßen, Ausbildung), aber auch die Sicherung von Freiräumen oder die Errichtung von Parks. Die Pläne sind eher unseren regionalen Entwicklungsplänen vergleichbar, aber sie definieren auch Gebiete, die besonders zu schützen und zu entwickeln sind. Die Pläne sind unverbindlich, aber wegen der guten Vernetzung der RPA in die Kommunalpolitik und Wirtschaft hinein, unterstützt durch Massenmedien, ist der faktische Einfluß erheblich. Die RPA ist ein gutes Beispiel für erfolgreiche „paradigmatische Steuerung" (Steuerung über kognitive Veränderungen). Beispiele dieser Art gibt es in anderen metropolitanen Regionen ebenfalls (vgl. Yaro 1999)

leistungsfähig diese sind, hängt eng mit der politischen Kultur und mit historischen Entwicklungsprozessen der Region zusammen. Die regional governance-Diskussion befasst sich mit diesen Fragen (vgl. Fürst 2001a).

3 Was trägt die Diskussion zur regional governance bei?

Der Begriff regional governance deckt grob vereinfacht die Diskussion zur regionalen Selbststeuerung bei schwacher Institutionalisierung ab. Gesucht wird nach regionalen Steuerungsmodellen,

- die regionales kollektives Handeln möglich machen (regionale Koordination von Aktivitäten verschiedener AkteurInnen),
- dabei aber nicht auf das politisch-administrative System beschränkt bleiben, sondern andere regional relevante Akteure einbeziehen (regional governance als Mittlerin zwischen Politik, Wirtschaft und ziviler Gesellschaft),
- zudem die Handlungs-Kollektive verlässlich und dennoch flexibel agieren lassen (untraded interdependencies sowie gemeinsam ausgehandelte Regelsysteme)
- und Selbsthilfekräfte mobilisieren.

Da die Diskussion aus dem britischen Raum kommt, wo auf regionaler Ebene kaum politische Institutionen tätig sind, wird regional governance zur Zeit noch primär unter Netzwerken diskutiert, wobei jedoch die Netzwerksteuerung nicht isoliert, sondern als eingebettet in ein institutionelles Umfeld und damit verbundene Routinen, Handlungsorientierungen und Pfadabhängigkeiten betrachtet werden muss (Fürst 2001a).

Regional governance ist damit letztlich auch eine Reaktion auf die – vor allem auf regionaler Ebene zu beobachtende – „Flucht aus den Institutionen". Flucht aus den Institutionen tritt vor allem dort auf, wo die Institutionen sehr hohe Konsenskosten erzeugen, Kooperationsvorhaben erschweren und/oder zu starr und zeitaufwendig sind, sich auf neue Themen und Problemlösungen einzulassen. Es dürfte deshalb kein Zufall sein, dass die regional governance-Diskussion auch vergleichsweise große Resonanz in Deutschland[11] gefunden hat.

Wesentlich für regional governance ist, dass kollektive Handlungsformen entstehen, die wirtschaftliche und politisch-administrative AkteurInnen zu regionalen Gemeinschaftsaufgaben zusammenführen (intermediäre Funktion) und dass sie (mangels ausreichender Institutionalisierung) ihre kollektive

---

11 Das BMBF fördert gegenwärtig in einem Forschungsschwerpunkt Studien zu governance-Fragen.

Handlungsfähigkeit vor allem aus „sozialem Kitt" beziehen, nämlich aus ausgehandelten Normen kollektiven Handelns (vgl. Börzel 1998, S. 255 ff) und aus dem Aufbau wechselseitigen Vertrauens respektive von „Sozialkapital" (vgl. Offe/Fuchs 2001).

Die weichen Formen der Kooperation erschweren allerdings die empirische Forschung über die zentralen Erfolgsbedingungen regionaler kollektiver Handlungsfähigkeit: Es sind qualitative Kriterien, die primär entscheidend sind und die sich der quantifizierten Forschung entziehen. So zeigen die für wirtschaftswissenschaftliche Studien typischen ökonometrischen Studien keinen Hinweis auf „Sozialkapital"; allenfalls sei der Faktor „Kommunikationsdichte" wachstumsrelevant (Schneider et al. 2000); Gleichartiges bekunden die Befunde der Innovationsforscher, wonach die Interaktionsdichte (und nicht die Interaktionsqualität) für innovatorische Prozesse in der Region wesentlich sei (Arndt/Sternberg 2000).

Was bei der Diskussion zur regionalen Selbststeuerung auffällt, ist, dass die politischen Implikationen der neuen Formen von regional governance offenbar weniger interessieren. Immerhin zeigen die empirisch beobachtbaren Formen alle Charakteristika der De-Politisierung von regionalem kollektiven Handeln: Regional governance entspricht häufig den typischen Vorentscheidungsstrukturen außerhalb der formalen politischen Gremien, wie sie sich auch in korporatistischen Arrangements finden. Das heißt:

- Es handelt sich eher um eine Eliten-Veranstaltung; denn regional governance ist korporatistisch strukturiert;
- regional governance bildet sich primär um Aufgaben oder Probleme. Es ist meist schwierig, aus der Fülle von projektbezogenen Netzwerken eine veritable regional governance werden zu lassen: Denn häufig führt nicht die Bindung an eine gemeinsame Region zur Kooperation, sondern der Bedarf, Gemeinschaftsaufgaben regeln zu müssen. Die sich in der Region ausbildenden governance-Muster sind zunächst weder flächendeckend wirksam noch in allen Themen einer Region bedeutsam – sie sind zunächst thematisch und funktional selektiv;
- hinzu kommt, dass regional governance tendenziell nicht stabil sein kann. Sie steht im Spannungsfeld zur territorial gebundenen Legitimierung (unsere politischen Legitimationsstrukturen sind noch immer territorial ausgerichtet), zum Bedarf nach Verbindlichkeit im Ergebnis (was ohne ein höheres Maß an Institutionalisierung meist nicht zu erreichen ist) und zum Bedarf nach Einbezug von Elementen hierarchischer Konfliktregelung (zum Beispiel über

Mehrheitsentscheidungen, übergeordnete Vorgaben), was ebenfalls ein höheres Maß an Institutionalisierung verlangt.
In jedem Falle aber sind regional governance-Muster relativ weiche Formen der governance, in der Regel „hybride" Formen in Überlagerung von institutionellen Strukturen und prozessbezogenen Normen, Regelungen sowie Netzwerken. Es stellt sich dann die Frage, ob sie nur jeweils Zwischenphasen im Prozess des institutionellen „unfreezing" und „re-freezing" sind.

4 Gibt es Vorstellungen, wie regional governance beschaffen sein sollte?

Die Herausforderung zur Gestaltung der regional governance besteht darin, ein regionsbezogenes Steuerungsmodell in der Verbindung von Politik, Verwaltung, Wirtschaft und Bürgerschaft zu entwickeln. Dabei muss regional governance unterschiedliche Steuerungslogiken[12] integrieren:

- die hierarchische Steuerung über politische Macht (zum Beispiel Mehrheitsentscheidungen);
- die regulative Steuerung über Gesetze sowie fachliche und planerische Regelungen;
- die marktliche Steuerung über Märkte und marktähnliche Arrangements;
- die assoziative Selbst-Steuerung über Netzwerke und Nicht-Regierungsorganisationen.

Die unterschiedlichen Handlungslogiken harmonieren im Zusammenspiel nicht per se. Zunehmend unterscheiden sich die Regionen darin, wie sie aus den Gegensätzen der unterschiedlichen Handlungslogiken regionale Handlungsfähigkeit entwickeln, das heißt wie organizing capacity genutzt werden kann (van den Berg et al. 1997). Erwartungsgemäß ist die Integration der unterschiedlichen Handlungslogiken auch nicht frei von Spannungen. Barbara Ferman hat die Spannungsfelder prägnant markiert (1999, S. 284):

- „the tensions between community empowerment and political leadership (elected officials often see neighbourhood empowerment as a potential threat to their leadership and thus seek to undermine it),

---

12 In der Literatur hat sich eine Trias durchgesetzt: Markt, Hierarchie und Netzwerke; oder: Markt, Bürokratie und Clans, oder: Preis, Autorität und Vertrauen, oder: Markt, Staat und Gemeinschaft (Lowndes / Skelcher 1998, S. 318). Hierarchie ist jedoch eine zu unscharfe und wenig praktikable Kategorie, weshalb ich sie in zwei Kategorien aufgeteilt habe: regulativ und hierarchisch (im engeren Sinne).

- the inherent conflict between equity issues and community building (...),
- the problem of scale faced by community-based organisations (community organisations often take on more projects than they can realistically handle to have a noticeable effect on development in their area), and
- the limited control that neighbourhoods have over exogenous forces – in particular, the global economy..."

Infolgedessen muss sich das Interesse der governance-Diskussion darauf richten,

- wie mit Konflikten umgegangen wird, das heißt wie bindende Entscheidungen auch bei widerstrebenden Akteuren hergestellt werden können;
- wie es gelingt, die Eigensinnigkeit der Handlungslogiken zugunsten einer regionalen Gemeinwohl-orientierung zu verbinden: Das ist vor allem dort ein Problem, wo spezifische Handlungslogiken und ihre Akteure über erhebliche Macht verfügen und damit die Ausrichtung der Kooperation bestimmen können. In den USA ist die bestimmende Kraft der ökonomische Bereich, zumal der Rückzug des Staates aus der kommunalen Förderung die Kommunen abhängiger von der Unterstützung durch private Wirtschaftsunternehmen gemacht hat (Savitch/Vogel 1996). Typisch ist, dass immer dort, wo private Unternehmen stark involviert sind, die ökonomischen Belange im Vordergrund stehen, zu Lasten der sozialen (Ferman, 1999, S. 283), mitunter auch der ökologischen;
- wie die strukturellen Selektivitäten solcher Kooperationen ausgeglichen werden können.

Und diese wiederum wird immer mehr unter dem Blick der regionalen Systemabhängigkeit gesehen: Denn regional governance operiert im Kontext des institutionellen Umfeldes. Heute spielen nicht nur einzelne Standortfaktoren oder deren Verbindung zu einem regionalen Standort eine Rolle, sondern die „systemische Wettbewerbsfähigkeit" (Meyer-Stamer 1999). Der Begriff der „systemischen Wettbewerbsfähigkeit" meint die Einbettung der regionalen Steuerung in die unterschiedlichen Steuerungs-ebenen der Wirtschaftspolitik[13]. Aber er verweist vor allem darauf, dass „Standortpolitik" heute „regionale Systempolitik" ist – auch das Umfeld muss stimmen. „Evolutionstheoretisch" könnte man sagen: Es kommt auf die Optionsfülle und die „Redundanz" von raumgebundenen Sozialsystemen an, ob sie vergleichsweise reibungsarme

---

13 Meyer-Stamer unterscheidet: Mikro-Ebene (standortgebunden), Meso-Ebene (standortunterstützende Leistungen im Umfeld, zum Beispiel Infrastruktur), Makro-Ebene (Konjunktur- und Wachstumspolitik einer Gesellschaft) sowie Meta-Ebene (paradigmatische Orientierungen, Werthaltungen).

Interaktionen zulassen und spezifische Synergieeffekte hervorbringen (vgl. Grabher 2001). Dieses Denken in Systembezügen bestimmt regional governance. Das relevante Umfeld lässt sich gestalten. Healey nutzt dafür die Metapher des „placemaking" (Healey 2001).

Aber gleichgültig, welchen Zugang man wählt – entscheidend ist, dass Region heute immer mehr als gestaltbares Handlungsumfeld wahrgenommen wird, das

- die Interaktionen zwischen den Akteuren erleichtert und konstruktiver werden lässt,
- regionale Gemeinschaftsaufgaben effizienter und effektiver bearbeiten lässt,
- ein offenes, kreatives „Klima" im Umgang mit neuen Problemen und Akteuren schafft
- etc.

Eine besondere Herausforderung stellt dabei die nachhaltige Regionalentwicklung dar, die nach §1 Raumordnungsgesetz zur Leitvision der Raumplanung in Deutschland geworden ist. In der deutschen Praxis gibt es zur Zeit drei Lösungswege, wie man regional governance in diesem Sinne gestaltet, um ökonomische, ökologische und soziale Belange mit ihren jeweils unterschiedlichen Steuerungslogiken auf der regionalen Ebene zu integrieren:

1. die Integration über regulative Ansätze, insbesondere die räumliche Planung. Sie hat in der ordnungspolitischen Diskussion eine lange Tradition und wird in der Steuerungsdiskussion unter dem Begriff der „prozeduralen Steuerung" (Offe) fortentwickelt;

2. eine managementbezogene Integration. Das ist in der Regel ein projekt-/problembezogenes Vorgehen, worunter auch die neueren Ansätze des Regionalmanagements oder der Regionalkonferenzen (vgl. Fürst 1998) respektive des von den Wirtschaftsressorts angestoßenen Regionalisierungsprozesses gehören;

3. eine parametrische Integration, analog zum „management by objectives" respektive der „Zielvereinbarungen" im new public management. „Parametrische Steuerung" erfolgt über Vorgabe von Zielwerten (zum Beispiel Umweltqualitätsziele), wobei der Weg zur Zielerreichung den AdressatInnen überlassen bleibt. Das Ergebnis unterliegt einem regionalen Monitoring.

Wie gut die unterschiedlichen Ansätze arbeiten und unter welchen Bedingungen sie besonders erfolgreich sind, ist eine noch andauernde Diskussion. Aber klar ist, dass regional governance als ein kommunikatives Konzept gesehen werden muss. Denn die Integration der Handlungslogiken geschieht vor allem dadurch, dass die relevanten AkteurInnen gemeinsame Vorstellungen über die Handlungsbedingungen, Handlungsbedarfe (Themen) und möglichen

Handlungswege entwickeln. Wie gut das gelingt, hängt wiederum davon ab, wie gut die AkteurInnen kommunizieren können und wie kompatibel ihre Deutungsmuster sind. Dabei unterscheiden sich die Regionen signifikant in ihrer Fähigkeit, solche Gemeinsamkeiten auszubilden.

5   Lässt sich regional governance gestalten?

Hatte sich regional governance teilweise „wildwüchsig" entwickelt, so findet sich inzwischen eine wachsende Zahl von Regionen, in denen es Bemühungen gibt, diese lockeren Formen der regional governance bewusst zu gestalten. Im Wesentlichen geht es darum, systematisch Sozialkapital und Regionalbindung aufzubauen. Strategische Elemente sind dabei die Inszenierung der Gemeinsamkeit und die Entwicklung des regionalen Gemeinsinns. Dieses erfolgt weitgehend über moderne Formen des Regionalmarketing und der Regionalkonferenzen – bis hin zu Bemühungen um die Entwicklung einer „regional corporate identity". So ist der neue boom der Leitbild-Entwicklung oder der Festlegung von „Regionalen Entwicklungskonzepten" in diesem Kontext zu sehen (vgl. Knieling 2000). Solche Prozesse profitieren davon, dass als Folge der Globalisierung und „Entwurzelung" das Bedürfnis nach regionaler Gemeinschaft gewachsen ist (Tomaney/Ward 2000, S. 474; Opaschowsky 2001, S. 17 f.).

Dabei zeigt die Diskussion, dass die Integration der unterschiedlichen Handlungslogiken spezifische regionale „Steuerungsstile" ausbildet, die wiederum von regionalen kulturellen Eigenheiten beeinflusst werden (vgl. Fürst 1997). Die Zusammenhänge sind noch sehr unklar, die Literatur arbeitet hier eher mit deduktiv gewonnenen Annahmen als mit informierten Hypothesen. Aber auch das „regime"-Konzept (vgl. Barthelt 1994; Jessop 1995) verweist darauf, dass es von regionalen (sozio-kulturellen und institutionellen) Kontextbedingungen abhängt, welche der Handlungslogiken besonders starkes Gewicht in der Ausgestaltung der governance hat. So dominiert die marktliche Handlungslogik dort, wo sie – wie in den USA – generell stark institutionalisiert, die politische Kultur wettbewerbsorientiert ist und die hierarchisch-regulativ ausgerichteten Institutionen eher schwach ausgebildet sind.

Die Entfaltung von regionaler Selbststeuerung ist allerdings komplizierter. Denn es geht nicht nur um die politische Steuerungsfähigkeit, sondern auch um die Mobilisierung der Selbsthilfekräfte. Das könnte ein Dilemma sein. Denn politische Steuerungsfähigkeit verlangt härtere Formen der Institutionalisierung, während Mobilisierung der Selbsthilfekräfte auf freiwilliger Selbstverpflichtung für eine

Gemeinschaftsaufgabe basiert. Gegenüber der Selbsthilfe-Mobilisierung könnte die Institutionalisierung kontraproduktiv wirken: Sie vermittelt den AkteurInnen das Gefühl, die Probleme seien von den Institutionen abgenommen worden, es gäbe folglich Zuständigkeiten, die es den Einzelnen erlauben, sich aus der kollektiven Leistung zurückzuziehen.

Regional governance kann dabei nicht ohne Bezug zur Steuerung der etablierten Gebietsköperschaften gesehen werden. Zum einen unterstützen diese die regionale Selbststeuerung durch komplementäre Steuerungsleistungen: Das sind unterstützende Ordnungsregeln und Anreizstrukturen, übergeordnete Regimes (wie zum Beispiel das Wettbewerbsregime zwischen den Regionen, das aber von staatlicher Politik mitgestaltet wird) und ähnliches. Zum anderen aber führt regional governance wegen ihrer begrenzten Steuerungskapazität zu externen Effekten gegenüber den anderen Ebenen. So werden auf regionaler Ebene zwar ökonomische Themen gut bearbeitet, aber die sozialen Folgekosten werden möglicherweise auf die kommunale Ebene abgewälzt.

Regional governance entfaltet sich in erster Linie in Steuerungslücken, die von den traditionellen Institutionen nicht abgedeckt werden, und zwar um so leichter, je günstiger die „political opportunity structures" sind, um eine entsprechende gesellschaftliche „Nachfrage" nach dieser Steuerungsform hervorzubringen. Unter political opportunity structure werden der Grad der Dezentralisierung, die Öffnung der Ressorts für informelle Beziehungen zum Umfeld, die Anreize über die Förderpolitik und ähnliches verstanden (Maloney/Smith/Stoker 2000, S. 809 f.). Zumindest für Deutschland lässt sich zur Zeit konstatieren, dass sich die Rahmenbedingungen für regional governance verbessert haben und EU, Bund, aber auch die meisten Länder mit Förderprogrammen, Modellvorhaben und „paradigmatischer Steuerung" dafür günstige Rahmenbedingungen schaffen.

Ohne den übergeordneten Handlungsrahmen, der die Selbstreflexivität auf regionaler Ebene unterstützt, bestünde auch die Gefahr, dass sich die strukturellen Schwächen der regional governance eigendynamisch entfalten. Vielmehr scheint gerade die Kombination von Selbststeuerung und hierarchischer Steuerung, von „harten" Rahmeninstitutionen und „flexiblen" Handlungsformen, von netzwerkartiger Kooperation und regionalem Wettbewerb das zu sein, was Regionen stark machen kann.

Fazit also: Es ist unstreitig, dass die modernen Gesellschaften Prozesse der Dezentralisierung, Mobilisierung gesellschaftlicher Selbststeuerungsstrukturen und des Rückbaus des Staates auf Risikosicherungs-, Infrastruktur- und gesellschaftliche Integrationsfunktionen fördern. Davon profitiert die regionale Ebene überproportional, nicht zuletzt deshalb, weil sie Querschnittbezüge nutzen lässt, die auf anderen Ebenen durch die starken sektoralen Strukturen behindert werden. In diesen Querschnittbezügen liegen innovatorische und evolutorische Potenziale. Aber es ist auch unstreitig, dass eine latente Tendenz besteht, die Regionalebene zu überfordern, das heißt von ihr Lösungen zu erwarten, die auf anderen Ebenen nicht zu leisten sind. Insbesondere in Deutschland ist gegenwärtig zu beobachten, dass die Regionalebene von vielen Sektorpolitiken „entdeckt" und mit Anforderungen sowie Förderprogrammen überhäuft wird[14], ohne dass die erforderlichen Kapazitäten der Region mitwachsen, diese Anforderungen absorbieren zu können. Als regionale Lösung wird dabei immer eine Form der moderierten Netzwerkbildung gefordert. Aber gerade diese ist ressourcenintensiv, was um so mehr gilt, als die „Ressourcen" in der Regel Personal sind, die bereits in anderen Funktionen ihrer Heimatorganisationen voll ausgelastet sind.

Es kommt folglich darauf an, die Kapazität der Regionen für die Übernahme neuer gesellschaftlicher Funktionen deutlich zu stärken. Darin kann die Regionalplanung ihren Beitrag leisten – zumindest „this constitutes a powerful suggestion that regional planning, too, may enhance regional economic prosperity. Such planning is the first step in the regional collaborative process..." (vgl. Levine 2001, S. 198).

Literaturverzeichnis:

AMIN, ASH; THRIFT, NIGEL: Institutional issues for the European regions: from markets and plans to socioeconomics and powers of association. In: Economy and Society, 24/1995, S. 41-66

ARNDT, OLAF; STERNBERG, ROLF: Do manufacturing firms profit from intraregional innovation linkages? An empirical based answer. In: European Planning Studies 8/2000, S. 465-85

BENZ, ARTHUR; FÜRST, DIETRICH; KILPER, HEIDEROSE; REHFELD, DIETER: Regionalisierung, Opladen 1999

BARTHELT, HARALD: Die Bedeutung der Regulationstheorie in der wirtschaftsgeographischen Forschung. In: Geographische Zeitschrift 82/1994, S. 63 ff

---

14 Zur Zeit bemühen sich um die Region nicht nur die Länder mit verschiedenen Sektorprogrammen, sondern vor allem auch der Bund: das Raumordnungsministerium mit „Wettbewerben der nachhaltigen Region", das Umweltministerium mit Förderprogrammen zur Integration des Naturschutzes in die Regionalentwicklung, das Landwirtschaftsministerium mit Programmen der Agrarstrukturpolitik und das Forschungsministerium mit regionalen Innovationsoffensiven.

BLOTEVOGEL, HANS HEINRICH: Zur Konjunktur der Regionsdiskurse. In: Informationen zur Raumentwicklung 9/10.2000, S. 491-506

BÖRZEL, TANJA A.: Organizing Babylon – on the different conceptions of policy networks. In: Public Administration 76/1998, S. 253-73

BRENNER, NEIL: Building „Euro-regions". Locational politics and the political geography of neoliberalism in post-unification Germany. In: European Urban and Regional Studies 7/2000, S. 319-346

DOHSE, DIRK: Regionen als Innovationsmotoren. Zur Neuorientierung in der deutschen Technologiepolitik, Kiel 2000 (Kieler Diskussionsbeiträge 366/2000)

DOSE, NICOLAI: Kooperatives Recht. Defizite einer steuerungsorientierten Forschung zum kooperativen Verwaltungshandeln. In: Die Verwaltung 27/1994, S. 91-110

ENRIGHT, MICHAEL J.: Cluster-based development strategies. In: Hood, Neil; Young, Stefan (Hg.): The globalisation of multinational enterprise activity and economic development, London 1999, S. 303-331

FERMAN, BARBARA: Linking the global and the local. The future regions, cities and neighborhoods. In: Economic Development Quarterly 13/1999, S. 281-286

FÜRST, DIETRICH (2001): Die „learning region" – strategisches Konzept oder Artefakt? In: H.-F.Eckey u.a. (Hg.): Ordnungspolitik. FS f. Paul Klemmer, Stuttgart 2001, S. 71-90

FÜRST, DIETRICH: (2001a): Regional governance – ein neues Paradigma der Regionalwissenschaften? In: Raumforschung und Raumordnung 59/2001, S. 370-380

FÜRST, DIETRICH: Regionalisierung – die Aufwertung der regionalen Steuerungsebene? In: ARL (Hg.): Grundriss der Landes- und Regionalplanung, Hannover 1999, S. 351-363

FÜRST, DIETRICH: (1998): Wandel des Staates – Wandel der Planung. In: Neues Archiv für Niedersachsen 2/1998, S. 53-74

FÜRST, DIETRICH: (1998a): Projekt- und Regionalmanagement. In: ARL (Hg.): Methoden und Instrumente räumlicher Planung, Hannover 1998, S. 237-253

FÜRST, DIETRICH: Humanvermögen und regionale Steuerungsstile – Bedeutung für das Regionalmanagement? In: Staatswissenschaften u. Staatspraxis 8/1997, S. 187-204

GENOSKO, JOACHIM: Netzwerke in der Regionalpolitik, Marburg 1999

GRABHER, GERNOT: Ecologies of creativity. The Village, the Group, and the heterarchic organisation of the British advertising industry. In: Environment and Planning A 33/2001, S. 351-374

GRABHER, GERNOT: Wachstums-Koalitionen und Verhinderungs-Allianzen. Entwicklungsimpulse und -blockierungen durch regionale Netzwerke. In: Informationen zur Raumentwicklung 11/1993, S. 749-758

HEALEY, PATSY: Towards a more place-focused planning system in Britain, In: Madanipour, Ali; Hull, Angela; Healey, Patsy (Hg.): The governance of place. Space and planning processes, Aldershot u.a., Ashgate 2001, S. 265-286

JESSOP, BOP: The regulation approach, governance and post-Fordism. In: Economy and Society 24/1995, S. 307-333

KEATING, MICHAEL: Regions and international affairs. Motives, opportunities and strategies. In: Regional and Federal Studies 9/1999, S. 1-16

KEATING, MICHAEL: The new regionalism in Western Europe, Cheltenham/England, Elgar 1998

KNIELING, JÖRG: Leitbildprozesse und Regionalmanagement. Ein Beitrag zur Weiterentwicklung des Instrumentariums der Raumordnungspolitik, Frankfurt am Main u.a. 2000 (Beiträge zur Politikwissenschaft, Bd.77)

LAMMERS, KONRAD; STILLER, SILVIA: Regionalpolitische Implikationen der Neuen Ökonomischen Geographie, Hamburg 2000 (HWWA Discussion Paper 85)

LAGENDIJK, ARNOUD: Three stories about regional salience. In: Zeitschrift für Wirtschaftsgeographie, 45/2001, S. 139-158

LEVINE, JOYCE, N.: The role of economicy theory in regional advocacy.In: Journal of Planning Literature 16/2001, S. 183-201

LOWNDES, VIVIEN; SKELCHER, CHRIS: The dynamics of multi-organizational partnerships. An analysis of changing modes of governance. In: Public Administration 76/1998, S. 313-333

MAILLAT, DENNIS: Vom „industrial district" zum innovativen Milieu. Ein Beitrag zur Analyse der lokalisierten Produktionssysteme. In: Geographische Zeitschrift 86/1998, S. 1-15

MAILLAT, DENNIS: Innovative milieus and new generations of regional policies. In: Entrepreneurship & Regional Development 7/1998, S. 157-165

MALONEY, WILLIAM; SMITH, GRAHAM; STOKER, GERRY: Social capital and urban governance. Adding a more contextual „top-down" perspective. In: Political Studies 48/2000, S. 802-820

MEYER-STAMER, JÖRG: Strategien lokaler / regionaler Entwicklung. Cluster, Standortpolitik und systemische Wettbewerbsfähigkeit. In: Nord-Süd aktuell 13/1999, S. 447-460

MORGAN, KEVIN: The learning region. Institutions, innovation and regional renewal. In : Regional Studies 31/1997, S. 491-503

OFFE, CLAUS; FUCHS, SUSANNE: Schwund des Sozialkapitals? Der Fall Deutschland. In: Putnam, Robert D. (Hg.): Gesellschaft und Gemeinsinn. Sozialkapital im internationalen Vergleich, Gütersloh 2001, S. 417-514

OPASCHOWSKY, HORST W.: Die westliche Wertekultur auf dem Prüfstand. In: Aus Politik und Zeitgeschichte B 52-53/2001, S. 7-17

PORTER, MICHAEL E.: Nationale Wettbewerbsvorteile. Erfolgreich konkurrieren auf dem Weltmarkt, München 1991

PRILLER, ECKHARD; ZIMMER, ANNETTE; ANHEIER, HELMUT K.: Der Dritte Sektor in Deutschland. Entwicklungen, Potentiale, Erwartungen. In: Aus Politik und Zeitgeschichte B9/1999, S. 12-21

RHODES, ROD A.W.: The new governance. Governing without government. In: Political Studies 44/1996, S. 652-667

RHODES, ROD A.W.: Understanding governance, Buckingham/England 1997

ROSE, RICHARD R.: What is lesson-drawing. In: Journal of Public Policy 11/1991, S. 3-30

SAVITCH, H.V.; VOGEL, RONALD (Hg.): Regional politics. America in a post-city age, Thousand Oaks, Ca 1996

SCHARPF, FRITZ W.: Interaktionsformen. Akteurzentrierter Institutionalismus in der Politikforschung, Opladen 2000

SCHNEIDER, GERALD; PLÜMPER, THOMAS; BAUMANN, STEFFEN: Bringing Putnam to the European regions. On the relevance of social capital for economic growth. In: European Urban and Regional Studies 7/2000, S. 307-318

SIEGEL, FRED: Is regional governance the answer? In: The Public Interest, 137/1999, S. 85-98

SOETERS, JOSEPH L.: Managing Euregional networks. In: Organization Studies 14/1993, S. 639-656

STORPER, MICHAEL: The regional world. Territorial development in a global economy, New York / London 1997

TOMANEY, JOHN; WARD, NEIL: England and the „new regionalism". In: Regional Studies 34/2000, S. 471-478

VOIGT, RÜDIGER (Hg.): Der kooperative Staat, Baden-Baden 1995

VAN DEN BERG, LEO; BRAUN, E.; VAN DER MEER, J.: The organizing capacity of metropolitan regions. In: Environment and Planning C: Government and Policy 15/1997, S. 253-272

YARO, ROBERT D.: Growing and governing smart: A case study of the New York Region. In: Katz, B. J. (Hg.): Reflections on Regionalism, Washington 1999, S. 43-77

Grundlagen und Analysen

Hans Hermann Wöbse
Über die Kultur des Umgangs
mit Landschaft in der Stadt-Region ■

Hansjörg Küster
Die Stadt in der Landschaft:
Das Beispiel Hannover ■

Carl-Hans Hauptmeyer
Zukunft aus der Vergangenheit. Stadt, Region,
Kultur und Landschaft aus der Sicht der Regionalgeschichte ■

Heiko Geiling
Die Stadt in der Region -
Probleme sozialer Integration in Hannover ■

Hans Hermann Wöbse
Über die Kultur des Umgangs mit Landschaft in der Stadt-Region

Der Eindruck, dass wir im Zusammenhang mit Landschaft zu wenig über Kultur reden, ist für mich dadurch zur Gewissheit geworden, dass ich mich seit mehr als zwölf Jahren mit historischen Kulturlandschaften befasse. Wenn ich sehe, wie wir teils unwissend, gelegentlich bedenkenlos, bisweilen sogar vorsätzlich landschaftliche Schönheit vernachlässigen, beeinträchtigen oder zerstören, frage ich mich, wie wir mit Landschaft umgehen, wie wir Landschaft gestalten, wie wir Bewusstsein entwickeln und verändern müssen, um in unserer Gegenwart etwas zu schaffen, was künftige Generationen vielleicht in ihr Repertoire historischer Kulturlandschaften aufnehmen können.
Wir haben als Einführung von Frau Zibell, Herrn Scholich und Herrn Fürst drei Vorträge gehört und diskutiert, die alle mit meinem Thema zu tun hatten, auch wenn es den Vortragenden um etwas anderes ging als mir. Ich werde in der Folge an einige ihrer Aussagen anknüpfen. Zunächst jedoch eine Reihe grundsätzlicher Überlegungen.
Es hat sich immer wieder als hilfreich erwiesen, sich zu Beginn über die verwendeten Begriffe zu verständigen. Bezogen auf mein Thema sind es die Begriffe „Kultur", „Landschaft" und insbesondere unser Umgang mit Landschaft.

1 Zu den Begriffen „Kultur" und „Landschaft"

Wenn ich über den Umgang mit Landschaft in der Stadtregion spreche, setze ich, ohne den Begriff „Stadtregion" zu definieren, voraus, dass es in jeder Stadtregion Landschaft gibt, beziehungsweise dass die Landschaft ein Teil der Stadtregion ist und dass sie typisch städtischen Elementen gegenüber steht beziehungsweise gegenüber gestellt wird. Wenn wir die Stadt seit ihren Anfängen betrachten, gibt es für das Verhältnis, die Beziehungen und die Abgrenzung zur Landschaft bestimmte Kennzeichen, die sich im Laufe der Geschichte verändert haben und deren Entwicklungstendenzen in eine ganz bestimmte Richtung weisen.

1.1 Kultur

Der Kollege Hauptmeyer hat in seiner Moderation darauf hingewiesen, dass er neben Geschichte auch Geographie studiert habe und von daher dem Kulturbegriff und diesem besonders in Verbindung mit dem Landschaftsbegriff andere Inhalte zuordnen werde als dieses im Vortrag von Frau Zibell angeklungen sei. Kulturlandschaft, so pflegten die Geographinnen und Geographen zu sagen, sei jede vom Menschen veränderte Naturlandschaft. Wenn man sich disziplinübergreifend auf eine solche Interpretation verständigen könnte, brauchte man, zumindest in Europa, eigentlich gar nicht mehr von Kulturlandschaft zu sprechen. Jede Landschaft in Europa gehörte dann diesem einen Typus an.

Ich müsste daraus den Schluss ziehen, dass alles, was der Mensch tut, Kultur ist. Und spätestens an dieser Stelle überfällt mich ein schwer beherrschbares Unbehagen. Was ist Kultur? Ich gehöre, wie man zu sagen pflegt, zu den Lateinern und finde in meinem alten Langenscheidt-Lexikon von 1952 unter dem Verbum „colere" – und daran dürfte sich in den seitdem vergangenen 50 Jahren nichts geändert haben – folgendes: „colo, colui, cultus – pflegen, bebauen, bestellen [agrum], ziehen [vitem], pflegen [capillos], bewohnen [insulam]; intr. wohnen; hegen und pflegen, üben [memoriam], hochhalten [bonos mores], anbeten [deos], verehren [parentes]; adj. cultus – pfleglich bearbeitet [ager]; geschmückt, geputzt [puella]; gebildet, fein [ingenia]; culta, orum n. – Pflanzungen."

Der Kulturbegriff wird damit, so meine ich, zu einer eindeutigen Wertdimension, was auch durch unseren allgemeinen Sprachgebrauch bestätigt wird. Neben der Landeskultur, die sich auf den klassischen bäuerlichen Umgang mit dem Acker, mit Wiesen und Weiden bezieht, ordnen wir Dichtung, Malerei, Musik und manche anderen Kunstbereiche der Kultur zu. Und unser Wort „Bauer", das auf „bauen, bebauen" zurückgeht, hat diesen Ursprung. Wenn wir in der Schöpfungsgeschichte lesen: „Gott setzte den Menschen in den Garten Eden, dass er ihn baute und bewahrte", dann ist das demzufolge ein Kulturauftrag. Der Garten ist bereits Kultur: ein besonders wertvoller Ausschnitt aus der Natur, bereichert durch Auswahl, Pflege, Zuneigung, den zu bewahren eine kulturelle Leistung ist. Wir sprechen von abendländischer Kultur, von Kulturschaffenden, von kulturellen Ereignissen, andererseits von Kulturfrevel, Kulturbanausen, Kulturverfall. Aller solcher Rede liegt eine kulturelle Wertdimension zu Grunde, über die in der Gesellschaft offensichtlich ein stillschweigender Konsens besteht.

1.2 Landschaft

Ich möchte mich dem zweiten Begriff zuwenden, nämlich dem der „Landschaft". Was ist Landschaft? Und welche Rolle spielt der Mensch im Zusammenhang mit der Landschaft? (vgl. Wöbse 2002) Generationen von Geographinnen und Geographen haben einen nicht unwesentlichen Teil ihrer Arbeitszeit damit verbracht, den Begriff „Landschaft" in eine Definition zu fassen. Die Ergebnisse tragen in ihrer Fülle eher zur Verwirrung als zur Klärung bei.[1] „Alle geographischen Vorstellungen axiomatischen Charakters – darunter auch die Landschaftsvorstellung", so Neef (Neef 1967, S.19) „entziehen sich der Definition. Wieviel Kraft ist vergeudet worden, geographische Grundvorstellungen zu definieren, ohne damit zu einem anerkannten Ergebnis zu kommen."
Viele der Definitionen gehen von einen Satz aus, der Alexander von Humboldt (1769 – 1859) zugeschrieben wird. Er beschränkt sich auf sechs Wörter:

> Landschaft ist der Totalcharakter einer Erdgegend.

Eine faszinierende Definition. Unabhängig davon, ob dieser Satz nun von Alexander von Humboldt stammt oder nicht[2] (auf jeden Fall spricht er vom Totaleindruck einer Erdgegend), es ging ihm – und das ist in diesem Kontext für uns von Bedeutung – immer um eine ganzheitliche und zugleich ästhetische Wahrnehmung von Natur.
An dieser Stelle muss ich auf einen Kalauer hinweisen, der zugleich als Volksweisheit bezeichnet werden könnte, den die meisten von Ihnen vermutlich kennen: Was ist der Unterschied zwischen einem Spezialisten und einem Generalisten? Ein Spezialist ist jemand, der immer mehr über immer weniger weiß, bis er schließlich alles über nichts weiß. Ein Generalist aber ist der, der immer weniger über immer mehr weiß, bis er schließlich nichts über alles weiß. Viele unserer Umweltprobleme haben so komplexe Ursachen, dass sie von Spezialistinnen oder Spezialisten nicht lösbar sind. Wir brauchen mehr Generalistinnen und

---

1   vergleiche die umfangreiche Sammlung von Landschaftsdefinitionen von Siebert 1967
2   Hard (1970) schreibt, dass er diese Definition in Humboldts Werk nicht habe finden können. Das gilt – Schmithüsen (1976, S. 16) hebt dies ausdrücklich hervor – auch für das Wort „Totalcharakter". Er weist aber zugleich darauf hin, dass er die Untersuchungen von Hard für spitzfindig hält, was dann logischerweise auch für seine Aussage über den Totalcharakter zu gelten hätte. Humboldt verwendet jedoch Worte wie „Totaleindruck", „Totalgefühl" (Kosmos, Teilband 2, 1993, S. 79) und „eigentümlicher Charakter" oder „Naturcharakter" (Kosmos, Teilband 2, 1993, S. 78 und Ansichten, 1987, S. 181 ff.). Somit dürfte die Humboldt zugeschriebene Definition sicher in dessen Sinne sein. Typisch für Humboldt ist auch der wiederholt verwendete Begriff „Erdgegend".

Generalisten, die möglichst viel wissen. Solche wie Alexander von Humboldt. Er war Generalist und er war Ästhet.
Infolgedessen wandte er sich vehement gegen eine naturwissenschaftliche Zerlegung der Ganzheitlichkeit in Teilaspekte: „Es ist ein gewagtes Unternehmen, den Zauber der Sinnenwelt einer Zergliederung seiner Elemente zu unterwerfen. Denn der großartige Charakter einer Gegend ist vorzüglich dadurch bestimmt, dass die eindrucksreichsten Naturerscheinungen gleichzeitig vor die Seele treten, dass die Fülle von Ideen und Gefühlen gleichzeitig erregt wird. Die Kraft einer solchen über das Gemüt errungenen Herrschaft ist recht eigentlich an die Einheit des Empfundenen, des Nichtentfalteten geknüpft. Will man aber aus der objektiven Verschiedenheit der Erscheinungen die Stärke des Totalgefühls erklären, so muss man sondernd in das Reich bestimmter Naturgestalten und wirkender Kräfte hinabsteigen" (Humboldt 1993, Teilband 1, S. 17).
Humboldt steigt, um das Ganze zu erklären, von der „Einheit des Empfundenen" hinab, also nicht von der Analyse des Details hinauf. Dies ist wichtig für das Erleben von Landschaft, insbesondere von landschaftlicher Schönheit.
Die „Einheit des Empfundenen" beinhaltet bei der Wahrnehmung von Landschaft sowohl Natürliches als auch vom Menschen Geschaffenes. Empfindung ist in der Regel mit einer spontanen, emotionalen, ganzheitlichen Wertung verbunden, deren Bedeutung aufgrund unseres naturwissenschaftlich geprägten Denkens mit einer Polarisierung in ökonomisch-ökologisch einerseits und ästhetisch-kulturell andererseits grob fahrlässig unterschätzt wird (vgl. Wöbse 1987).
Humboldt hat sich, etwa in seinem „Kosmos", ausführlich mit der Bedeutung der Ästhetik auseinandergesetzt. Bei der Lektüre wird uns deutlich, dass zum Totalcharakter Individuelles, Subjektives, Emotionales gehört. Künstlerinnen und Künstler haben im Vergleich zu Naturwissenschaftlerinnen und Naturwissenschaftlern den Vorteil, dass sie den subjektiven, emotionalen Anteil von Landschaft zum selbstverständlichen, grundlegenden Bestandteil ihrer Arbeit machen und dass es niemandem in den Sinn kommt, dieses kritisch zu hinterfragen. „Es steht außer Zweifel:", so formuliert es Siegfried Lenz, „die Wirkung, die die Landschaft auf den Menschen ausübt, hat vielfältige Ausdrucksformen: Andacht und Ängstigung, Staunen und Schwermut, Glücksempfindungen und Ewigkeitsschauer – wir kennen den Widerhall aus eigenem Erleben." (Lenz 1996, S. 12) Alle können das nachvollziehen, haben dergleichen erlebt: Es ist Urgrund und Nährboden von Dichtung und Malerei. Bewerten lässt sich so etwas nicht und somit auch nicht berechnen. Bereits die Erfassung solcher Wirkungen bereitet erhebliche Probleme.
Humboldts Landschaftsdefinition beinhaltet die Aufforderung, dem Emotionalen die Bedeutung einzuräumen, die es hat. Nun sind wir aber auf eine schwer

erklärliche Weise auf einen Weg geraten, auf dem das Emotionale in den Hintergrund gedrängt und vernachlässigt wird, ein Verhalten, das die Seele des Menschen kränkt, das heißt, krank macht. Der Naturschutz ist von diesem Trend nicht ausgenommen, obwohl die Naturschutzbewegung ihren Ausgangspunkt im Ästhetischen gehabt hat, ging es ihr doch zunächst vorrangig darum, die Zerstörung landschaftlicher Schönheit zu verhindern.

2   Zum Umgang mit Landschaft

Der Mensch als Teil der Landschaft hat Landschaft geschaffen, geprägt, verändert, er hat sie als seine Lebensgrundlage gepflegt, bebaut, bearbeitet, kultiviert, hat sie der nächsten Generation weitergegeben, tradiert, ans Herz gelegt. Die Möglichkeiten von Eingriff und Veränderung waren lange Zeit beschränkt, aber Wissenschaft und Technik erweiterten die Möglichkeiten. Jahrhunderte waren bestimmt von der Erfindung des Rades und des Pfluges. Dann folgten die Dampfmaschine und der Verbrennungsmotor, Pflanzenzüchtung und Chemieeinsatz. Das aktuellste Stichwort in dieser Aufzählung heißt „Genmanipulation". Auf dieser Entwicklungsschiene gab es immer auch Mahnende und Warnende. Spötter sagen gelegentlich: „alles Bio."

Wir setzen alles daran, die Natur zu beherrschen. Und wir sind dabei recht erfolgreich. Von manchen Dingen, die noch zur Zeit unserer Großeltern ernsthafte Probleme darstellten, wissen wir schon gar nichts mehr. Von Hungersnöten zum Beispiel. Dafür haben wir neue, andere Probleme. Die Landwirtschaft ist mit der Massentierhaltung zu einer der größten Luftverschmutzerinnen geworden und trägt maßgeblich zur Klimaverschlechterung bei. Nationale Einsichten nützen nichts, weil wir uns nicht abschotten können. Es stellt sich die Frage nach überschaubaren, handhabbaren Einheiten. In Europa gibt es Einsichten: Wir reden von der Regionalisierung, die handhabbar ist, im Gegensatz zur Globalisierung, die in vielen Bereichen nicht handhabbar ist, auch nicht von Banken und Mammutkonzernen. Globalisierung, so scheint es bisweilen, ist genau das Problem, das sie zu lösen vorgibt. Das, was wir global zu lösen wünschen, ist mit den eingesetzten Mitteln nicht lösbar. Ich denke an Klima, Energie, Bevölkerungswachstum, Ernährung, Verteilung von Armut und Reichtum. Kann Kultur entstehen, wenn ihre Grundlagen nicht handhabbar, nicht zu pflegen, zu bebauen, zu bewahren sind? Das so genannte „Welt-Kultur-Erbe" ist eine Summe von regionalen und lokalen Kulturbausteinen. Das Erbe ist dabei ein wichtiger Begriff. Wir leben vom Ererbten, aus der Vergangenheit. In Bildbänden und Kalendern bilden wir Altstädte ab, das Neue wird meist schamhaft verschwiegen.

Warum? Einmaligkeit und Unverwechselbarkeit sind der Ubiquität gewichen. Alexander Mitscherlich hat das bereits vor 30 Jahren beklagt (Mitscherlich 1971). Die Probleme sind, das haben wir in der Diskussion bereits festgestellt, dieselben wie damals: Nichts hat sich zum Besseren gewendet.

2.1 Landschaft und Ästhetik

In unserer Auseinandersetzung mit Natur und Landschaft, in unserem Denken, Reden und Handeln spielt **Ästhetik** eine gewichtige Rolle. Alexander Gottlieb Baumgarten, der den Begriff 1750 prägte, nachdem über deren Kernbegriff, die Schönheit, schon seit Sokrates und Plato nachgedacht worden war, definierte ihn so (Baumgarten 1988, S. 1):

> **Ästhetik**
> Aesthetica est scientia cognitionis sensitivae.
> Ästhetik ist die Wissenschaft der sinnlichen Erkenntnis.
> Baumgarten, 1750, § 1

Ästhetik ist Anlass und Triebfeder unseres Wahrnehmens, Denkens und Fragens und damit Ausgangspunkt aller Wissenschaft. Die sinnliche Wahrnehmung veranlasst uns, Fragen zu stellen und nach Antworten zu suchen. Keiner der großen Wissenschaftler, keiner der großen Naturwissenschaftler hat das in Frage gestellt, Anaxagoras und Demokrit ebensowenig wie Einstein und Heisenberg. Ästhetik ist also die Keimzelle und Anstoß für Wissenschaft und Kunst.

An dieser Stelle ist noch ein weiterer Einschub unvermeidbar, der nämlich, wie es dazu kommen konnte, dass wir alles Rationale so hoch bewerten und das Emotionale so gering. Gedanken über das cartesianische Weltbild drängen sich auf. Descartes propagierte die Abkehr von der bisher gepflegten Tradition, von Scholastik und Okkultismus, forderte die klare Differenzierung von Subjekt (res cogitans) und Objekt (res extensa). Naturwissenschaftliche Untersuchungen sollten sich durch Klarheit und Evidenz auszeichnen und „nur das berücksichtigen, was für alle Menschen in gleicher Weise einsichtig und unbezweifelbar ist." (Perler 1999, S. 69 f.) Bereits an dieser Stelle wird deutlich, dass Schönheit kein Gegenstand naturwissenschaftlicher Untersuchung sein kann, weil sie nicht für alle Menschen in gleicher Weise einsichtig und unbezweifelbar ist. Jener Teil der Natur, den man im Metaphysischen, Okkulten oder rein Geistigen verorten könnte, wird ausgeblendet. Wir erkennen in wachsendem Maße, dass hieraus trotz der zunehmenden Exaktheit der Erkenntnisse und ihrer Bedeutung für die Entwicklung von Wissenschaft und Technik auch Nachteile für das Erkennen und

Verstehen von Natur erwachsen können. Allerdings ist diese Einsicht gar nicht so neu wie man gelegentlich annimmt.

Blaise Pascal (1623-1682) war ein etwas jüngerer Zeitgenosse von René Descartes (1596 – 1650). In ihm vereinte sich christliche Frömmigkeit mit philosophischer Denkkraft und mathematischem Scharfsinn. In seinen „Pensées" lesen wir: „Le coeur a ses raisons, que la raison ne connaît point." Das Herz hat seine Gründe, die die Vernunft nicht kennt (Pascal 1979, S. 93).

Und an anderer Stelle propagiert er: „… da man nicht allseitig sein und alles erfahren kann, was man über alles wissen könnte, muss man ein wenig von allem wissen; denn es ist weitaus schöner, etwas von allem zu wissen, als alles von einer Sache zu wissen. Diese Allseitigkeit ist die allerschönste. Wenn man beides besitzen könnte, wäre es noch besser, aber wenn man wählen muß, soll man jenes wählen. Und die Welt weiß das und tut das; denn die Welt ist oft ein guter Richter." (Armogathe 1997, S. 128) Pascal: ein Generalist wie Humboldt.

Pascal plädiert, ohne es zu ahnen, für einen verstärkten Einsatz der rechten Gehirnhälfte. Wenn ich an dieser Stelle einige Ergebnisse der Gehirnforschung einfüge, so entferne ich mich scheinbar von meinem Thema. Aber eben nur scheinbar!

Die beiden Hälften unseres Gehirns haben unterschiedliche Funktionen. Das linke Gehirn denkt in Worten, ist die Domäne von Sprache und logischem Denken, betrachtet Details. Das rechte Gehirn erfasst die Gesamtsituation, denkt in sensorischen Bildern, in komplexen visuellen Strukturen, die mit Worten kaum zu beschreiben sind (vgl. Blakeslee 1988). Hierher gehört das, was wir als 'Intuition' bezeichnen. Intuitive Urteile werden nicht logisch aufgebaut: Sie sind schlagartig da. „Es ist typisch für sie, dass sie eine große Menge Informationsmaterial parallel berücksichtigen, ohne jeden einzelnen Faktor separat zu betrachten. Schließlich lassen sie sich auch nicht mit Worten erklären." (Blakeslee 1988, S. 32)

Zum Zeitpunkt der Geburt sind unsere beiden Gehirnhälften physiologisch nahezu identisch. Die späteren signifikanten Unterschiede sind das Ergebnis unterschiedlichen Trainings während der Kindheit. Da die Pädagogik hier offensichtlich spezifische Schwerpunkte gesetzt hat und mit der Einführung des Computers auch weiterhin setzt, wird sich die Vernachlässigung des Trainings der rechten Gehirnhälfte auch künftig fortsetzen.

Die sinnliche Wahrnehmung von Landschaft geschieht zwar mit beiden Gehirnhälften, der Gesamteindruck aber, den wir in Sekundenschnelle bewerten und als „schön" oder „hässlich" einstufen, ist eine Sache des rechten Gehirns. Um landschaftliche Schönheit angemessen beurteilen zu können, werden wir künftig dem rechten Gehirn einen vergleichbaren Stellenwert einräumen müssen wie dem linken. Zum Zwecke des Erkenntnisgewinns sollten wir uns wieder mehr den Bildern, der Schönheit von Bildern zuwenden. Spezialisten sind Menschen des linken Gehirns, Analytiker, Menschen der verbalen Kommunikation, Rationalisten und Computerexperten. Generalisten hingegen sind Menschen des rechten Gehirns, Synthetiker, ganzheitlich und in Bildern denkend, stärker dem Emotionalen verhaftet. So wie beide Gehirnhälften zusammenwirken, so sollten die beiden genannten Gruppen zusammenarbeiten. Eigentlich ist das selbstverständlich! Aber die rechte Gehirnhälfte ist seit Descartes (und das durch vierzehn Generationen eingeübte naturwissenschaftliche Denktraining zeigt nun Wirkung!) stark vernachlässigt worden.

Die Bewertung landschaftlicher Schönheit stellt für den normalen Menschen kaum ein Problem dar, umso mehr aber für Landschaftsplanerinnen und Landschaftsplaner. Sie müssen, um Landschaft vor Ansprüchen unterschiedlicher gesellschaftlicher Nutzungsansprüche und damit vor Verbrauch und Zerstörung zu bewahren, beweisen, dass sie schön ist und als Gegenstand der Kunst oder als Mittel sinnlicher Regeneration einen gesellschaftlichen Wert darstellt. Gegen oft einseitig ökonomisch ausgerichtete Interessen, die rational schwer zu widerlegen sind, führen Landschaftsplanerinnen und -planer oft einen aussichtslosen Kampf. Nicht selten werden sie dabei mit Häme und Spott bedacht, weil das, was sie da fordern, doch alles subjektiv und damit eigentlich nichts wert sei.

Hier stehen sich das Analytische, Verbale, Detaillierte und das Bildhafte, Synthetische, Ganzheitliche gegenüber. Hier steht der Spezialist gegen den Generalisten. Hier begegnen die Gründe des Herzens den Gründen der Vernunft. Und so wie der Rationalismus seit Descartes das wissenschaftliche Denken geprägt hat, so sind gegen diese Ausschließlichkeit immer auch (zumeist leisere) Bedenken angemeldet worden. Descartes hatte vernünftige Gründe, sich vom Okkultismus des 16. und frühen 17. Jahrhunderts zu distanzieren, aber konnte er mit dem Okkultismus, den zum Beispiel Paracelsus (1493–1541) vertrat, auch jene Kräfte verbinden, die „hinter den offensichtlichen Eigenschaften der Dinge versteckt sind und die sich nicht empirisch untersuchen lassen"? (Perler 1999, S. 72)

Pascal stand mit seiner Logik des Herzens gegen einen allgemeinen Trend, gegen den Wissenschaftsoptimismus der frühen Neuzeit und wandte sich deshalb gegen Ende seines kurzen Lebens vom umwerfenden Gedankengut der damaligen Wissenschaftswelt ab. Heute dürfen wir Pascal als den einzigen Denker der frühen Neuzeit bezeichnen, „der nicht nur die Extreme der Tradition kritisierte, sondern auch ein grundsätzliches Fragezeichen hinter die Errungenschaften der Neuzeit setzte, obwohl er ihre Richtigkeit und Wirksamkeit nicht bezweifelte." (Sandvoss 1989, S. 203)

Wenn wir vom Herzen reden, und damit nicht wie die Mediziner den Blut pumpenden Muskel meinen, sondern die Mitte des Menschen, wenn wir von der Schönheit reden, die zu Herzen geht, dann sind wir nahe an dem, was Pascal meinte. Pascal war der Seele näher als Descartes, er wusste um die Ordnung, „die man nur emotional und nicht mit dem Verstand erfahren kann." (Richter 1979, S. 81 ff.) Schönheit lässt sich nicht empirisch ergründen, bleibt damit für Descartes und für alle, die seinem Wissenschaftsverständnis folgen, ein Problem, weil sie sich nicht auf Einfaches und Evidentes zurückführen lässt, um daraus ein Komplexes zu entwickeln. Sie ist und bleibt ein Komplexes, das mehr ist als die Summe seiner Teile.

2.2 Kultur und Ethik oder: Ein kultivierter Umgang mit Landschaft?

Und damit komme ich zum Kulturbegriff zurück. Kultur hat immer etwas mit **Ethik** zu tun. Natürlich müsste man über Ethik jetzt ebenso lange reden wie über Kultur, viel länger als ich es heute hier tun darf. Da müsste die Rede sein von theozentrischer, anthropozentrischer, biozentrischer und holistischer Ethik, von individuellen und gesellschaftlichen Wertvorstellungen. Unser Umgang mit Natur und Landschaft ist von solchen Wertvorstellungen und damit von unserer privaten und beruflichen Sozialisation abhängig. Wir Planer und Planerinnen sind zu einem vorrangig naturwissenschaftlich-rational-ökonomischen Denken erzogen, wenngleich gerade Architektinnen, Architekten, Landschaftsplanerinnen und Landschaftsplaner für sich in Anspruch nehmen, dem Gestalterischen als Gegenpart des Formalen zu einem ihm gebührenden Stellenwert zu verhelfen. Sehr lesenswert ist in diesem Kontext Günter Altners Buch „Naturvergessenheit". Altner hat einen geisteswissenschaftlichen und zwei naturwissenschaftliche Studiengänge durchlaufen, nämlich Theologie, Physik und Biologie. Und dementsprechend spürt man in seinen Ausführungen das Interdisziplinäre, was wir ja mit unserer Ringvorlesung auch versuchen. Die Probleme unserer Welt sind, wie ich schon sagte, vermutlich nur interdisziplinär, nicht sektoral, nicht durch Spezialistinnen oder Spezialisten lösbar. Der folgende Gedanke von Günter Altner mag das untermauern: „Die Natur figuriert im naturwissenschaftlichen Erkennen als Objekt im Gefolge der an ihr vollzogenen experimentellen Zurichtung, und das Subjekt des erkennenden Naturwissenschaftlers wird prinzipiell ausgeklammert. Es ist die unbestrittene Instanz, die nicht hinterfragt wird. Eine Berücksichtigung des Naturwissenschaftlers als denkende und fühlende Person würde hier nur stören. Die ersten großen Pioniere der neuzeitlichen Naturwissenschaft – Galilei, Kepler, Newton – haben diese geradezu inquisitorische Erkenntnissituation und die mit ihr verbundene Entsinnlichung

des Mensch-Natur-Verhältnisses als Grundbedingung exakter Naturerkenntnis programmatisch gefordert." (Altner 1991, S.11 f.)
Wenn wir uns unseren Umgang mit Natur und Landschaft in Stadtregionen anschauen, erkennen wir überall, auch global, in ihrer Tendenz ähnliche Abläufe, die einerseits mit der Geschichte von Stadt- und Landentwicklung, andererseits mit heutigen politischen und planerischen Entscheidungen und Denkgewohnheiten zu tun haben. Bei der Entwicklung von Städten in der Landschaft, bei der Entwicklung von Stadtregionen aus Stadt und Landschaft gibt es zentripetale und zentrifugale Kräfte: Menschen, Energie, Rohstoffe, Wasser, Lebensmittel bewegen sich in die Stadt, später in die Stadtregion, zentripetal, Menschen, materielle und geistige Produkte, Abfälle, Abwasser aus der Stadt hinaus, zentrifugal.

Dabei verändern sich die Lebensbedingungen der Menschen sowohl in der Stadt als auch in der sie umgebenden Landschaft. Mit wachsendem Wohlstand richten sich die Bedürfnisse der Menschen auf ein höheres Niveau von Lebensqualität, die aber, vor allen Dingen in Bezug auf Naturnähe und natürliche Ressourcen, mit zunehmender Verdichtung abnimmt. Diese abnehmende Qualität erzeugt nun ihrerseits sowohl wachsenden Pendlerverkehr bei der Erschließung neuer dezentraler Siedlungsgebiete als auch durch Feierabend- und Wochenendverkehr zum Zwecke der Erholung. Die Bündelung solcher Verkehrsströme macht das Wohnen in ihrer unmittelbaren Nachbarschaft unerträglich: Denken Sie an die Podbielski-, die Vahrenwalder oder die Hildesheimer Straße in Hannover.

In der Stadtregion werden große Mengen Lebensmittel benötigt, deren Rohstoffe dort nicht erzeugt werden können. Das erfordert entsprechende Produktionsstätten im Umland, die ihrerseits das Verkehrsaufkommen erhöhen. Die Landschaft in der Region muss Wasser liefern und dieses als Abwasser wieder aufnehmen und aufbereiten. Die Ballung verbraucht Sauerstoff und frische Luft, die der Landschaft hochbelastet wieder zugeführt wird. Die Menschen der Ballung brauchen Erholungsräume, die die noch unbesiedelte Landschaft bereitstellen muss, wobei Flächenangebot und Qualität infolge diverser steigender Flächenansprüche laufend abnehmen.

3   Zum Umgang mit Landschaft in der Stadtregion

Wie gehen wir mit der Landschaft in Ballungsräumen um? Gibt es in diesem Umgang so etwas wie Kultur? Kultur soll dazu beitragen, Bedürfnisse des Menschen materieller und immaterieller, physischer und metaphysischer sowie geistig-seelischer Art zu befriedigen, ihm seine Lebenswelt zur Heimat werden zu lassen. Kultur ist etwas, das Leben lebenswert macht. Vieles, was in der Stadtregion geschieht, verändert Landschaft irreversibel, zerstört landschaftliche Schönheit. Sind wir in der Lage, in der Stadtregion die positiven, für den Menschen lebensnotwendigen Eigenarten der Landschaft zu erhalten beziehungsweise zu entwickeln? Gewährleisten die Eingriffe Ästhetisches in gleicher Weise wie Materielles? Gewährleisten sie Stille, natürliche Geräusche, frische Luft, Weite, Dunkelheit, natürliches Erlebnispotential? Gewährleisten sie den Fortbestand von Schönheit? Fragen, deren Antworten sich aufdrängen, rhetorische Fragen. Können wir das, was im Zuge der Entwicklung der Stadtregion geschieht, dem Begriff „Kultur" zuordnen? Angesichts solcher Fragen möchte ich, wenn auch nur punktuell, anknüpfen an einige Gedanken meiner Vorrednerin und meiner Vorredner, die, zusammen mit meinen Anmerkungen, vielleicht in einer anschließenden Diskussion vertieft werden können.

Kultur und Ethik stehen mit der Nutzung von Natur und Landschaft in einem unmittelbaren Zusammenhang. Frau Zibell sprach mit Blick auf künftige Lebenswelten von Naturaneignung. Ich habe immer ein großes Maß an Unbehagen bei der Verwendung dieses Begriffes. Aneignung eröffnet ein weites Spektrum, das von In-Besitz-Nehmen bis Stehlen reicht: Ich nehme mir etwas, das mir nicht gehört. Ich bezahle nichts oder (zu) wenig dafür, tausche zu einem geringeren Gegenwert. Das In-Besitz-Nehmen ist solange nichts Negatives, wie vom In-Besitz-Genommenen im Überfluss vorhanden ist oder die Interessen anderer nicht berührt werden. Das ändert sich in dem Augenblick, in dem die Nachfrage höher wird als das Angebot. Das Aneignen von Natur oder Landschaft geht heute in der Regel zu Lasten anderer, das heißt eines Teiles der Gesellschaft oder der Gesamtgesellschaft. Spätestens an dieser Stelle ist über Werte, Wertvorstellungen, gesellschaftliche Normen, über Ethik zu sprechen. Darüber, ob aus einer verantwortungsbewussten Nutzung nicht eine bedenkenlose Ausbeutung geworden ist. Darüber, ob wir uns alles nehmen dürfen, was Natur und Landschaft bieten. Wir müssen Fragen stellen nach Reversibilität, Nachhaltigkeit, nach dem verantwortungsvollen Umgang mit Ressourcen. Ist Aneignung noch verantwortbar?

Ich hatte, Herr Fürst mag das meiner mangelhaften Bildung zuschreiben, gewisse Verständnisschwierigkeiten mit den anglo-amerikanisch-deutschen Begriffsmixturen. Ich gehöre, ich sagte das bereits, zu den „Lateinern" mit einer großen Sympathie für die Stätten und Vor-Denker unserer Kultur. Da ist er wieder, dieser Begriff, und wieder als Wertbegriff! Und deshalb habe ich über einen Aspekt der Fürst'schen Ausführungen nachgedacht, nämlich über die zwei Ansätze der Interaktionsorientierung: die kooperative und die kompetitive. Weiterhin über „sperrige" und „nicht sperrige" Projekte. Ich denke, gerade beim Umgang mit

Landschaft in Stadtregionen (und ich habe den Eindruck, dass wir in den so genannten neuen Bundesländern all das nachholen, was wir hier im Westen getan haben und inzwischen – wenn wir denn den Lippenbekenntnissen glauben dürfen – heute so keinesfalls mehr tun würden) herrschen „nicht sperrige" Projekte bei kompetitiver Interaktionsorientierung vor. Verschleiern solche gelehrt klingenden Worte nicht persönliche ökonomische Vorteile von Einzelnen, Konzernen, Geldgebern? Geht es nicht um möglichst rasche und problemlose Umsetzbarkeit? Da war die Rede vom zwangsläufigen Ausweichen von Kapital und Unternehmern bei zu hohen Umweltauflagen in die Nachbargemeinden. Das klang für mich so, als sei das ein Naturgesetz, das es zu respektieren gelte. Zwischen Kapital und Ethik scheint es wenig Gemeinsames zu geben. Im Alltag wenigstens. Ich plädiere dafür, dagegen etwas zu tun, weil es im Interesse künftiger Generationen als Grundlage ihres Überlebens dringend geboten erscheint. Wie man das machen kann, ob mit Geld, mit Gesetzen, ob mit Anreizen oder durch Bewusstseinsbildung, darüber müsste sicher länger diskutiert werden.
Herr Scholich hat in seinem Vortrag Vorschläge und Forderungen zur Flächenhaushaltspolitik im Rahmen einer ethisch motivierten Raumplanung unterbreitet. Sicher gehört es auch zur Kultur im Allgemeinen und zur Kultur des Umgangs mit Landschaft im Besonderen, die Menschen in der Region an solchen Entscheidungen maßgeblich und nicht nur in einer Alibifunktion zu beteiligen. Herr Geiling sprach in der Diskussion von solchen plebiszitären Elementen, die es einzubringen gelte. Zu solcher Kultur gehören auch Bedürfnisse und Sehnsüchte, die nicht operationalisierbar, gleichwohl aber von elementarer Bedeutung sind.
Der Mensch hat ein Bedürfnis nach Schönheit (vgl. Wöbse 2002, S. 127 ff.). Wir können uns, so der Historiker Sieferle (Sieferle 1984, S. 165), „nur schwer der unangenehmen Einsicht entziehen, dass die Industrialisierung mit dem materiellen Massenelend auch die Schönheit beseitigte – Hässlichkeit scheint der unvermeidliche Preis des Wohlstands zu sein." Wenn man die bisherige Entwicklung betrachtet, liegt es in der Natur von Städten und Stadtregionen, trotz aller sonstigen Vorteile zu quantitativen und qualitativen Verlusten an naturnaher und schöner Landschaft beizutragen. Wenn das Schönheitsbedürfnis in der Stadtregion hinsichtlich des Natur- und Landschaftserlebens unbefriedigt bleiben muss, fehlt ihr ein Stück Kultur.
Immer dann, wenn bestimmte gesellschaftliche Lebensabläufe und Spielregeln nicht mehr mit hinreichendem Erfolg greifen, treten Legislative und (bisweilen) Exekutive auf den Plan. Wir haben, was die Erhaltung von Natur und Landschaft betrifft, als Rechtsinstrumente die Umweltverträglichkeitsprüfung und die Eingriffsregelung. Diese Instrumente, so hilfreich und nützlich sie sein mögen,

sollten von der Landschaftsplanung daraufhin kritisch betrachtet werden, ob die Erhaltung der derzeit gegebenen ökologischen und ästhetischen Landschaftsqualität oberstes Ziel sein sollte. Muss es nicht der Planerin und dem Planer immer auch darum gehen, bestehende Zustände zu verbessern? Lassen sich in der Stadtregion Ansätze für die Verbesserung derzeitiger Zustände von Natur und Landschaft erkennen? Wir sollten den Versuch unternehmen, diese Frage gemeinsam zu beantworten!

Literaturverzeichnis:

ALTNER, GÜNTER: Naturvergessenheit – Grundlagen einer umfassenden Bioethik, Darmstadt 1991

ARMOGATHE, JEAN-ROBERT (Hg.): Blaise Pascal – Gedanken über Religion und einige andere Themen, Stuttgart 1997

BAUMGARTEN, ALEXANDER GOTTLIEB: Theoretische Ästhetik. Die grundlegenden Abschnitte aus der „Aesthetica" (1750-58), Hamburg 1988

BLAKESLEE, THOMAS R.: Das rechte Gehirn. Das Unbewußte und seine schöpferischen Kräfte, Freiburg im Breisgau 1988

HARD, GERHARD: Der „Totalcharakter der Landschaft." Re-Interpretation einiger Textstellen bei Alexander von Humboldt. In: Beihefte zur Geographischen Zeitschrift 23/1970, S. 49-73

HUMBOLDT, ALEXANDER VON: Kosmos. Entwurf einer physischen Weltbeschreibung. In: Hanno Beck (Hg.): Alexander von Humboldt, 2 Bände, Darmstadt 1993

LENZ, SIEGFRIED: Von der Wirkung der Landschaft auf den Menschen. Abschlussansprache anlässlich des 23. Deutschen Naturschutztages vom 6. bis 10. Mai in Hamburg, Alfred-Toepfer-Stiftung F.V.S., 1996

MITSCHERLICH, ALEXANDER: Die Unwirtlichkeit unserer Städte, Frankfurt am Main 1971

NEEF, ERNST: Die theoretischen Grundlagen der Landschaftslehre, Gotha-Leipzig 1967

PASCAL, BLAISE: Größe und Elend des Menschen. Aus den Pensées. Auswahl, Übersetzung und Nachwort von Wilhelm Weischedel. In: Weischedel, Wilhelm (Hg.): Größe und Elend des Menschen/Blaise Pascal, Frankfurt am Main/Leipzig 1979

PERLER, DOMINIK: René Descartes. Das Projekt einer radikalen Neubegründung des Wissens. In: Kreimendahl, Lothar (Hg.): Philosophen des 17. Jahrhunderts, Darmstadt 1999

RICHTER, HORST EBERHARD: Der Gotteskomplex, Reinbek bei Hamburg 1979

SANDVOSS, ERNST R.: Geschichte der Philosophie. Bd. 2: Mittelalter, Neuzeit, Gegenwart, München 1989

SIEBERT, ANNELIESE: Wort, Begriff und Wesen der Landschaft. Umschaudienst des Forschungsausschusses „Landschaftspflege und Landschaftsgestaltung" der Akademie für Raumforschung und Landesplanung 5 (2), 1955.

SIEFERLE, ROLF PETER: Fortschrittsfeinde? Opposition gegen Technik und Industrie von der Romantik bis zur Gegenwart, München 1984.

WÖBSE, HANS HERMANN (1987): Die Einheit von Materie, Geist und Seele – Über die Sinnhaftigkeit einer Synthese natur- und geisteswissenschaftlicher Erkenntnisse für die Ethik-Diskussion. In: Landschaft und Stadt 19, (1/1987), S. 1-12.

WÖBSE, HANS HERMANN (2002): Landschaftsästhetik. Über das Wesen, die Bewertung und den Umgang mit landschaftlicher Schönheit, Stuttgart 2003

Hansjörg Küster
Die Stadt in der Landschaft: Das Beispiel Hannover

Im Mittelalter, als viele der heute bekannten Siedlungen in Mitteleuropa zum ersten Mal urkundlich erwähnt wurden, wandelte sich das Leben der Menschen von Grund auf. Dieser Wandel hängt mit dem Einsetzen historischer Überlieferung zusammen. Aber die Verwendung der Schrift ist nur eines der vielen Symptome für den Wandel der Lebensbedingungen. Dieser Wandel soll hier aus der Sicht der Landschaftsgeschichte einleitend kurz dargestellt werden.

1 Ortsfeste Siedlungen

Die Siedlungen, die in den Jahrtausenden zuvor immer wieder von einem Platz zum anderen verlagert worden waren, blieben nun ortsfest. Dies bedeutete: Alle Flächen in der Umgebung der Siedlungen wurden stets in gleicher Weise bewirtschaftet. Felder wurden für viel längere Zeit beackert als in den Jahrtausenden zuvor. Weideland wurde stets in immer wieder der gleichen Weise genutzt. Und immer wieder an der gleichen Stelle wurde Holz gewonnen; dadurch wandelte sich das Aussehen der Wälder erheblich.

Mutmaßlich waren die Siedlungen in den Jahrtausenden zuvor immer dann verlagert worden, wenn eine wichtige Voraussetzung für deren Weiterbestand an Ort und Stelle nicht mehr gegeben war. Möglicherweise ließen die landwirtschaftlichen Erträge nach, weil die Böden erschöpft waren, so dass man es vorzog, neue Flächen zu beackern, deren Gehalt an Mineralstoffen noch höher war. In Mitteleuropa ist diese Ursache wenig wahrscheinlich, denn die überwiegend bewirtschafteten Böden auf Löss enthalten zahlreiche verschiedene Mineralstoffe, die eine lang währende Beackerung ermöglichen. Mangel an

Bauholz mag eine viel plausiblere Ursache für die Verlagerung von Siedlungen gewesen sein. Denn die aus Holz gebauten Häuser oder Hütten mussten immer wieder ausgebessert und nach einigen Jahrzehnten sogar neu gebaut werden. Aber gerade dann stand in den Wäldern in unmittelbarer Siedlungsumgebung kein geeignetes Bauholz zur Verfügung; die nachwachsenden Holzpflanzen waren schon zuvor zur Brennholzgewinnung genutzt worden. Weil es nicht möglich war, die Stämme über größere Entfernungen vom Wald in die Siedlung zu transportieren, konnte es vernünftig sein, in ein Waldstück umzuziehen, in dem geeignetes geradschäftiges Bauholz zur Verfügung stand (vgl. Küster 1998).

Die Fixierung von Siedlungen war nur dann möglich, wenn es gelang, Mangelsituationen durch Warentausch oder Handel zu überbrücken. Wenn also kein Holz zum Bauen zur Verfügung stand, musste es auf Handelswegen in die ortsfeste Siedlung transportiert werden. Diese Handelswege konnten nur dann eingerichtet werden, wenn die Siedlungen, zu denen sie führten, ortsfest waren; von ortsfesten Siedlungen aus mussten die Handelswege gesichert werden (vgl. Küster 1995). Zur Organisation des Handels und der Staatswesen, die mit festen Siedlungen aufgebaut werden konnten, war der Einsatz der Schrift zwingend erforderlich.

Die Einrichtung von Handelswegen, von Straßen, Furten oder sogar Brücken war eine Voraussetzung dafür, dass Gewerbe getrieben werden konnte. Spezialisten siedelten sich in bestimmten Orten an, die ihre Dienste auch für die Bevölkerung anderer Orte anboten; ihre Waren konnten auf den neuen Handelswegen über Land transportiert werden. Der Bau größerer Gewerbebetriebe, der häufig mit der Errichtung von Mühlen und ihren weitläufigen Anlagen (Mühlkanal, Wehr, Mühlteich) zusammenhing, lohnte sich nur dann, wenn man in ihnen Dienstleistungen für mehrere Siedlungen anbieten konnte.

1.1 Die ländliche Siedlung

Obwohl aus den von Zeit zu Zeit verlagerten Siedlungen ortsfeste Dörfer wurden, änderte sich die grundsätzliche Topographie ländlicher Siedlungen nicht. Man kann sich vorstellen, dass viele ländliche Siedlungen dort fixiert wurden, wo sie während des Mittelalters eigentlich zunächst als nicht ortsfeste Siedelplätze gegründet worden waren. „Neu" war, dass man sie unter Ausnützung der nun vorhandenen Infrastruktur nicht mehr aufgeben musste, sondern dauerhaft an Ort und Stelle halten konnte.

Ländliche Siedlungen weisen eine Ökotopengrenzlage auf (zum Begriff vgl. Haversath 1984). Sie liegen am halben Hang eines Tales. Man mag sich vorstellen, dass die Menschen, die eine Siedlung gründeten, im Tal unterwegs waren und von dort aus einen günstigen Siedlungsplatz suchten. Im Tal waren die Böden steinig; fruchtbarer Löss oder Lehm war vom Wasser davongetragen worden. Auf feines Substrat stieß man erst am Talrand, vor allem auf Löss, der sich mit den einfachen Geräten früher Zeit (zunächst ausschließlich, später noch überwiegend aus Holz, Knochen und Stein hergestellt) bearbeiten ließ. Wo man einen steinfreien oder steinarmen, lehmigen Boden „ortete", gründete man die Siedlung. Äcker wurden oberhalb der Siedlung angelegt, möglichst auf lehmigem, auch sandigem Boden. Die Siedlung war nicht allzu weit entfernt vom Wasser; nur ein kurzer Gang ins Tal war notwendig, um an Trinkwasser zu kommen. Das Vieh konnte unterhalb der Siedlung auf der Talflanke weiden und so von den Bauernhöfen aus, von oben her, beaufsichtigt werden. Besonders günstig für die Lage der Siedlungen und ihrer Wirtschaftsflächen erwies es sich, dass man mit Wasser Dung und Gülle aus den Ställen auf die Talflanken leiten konnte: Das dortige Grasland ließ sich sehr leicht düngen. Für die Anlage von Dörfern waren Hänge also günstig; allerdings durften sie nicht zu steil sein, denn auf steilen Hängen ist die Erosionsgefahr groß und die Gebäude müssen dort aufwendig fundamentiert werden.

Die ländliche Siedlung lag auf diese Weise stets inmitten ihrer Wirtschaftsflächen. Die typische Lage von Dörfern kann besonders gut im Bergland demonstriert werden, und zwar vor allem dort, wo die Siedlungen über ihren mittelalterlichen Kern nicht oder kaum hinaus gewachsen sind (Abb. 1).

Abb. 1: Die typische Lage einer ländlichen Siedlung lässt sich besonders gut im Bergland zeigen: Steinkirchen (nördlich von Dachau) liegt in einer Ökotopengrenzlage zwischen trockenem Ackerland (hinter den Gehöften) und feuchtem Grünland (am Rand des Tales). Quelle: eigenes Foto.

In der Umgebung von Hannover ist die typische Lage ländlicher Siedlungen heute deswegen nur noch schwer zu erkennen, weil erstens die Höhenunterschiede im Terrain gering sind und zweitens sich die Stadt über mehrere frühere Dörfer hinweg ausgebreitet hat. Deutliche Siedlungskerne in Ökotopengrenzlage am Rand des Leinetales lassen sich beim Betrachten topographischer Karten oder auch im Gelände für Döhren, Limmer und Stöcken ausmachen (Abb. 2).

Abb. 2: Die Kerne der Siedlungen bei Hannover liegen am Rand der Leineniederung, zum Beispiel Limmer. Quelle: eigenes Foto

1.2 Die Stadt

Städte des Mittelalters sind nicht etwa aus ländlichen Siedlungen durch Vergrößerung hervorgegangen, sondern Siedlungen eines ganz anderen Typs und Grundrisses (vgl. u.a. Braunfels 1976, Meckseper 1982, Humpert und Schenk 2001). Neben vielen anderen Unterschieden zwischen Dorf und Stadt ist in diesem Zusammenhang vor allem wesentlich: Die Stadt liegt dichter am Wasser als das Dorf. Damit wenigstens ihr Siedlungskern vor Hochwasser sicher ist, sind relativ steile Talhänge für die Anlage von Städten günstig. Zwischen Stadt und Wasser liegt kein Grünland; ein agrarisch nutzbares Areal muss sich nicht unmittelbar an die Stadt anschließen.

Die Lage am Wasser war aus mehreren Gründen für die Stadt wichtig. Von dort bezog sie nicht nur ihr Trink- und Brauchwasser und es konnte nicht nur das Abwasser in Fluss, See oder Meer eingeleitet werden. Über das Wasser wurde die Stadt auch mit Handelsgütern versorgt: Holz wurde auf dem Wasser geflößt oder getriftet oder man brachte es auf Schiffen herbei. Auf Schiffen und Booten wurde Korn transportiert. Fische waren eine der wenigen dauerhaft und in großen Mengen verfügbaren Nahrungsbestandteile in Europa; Fischer konnten erheblich zur kontinuierlichen Nahrungsversorgung der Stadtbevölkerung beitragen. Mit dem Wasser ließen sich Mühlen antreiben. Zahlreiche Gewerbebetriebe brauchten Wasser oder leiteten große Mengen Abwasser ein. Die Gewässer und die Hänge an ihren Ufern ließen sich in die Befestigungsanlagen der Städte einbeziehen. Besonders günstig für die Anlage einer Befestigung war es, wenn sich fortifikatorisch nutzbare Hänge möglichst weit um den Platz herumzogen, auf dem die Stadt angelegt wurde. Viele Städte haben daher eine Spornlage zwischen mehreren Niederungsbereichen und liegen auf von Flüssen umzogenen Bergen (zum Beispiel Rothenburg ob der Tauber, Bern) oder auf Hügelzungen, die sich durch das Zusammenfließen mehrerer Flüsse ergeben (zum Beispiel Passau). Weil bei den Städten trockenes Areal dicht an die Flüsse heran reichte, entstanden hier günstige Flussübergänge für Landwege. Für sie ließen sich auch die vielerorts entstehenden Mühlendämme nutzen. Auf den Landwegen konnten weitere Güter in die Städte und es konnten Waren aus den Städten über Land ins städtische Umfeld gebracht werden. Der Handel auf dem Wasser und über Land ließ sich kontrollieren; an den Häfen konnten Waren umgeladen werden. Aus dem Handel und dessen Kontrolle ließ sich Kapital schlagen.

Das Beispiel Hannover
Alle diese Charakteristika für Stadtanlagen treffen auf Hannover zu. Die Stadt entstand dicht an der Leine auf dem hochwassersicheren Terrain einer Düne. Der höchste Punkt der Stadt, mehrere Meter über den höchsten Hochwassermarken gelegen, ist der Baugrund für die Marktkirche und das (alte) Rathaus, die den Markt umschließen (Röhrig 1958): In diesem Bereich liegen die Grundwasser- und Flusswasserspiegel auf einem Niveau von weit unter 50 m üNN, der Stadtkern aber höher als 55 m (siehe Abbildung 3 auf der nächsten Seite).
Das höchste Hochwasser (51,98 m im Jahr 1881) konnte den Stadtkern und selbst die Keller der dort gebauten Häuser nicht erreichen. Im niedrig gelegenen Gebiet Norddeutschlands war die Anlage von Kellern beileibe nicht überall möglich, aber für die Vorratshaltung in der Stadt von großer Bedeutung. Hannover liegt also tatsächlich an einem „hohen Ufer", auch wenn diese Lagebezeichnung

Abb. 3: Blick aus Richtung des Leineufers auf den Stadtkern Hannovers mit der Marktkirche, den am höchsten gelegenen hochwassersicheren Punkt in der Stadt. Zu sehen sind traufseitig und giebelseitig zur Straße stehende Fachwerkhäuser; die traufseitige Stellung ist typisch für das südliche, die giebelseitige für das nördliche Niedersachsen. Quelle: eigenes Foto.

nicht in unmittelbarer Beziehung zum Stadtnamen „Hannover" stehen soll. Wasser wurde unter anderem aus der Leine gewonnen (Grohmann 2000).

Hannover besitzt auch eine Spornlage, die sich daraus ergibt, dass die Leine im Eiszeitalter nicht immer durch ihr heutiges Tal im Westen der Stadt floss. Ein weiteres Flussbett der Leine verläuft von Döhren aus durch das Wietzetal nach Norden, direkt zur Aller. Der südliche, an das Leinetal anschließende Teil dieses Tales wurde zwar mutmaßlich in den letzten Jahrtausenden nicht mehr durchflossen, es befinden sich aber dort natürlicherweise versumpfte Niederungen: In großen Teilen der Eilenriede, dem heutigen Stadtwald östlich der Stadt, lag der Grundwasserspiegel ursprünglich so hoch, dass eine städtische Bebauung nicht möglich war. Der Fluss und die sumpfige Niederung ließen sich zur Befestigung der Stadt nutzbar machen (vgl. Röhrig 1958).

Der Wasserspiegel der Ihme liegt im Stadtgebiet von Hannover von Natur aus niedriger als derjenige der Leine. Der Bereich des Zusammenflusses von Leine und Ihme ist daher aus topographischer Sicht eher eine Mündung der Leine in die Ihme als eine Mündung der Ihme in die Leine. Die Leine überwindet nämlich dafür ein Gefälle von einigen Metern, entwickelt also im Stadtgebiet von

Hannover eine relativ starke Strömung. Die Wasserkraft ließ sich für die Stadt nutzbar machen: Wenn man die Leine zusätzlich durch ein Wehr aufstaute und ihr Wasser auf Mühlräder lenkte, ließ sich vielerlei Gewerbe unmittelbar am Stadtrand etablieren. Die Mühlen an der Leine konnten in den befestigten Stadtbereich integriert werden, so dass auch dann Korn gemahlen konnte und Mehl für die Bevölkerung zur Verfügung stand, wenn die Stadt belagert wurde.

Korn zum Mahlen musste nach Hannover gebracht werden, und zwar nicht nur, um eine Dienstleistung für die ländlichen Siedlungen des Umlandes zu erbringen, sondern auch deshalb, weil man auf andere Weise kein Getreide in die Stadt bekommen hätte: Aus der Spornlage Hannovers ergibt sich, dass nirgendwo im unmittelbaren Umfeld der Stadt Getreide angebaut werden konnte und kann.
Für die Entwicklung des Marktes von Hannover war ferner wichtig, dass die Stadt an einer naturräumlichen Grenze liegt: Südlich von Hannover befindet sich das fruchtbare Ackerbaugebiet der Börde, nördlich das unfruchtbare Sandgebiet. Die Dörfer der Börde und jene auf Heidesand hatten unterschiedliche wirtschaftliche Grundlagen: Getreide kam vor allem aus dem Süden, Honig und Wachs kamen aus der Heide, Vieh und Fleisch aus den ausgedehnten Talniederungen. Hannover lag inmitten dieser Gebiete und hatte daher eine ideale Marktfunktion zwischen Nord und Süd zu erfüllen. Seine Mittelstellung zwischen Börde und Heide, Bergland und Niederung äußert sich in seinen Bauten: Marktkirche und Rathaus wurden aus Backstein errichtet, dem Baumaterial aus den eiszeitlich geprägten Landschaften des Norddeutschen Tieflandes, Kreuzkirche und Aegidienkirche aus Naturstein des Berglandes. Einige Fachwerkhäuser stehen traufseitig zu den Straßen (wie im Süden, beispielsweise in Einbeck), andere giebelseitig (wie im Norden, beispielsweise in Celle). Für den Bau traufseitiger Fachwerkhäuser brauchte man längere gerade gewachsene Eichenstämme, die es nur im Bergland gab, nicht aber in der Heide, wo man die kürzeren Eichenstämme für die Schauseiten der Giebel verwendete (vgl. Röhrig 1958).
Die Stadtgründungen waren wohl ziemlich von Anfang an sehr erfolgreich: Die Städte wurden zu den administrativen und wirtschaftlichen Zentren des Landes. Denn nur dort, wo sich schon bald ein Überschuss an Kapital herausbildet, konnte Baumaterial für repräsentative Bauten erworben werden. Nach Hannover kam Baumaterial sowohl von Süden als auch von Norden; Letzteres war komplizierter, denn es erforderte einen Transport gegen die Strömung oder einen Transport über Land. Aber vor allem die Heidebewohner nördlich von Hannover mögen darauf angewiesen gewesen sein, schon früh enorme Mengen an Ziegeln in die Stadt zu liefern, damit im Gegenzug Getreide vom städtischen Markt in ihre Siedlungen kam: Dies war wichtig, damit die ländlichen Siedlungen im von der

Naturausstattung weniger begünstigten Heidegebiet überhaupt auf Dauer fortbestehen konnten.

2 Das Wachstum der Städte und die Auslagerung der Gewerbebetriebe

Die Städte wuchsen und mussten um Neustädte erweitert werden. In Hannover entstand im 17. Jahrhundert die Calenberger Neustadt westlich der Altstadt (Busch 1969); ähnliche Entwicklungen sind in zahlreichen anderen mitteleuropäischen Städten evident. Die Calenberger Neustadt baute man dort, wo das Terrain keineswegs sicher vor Hochwasser war, also in sehr viel ungünstigerem Gelände als die Altstadt. Dennoch entwickelte sich der neue Stadtteil bis auf den heutigen Tag weiter. Nun lagen die Gewerbebetriebe an Leine und Ihme inmitten der Stadt. Vielleicht ist dies der Anlass dafür gewesen, ziemlich bald auf deren Verlagerung zu dringen.

Im 17. Jahrhundert entstand auch eine zweite Residenz, und zwar in Herrenhausen. Der Große Garten wurde ebenfalls in nicht hochwassersicherem Terrain am Rand des Leinetales angelegt. Aber der Damm, dessen Material aus der den Garten umziehenden Graft entnommen wurde, schützt den Park vor Überflutung. Die Flussniederung war für die Anlage von Gärten ideal: Das Wasser hatte dort fruchtbaren Lehm abgelagert, und bei Überflutungen kam es immer wieder zur Sedimentation von Lehm, mit dem das Gelände gedüngt wurde.

Als man im 18. und vor allem im 19. Jahrhundert daran ging, Mühlen und andere Gewerbebetriebe aus dem Stadtzentrum von Hannover auszulagern, konnte das Gebiet der Herrenhäuser Gärten nicht mehr in die Nutzung einbezogen werden. Dieses Gebiet war bereits durch Schlösser und Gärten „besetzt". Zu den gewerblichen Zentren wurden weiter leineabwärts oder leineaufwärts gelegene Orte, beispielsweise Limmer, Stöcken und Döhren. Vor allem ging aber die industrielle Entwicklung Hannovers im 19. Jahrhundert von Linden aus, westlich der Calenberger Neustadt an der Ihme gelegen.

Die Mühlen des Mittelalters verschwanden. Dort, wo sie gelegen hatten, setzte Stadtplanung des späten 18. und frühen 19. Jahrhunderts an. Sie lag in der ersten Hälfte des 19. Jahrhunderts weitgehend in den Händen von Georg Ludwig Laves. An der Stelle der alten Mühlen entstand das neue Leineschloss und der Waterlooplatz mit seinen repräsentativen Verwaltungsbauten der bis 1866 bestehenden Residenz. Klar wird an dieser Stelle: Eine städtebauliche Konversion, nämlich die Auslagerung der Mühlen und anderer Gewerbebetriebe, zog gerade im Stadtzentrum eine stadtplanerische Gestaltung nach sich. Dies war übrigens in anderen Städten nicht anders: In Berlin verschwanden die Mühlen von den Spree-Inseln, dort wurde das Schloss neu gebaut, und es wurden die Museen der Museumsinsel errichtet. In Hamburg wurde der alte Mühlendamm der Alster zur Flaniermeile Jungfernstieg.

2.1 Die Auflösung der Bindung zwischen Stadt und Topographie

Schon durch den Bau von neuen Residenzen außerhalb der Stadt und die Verlagerung der Gewerbebetriebe aus den Innenstädten in das Umfeld der Stadt während der frühen Neuzeit lockerte sich die Bindung zwischen Stadt und Topographie. Sie nahm weiter ab durch den Bau weiterer Wohnsiedlungen, die sich an die mittelalterlichen Stadtkerne anschlossen und mit denen alte Städte allmählich über die ländlichen Siedlungen ihres Umlandes hinweg wuchsen. Hannover verschmolz im 19. Jahrhundert mit zahlreichen Dörfern des Umlandes zu einer modernen Großstadt. In dem mehr und mehr einheitlich bebauten Gelände ist die „Topographie unter der Stadt" immer weniger klar zu erkennen. Doch die Bevölkerung der wachsenden Stadt bezeichnet sich vor allem als Bevölkerung von Hannover, und ihr Leben in der Stadt bezieht sich auf das mittelalterliche Stadtzentrum und seine Umgebung; dies gilt vor allem für neu Zugezogene, nicht für die alteingesessenen Bewohner der zu Vorstädten mutierten Dörfer, die sich weiterhin auch als „Stöckener", „Lindener" oder „Döhrener" fühlten und fühlen.

Im 20. Jahrhundert verlagerten sich die Standorte der Industrie immer weiter. „Klassische" Industriestandorte aus dem 19. Jahrhundert gingen verloren (besonders auffällig in Hannover: Hanomag in Linden); neue Formen von Industrie, darunter auch mehr und mehr Dienstleistungsgewerbe, siedeln sich noch weiter außerhalb der Stadt an. Diese neuen Gewerbebetriebe sind in ihrer Lage fast überhaupt nicht mehr auf die gewachsene Topographie der Flüsse, Täler und hochwassersicheren Hügel bezogen; viel wichtiger für sie sind Anbindungen an den überörtlichen Verkehr, besonders an die Autobahnen. Im Raum Hannover siedelten sich Industrie- und Gewerbebetriebe beispielsweise an der Autobahn am Rand von Langenhagen an.

Mit dem Ende des Zeitalters „klassischer Industrie" ist also auch das Ende der „klassischen Topographiebindung der Gewerbebetriebe" verbunden. Und auch neue städtische Siedlungen in Form von Trabantenstädten entstanden und entstehen auf der „grünen Wiese", womit nichts anderes umschrieben ist als eine fast überhaupt nicht mehr bestehende Bindung einer solchen Siedlung an die Grundlagen der Topographie. Derartige Siedlungen entstanden zu verschiedenen Zeiten und in verschiedener Gestaltung auch rings um Hannover, beispielsweise in Vahrenwald/Vahrenheide, am Mühlenberg und am Kronsberg.

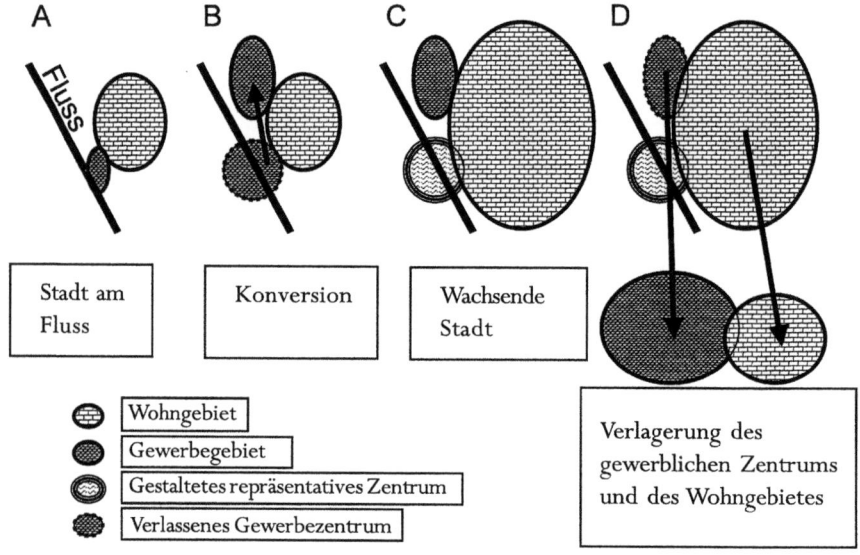

Abb. 4: Schema zur Stadtentwicklung; Erläuterungen im Text; eigene Darstellung.

Die hier beschriebene Entwicklung ist in Abbildung 4 zusammenfassend dargestellt. Dort werden vier Stadien des Stadtwachstums unterschieden. Zur Zeit Ihrer Gründung (Phase A) bestand die Stadt aus einem Gewerbezentrum am Fluss, in dem vor allem die Mühlen lagen, und einem hochwassersicheren Wohngebiet; dort lag auch das Verwaltungszentrum. Später (Phase B) wurde das inzwischen gewachsene gewerbliche Zentrum aus der Stadt verlagert. Es wurde wieder in Flussnähe errichtet, denn das Wasser benötigte man weiterhin, vor allem zum Antreiben der Turbinen. Die Stadt wuchs in der Folgezeit, und das ehemalige Gewerbezentrum wurde repräsentativ neu gestaltet (Phase C). Dabei legte man beispielsweise einen Platz oder einen Park an, oft in der Nachbarschaft eines neu gebauten Schlosses; das ursprünglich für die Mühlen gestaute Wasser ließ man über einen künstlich gestalteten Wasserfall rinnen. Die Stadt wuchs weiter; sowohl das gewerbliche Zentrum als auch neue Wohngebiete entstanden neu in der Peripherie der Stadt, und zwar mit einer sehr viel geringeren topographischen Bindung als in den Jahrhunderten zuvor. Alle diese Entwicklungen lassen sich in Hannover erkennen, wie oben gezeigt wurde.

2.2 Folgen

Wenn keine Bindung von Siedlungen und Gewerbebetrieben an die Topographie mehr besteht, lassen sie sich überall in gleicher Weise planen, anlegen und gestalten. Die Unverwechselbarkeit solcher Siedlungen und Gewerbezentren ist nicht gegeben. Ihre Individualität resultiert allein aus der Phantasie von Architekten. Beispiele von Trabantenstädten und Industriebauten aus den letzten Jahrzehnten zeigen aber oft, dass es dabei keineswegs nur um die Wahrung von Unverwechselbarkeit und Individualität ging.

3 Die Bedeutung von Topographie und Geschichte für die Stadt in Gegenwart und Zukunft

Bei der Betrachtung vieler Städte der Gegenwart und vieler Planungen städtischer Siedlungen für die Zukunft mag man den Eindruck gewinnen, als spielten Topographie und Geschichte der Städte und der sie umgebenden Regionen keine Rolle mehr. Es zeigt sich aber, dass sich – wie schon erwähnt – die Einwohnerschaft von Siedlungen vor allem mit deren Stadtkernen identifiziert. Im Falle von Hannover hat sich zwar auch der Stadtkern etwas verlagert; heute liegt er in der Geschäftsstadt rings um die wichtigen Verkehrsknotenpunkte Hauptbahnhof und Kröpcke. Aber dieses moderne Zentrum liegt nur wenige hundert Meter vom historischen entfernt. Wer in den Trabantenstädten wohnt, fühlt sich an das Zentrum der Stadt, also beispielsweise an Hannover, gebunden, aber weniger an den eigentlichen Wohnort Vahrenwald oder Kronsberg. Man zeigt seinem Besuch vor allem die Innenstadt von Hannover, seltener die Wohnsiedlung, in der man lebt. Das gewachsene Zentrum der Großstadt trägt auch zur Identifikation von Menschen bei, die nicht einmal (mehr) in der Stadtgemeinde wohnen, sondern in Lehrte, Seelze oder Langenhagen.

Für alle diese Menschen ist es wichtig, sich mit dem gewachsenen Zentrum von Hannover, ihrer Großstadt, zu identifizieren. Es hat für sie Bedeutung, dass dort Geschichte und Topographie deutlich gemacht werden, die keineswegs global austauschbar sind: Hier zeigt sich die Individualität jeder einzelnen Stadt. Sie sollte nicht nur denjenigen Menschen bekannt oder evident sein, die in Hannover oder dessen Nähe aufgewachsen sind. Vor allem die vielen Migranten und Migrantinnen, die aus dem In- und Ausland für einen Abschnitt ihres Lebens in eine Stadt kommen, muss deren Geschichte und Topographie klargemacht werden, damit sie sich in der Stadt heimisch fühlen.

Die Möglichkeit, sich im individuellen Zentrum der Stadt, in der man lebt, zurechtzufinden und dort zu erfahren, was die Besonderheit einer jeden Stadt ausmacht, scheint fast noch wichtiger zu sein als das Erkennen der Individualität des unmittelbaren Umfeldes von Wohnen und Arbeiten am Stadtrand. Daher ist es besonders wichtig, dass den Stadtzentren ihre Individualität nicht geraubt wird.

Kleine Höhenunterschiede sind wichtig, um die Anlage einer Stadt zu verstehen. Zur Orientierung in Hannover trägt der Abhang zwischen Marktkirche und Leine entscheidend bei; daher darf er nicht ausgeglichen werden. Die Darstellung von Eigenheiten der Topographie und Geschichte hilft der Einwohnerschaft einer Stadt, sich in ihr heimisch zu fühlen, und fördert das „Heimisch-Werden" neu Hinzuziehender. Kennen sie die individuellen Eigenheiten „ihrer" Stadt (und damit ist vor allem deren Zentrum gemeint), sind sie auch in der Lage, ihr Wissen an ihre Bekannten, Verwandten und Gäste weiterzugeben. Über diesen Vorgang wird die Attraktivität einer Stadt in der allgemeinen Meinung gesteigert. Gerade Hannover ist aufgerufen, in diesem Sinne über einen Image-Gewinn nachzudenken.

Literaturverzeichnis:

BRAUNFELS, WOLFGANG: Abendländische Stadtbaukunst. Herrschaftsform und Baugestalt, Köln 1976

BUSCH, SIEGFRIED: Hannover, Wolfenbüttel und Celle. Stadtgründungen und Stadterweiterungen in drei welfischen Residenzen vom 16. bis zum 18. Jahrhundert. Quellen und Darstellungen zur Geschichte Niedersachsens 75, Hildesheim 1969

GROHMANN, OLAF: Die Stadt und das Wasser. Ver- und Entsorgung Hannovers im 18. Jahrhundert. In: Carl-Hans Hauptmeyer, Mensch – Natur – Technik. Umweltgeschichte in Niedersachsen. Materialien zur Regionalgeschichte 2, Bielefeld 2000, S. 53-60

HAVERSATH, JOHANN-BERNHARD: Die Agrarlandschaft im römischen Deutschland der Kaiserzeit (1.-4. Jh. n. Chr.). Passauer Schriften zur Geographie 2, Passau 1984

HUMPERT, KLAUS; SCHENK, MARTIN: Entdeckung der mittelalterlichen Stadtplanung. Das Ende vom Mythos der „Gewachsenen Stadt", Stuttgart 2001

KÜSTER, HANSJÖRG (1995): Geschichte der Landschaft in Mitteleuropa. Von der Eiszeit bis zur Gegenwart, München 1995

KÜSTER, HANSJÖRG (1998): Geschichte des Waldes. Von der Urzeit bis zur Gegenwart, München 1998

MECKSEPER, CORD: Kleine Kunstgeschichte der deutschen Stadt im Mittelalter, Darmstadt 1982

RÖHRIG, HERBERT: Hannover. Werden und Wachsen aus Landschaft und Lage. Hannover, Bremen 1958

Abbildungsverzeichnis:

Abb. 1:	Typische Lage einer ländlichen Siedlung	S. 89
Abb. 2:	Kerne der Siedlungen bei Hannover	S. 90
Abb. 3:	Blick aus Richtung des Leineufers auf den Stadtkern Hannovers mit der Marktkirche	S. 92
Abb. 4:	Schema zur Stadtentwicklung	S. 96

Carl-Hans Hauptmeyer

Zukunft aus der Vergangenheit. Stadt, Region, Kultur und Landschaft aus der Sicht der Regionalgeschichte[1]

1 Zukunft aus der Vergangenheit

1.1 Keine Planung ohne Geschichte

In dem mittlerweile auch in der westlichen Welt sehr beliebten I Ging, dem auf das erste Jahrtausend v. Chr. zurückgehenden chinesischen Buch der Wandlungen, ist zu lesen: „Der Himmel inmitten des Berges deutet auf verborgene Schätze. So liegt in den Worten und Taten der Vergangenheit ein Schatz verborgen, der zur Festigung und Steigerung des eigenen Charakters verwendet werden kann. Das ist die rechte Art des Studiums, sich nicht auf historisches Wissen zu beschränken, sondern das Historische durch Anwendung immer wieder gegenwärtig zu machen" (Wilhelm 1990, S. 110). Keine Planung ohne Geschichte!

Meine Aufgabe innerhalb der Vorlesungsreihe ist es:
- die geschichtliche Bindung aktuellen Handelns und zukünftigen Planens hervorzuheben,
- die Leitbegriffe unserer Vorlesungsreihe „Stadt, Region, Kultur und Landschaft" in den historischen Kontext zu stellen
- und den Anwendungsnutzen von Regionalgeschichte für raumorientierte Planung zu erläutern.

Obgleich sich meine ersten wissenschaftlichen Arbeiten der Stadtgeschichte widmeten, kam ich in engeren Kontakt mit den – mir aus dem Geographiestudium durchaus bekannten – Planungsfragen bei der Beschäftigung mit der Entwicklung ländlicher Räume. Im Rahmen des Zukunftsinvestitionsprogramms (ZIP)

---

[1] Der Vortrag beruht auf einer Zusammenfassung bereits publizierter Beiträge (dort auch weiterführende Literaturhinweise) des Referenten, die im Literaturverzeichnis genannt sind.

der Bundesregierung Schmidt aus dem Jahr 1977 sollte auch der ländliche Raum gefördert werden. Bis in jene Zeit hinein galt die Beseitigung des Stadt-Land-Gefälles als Leitmotiv. Dorferneuerung und Flurbereinigung hatten geheißen, großzügig die kulturlandschaftlichen Relikte in der Flur zu beseitigen, alte Bausubstanz zu entfernen, Höfe auszusiedeln und auch im fernsten Dorf möglichst städtische Ver- und Entsorgungseinrichtungen zu schaffen, kurzum: Modernisierung ohne Rücksicht auf Tradition. Gerade in den Jahren nach dem so genannten „Ölpreisschock" begannen jedoch viele Menschen zu fragen, ob die Veränderungen nicht viel zu weit gingen. Daher enthielt das Zukunftsinvestitionsprogramm auch Passagen, die sich dem Erhalt ortsbildtypischer Bausubstanz widmeten. Also fuhr ich als junger Historiker freudig zu einer bundesweiten Konferenz, die solche Gedanken mit Leben füllen sollten, und wurde von einem angesehenen Planer für den ländlichen Raum mit den Worten begrüßt: „Was wollen Sie denn hier, Historiker halten doch nur auf!" Ein solcher Satz leugnet schlechterdings den gesamten Erfahrungs- und Wissenschatz der Menschen, der uns in die Lage versetzt, die Zukunft zu gestalten.

1.2 Geschichte und Gegenwart, Erfahrungen

Aber: Solche Argumente werden weiterhin gebraucht. Wer heute in der Wirtschaft, Verwaltung oder Politik erfolgreich sein möchte, wirft das Hergebrachte über Bord, ist kreativ, innovativ und will modernisieren. Wer jedoch ein wenig Lebenserfahrung hat, weiß, dass dies nur das übliche Auf und Ab in kurzen Schwingungen ist. Was die Eltern getan haben, wollen die Kinder besser machen. Das alltägliche Auf und Ab der Ereignisse geschieht allerdings in tradierten Strukturen. Die Handlungsspielräume sind begrenzt. Der bedeutende französische Historiker Fernand Braudel hat uns immer wieder vorgeführt, dass historische Veränderungen nebeneinander in ganz unterschiedlichen Phasenabläufen geschehen. Klima und Landschaft sind, gemessen an historischen Zeiträumen, gleichsam Konstanten der Geschichte. Hingegen verändern sich Strukturen der Herrschaft und Gesellschaft oder die Mentalitäten der regionalen sozialen Gruppen eher gemächlich, Brüche sind selten. Nur an der Oberfläche der Geschichte flakkert das alltägliche Geschäft. Gäbe es diese unterschiedlichen Veränderungsebenen nicht, hätte die Geschichtswissenschaft im übrigen kaum eine Berechtigung. Sie ermittelt, beschreibt und interpretiert diese Veränderungen und sie erklärt Kontinuität oder Wandel.

Da macht der Mensch nun ganz anderes als Vater und Mutter, und eines Tages wird dem gestandenen Sohn gesagt, wie dicht er im Verhalten dem Vater nahe käme und, was nach meiner Erfahrung noch größeres Erschrecken auslöst, der längst erwachsenen Tochter wird mitgeteilt, dass sie ganz und gar der Mutter

Zukunft aus der Vergangenheit

ähnele. Bis ins dritte und vierte Glied, so heißt es in der Bibel, setze sich Gleiches fort. Die Psychologen stellen generationenlange Verhaltensstabilitäten fest, sprechen von „Wiederholungszwang"; und wenn der Mensch lerne, dann vorrangig aus Erfahrung, und keineswegs nur zum Guten.

Zu dieser Verquickung von Geschichte und Gegenwart gibt es ein für mich erdrückend anschauliches Bildbeispiel.

Abbildung 1: Kontinuität und Wandel: Hitler und der KdF-Wagen
In: Budde Richard: Wolfsburg. Texte und Bilder zur Geschichte und Gegenwart der Volkswagenstadt. Wolfsburg o.J. (1985) S. 20, oben links

Ein Foto: Hitler, der letztlich Hauptverantwortliche für Massenmord und menschliche Katastrophe im Europa vor 60 Jahren, scheint geradezu väterlich das Symbol des späteren deutschen Wiederaufbaus in der Bundesrepublik Deutschland zu streicheln: den Käfer, alias KdF-Wagen. Links neben ihm steht der Großvater des früheren VW-Vorstandsvorsitzenden Piëch, Ferdinand Porsche. Die Stadt des KdF-Wagens bei Fallersleben, heute Wolfsburg, ist das nach dem Krieg am raschesten wachsende Gemeinwesen Niedersachsens. Ohne das VW-Werk wäre Niedersachsen ein noch ärmeres Bundesland. Diejenigen, die zunächst im wesentlichen die Arbeit für VW nach dem Kriege leisteten, waren die durch den Krieg entwurzelten Heimatvertriebenen und Flüchtlinge.

Ein eindrückliches Beispiel: Kein Bruch ohne Kontinuität.

1.3 Erstes Zwischenfazit: Kontinuität und Wandel, Niedersachsen als Beispiel

Kontinuität und Wandel sind das Begriffspaar, für das die Interpretation durch Historikerinnen und Historiker unumgänglich ist. Ein Blick auf die jüngere Bevölkerungsverteilung der Bundesrepublik Deutschland zeigt die Geschichte der regionalen Ungleichheiten seit der Spätantike. Der Limes, der das römische Reich von Germanien trennte, zeichnet sich noch heute ab. Im damals römischen südwestlichen Teil Deutschlands ist auch aktuell die Bevölkerungsdichte ersichtlich höher. Reichte die Karte weiter, so könnten wir die so genannte „EG-Banane" erkennen, jenen hochentwickelten Bereich Europas, der sich von Oberitalien bis nach Südengland erstreckt und bereits in der Spätantike herausragende wirtschaftiche Bedeutung nördlich des Mittelmeerraumes besaß. Erst vor 1200 Jahren, zur Zeit Karls des Großen, wurde der niedersächsische Raum missioniert und in das – antike Gedanken mit christlichen Argumenten mischende – geistige Geflecht Europas integriert. Der deutsche Südwest-Nordost-Unterschied hat daher seine Ursprünge in der Spätantike und im frühen Mittelalter.

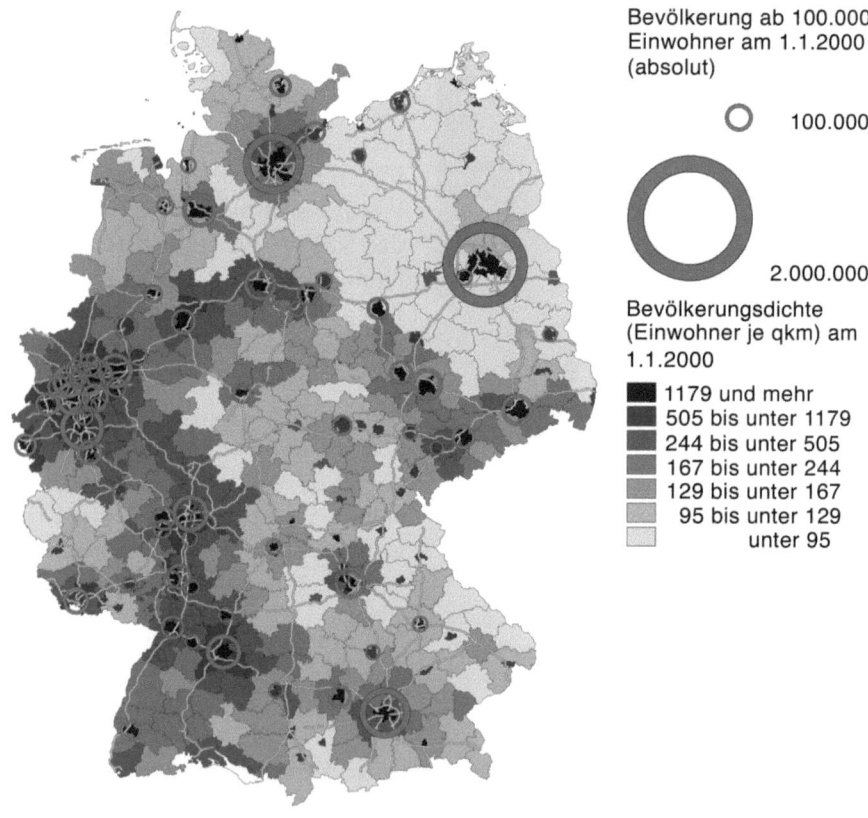

Abbildung 2: Einwohnerdichte der Bundesrepublik Deutschland 2000
Quelle: NIW, Niedersächsiches Institut für Wirtschaftsforschung

Als zweite historische Phase bildet die Bevölkerungsdichtekarte die Zeit der Handelsexpansion und des Städtewachstums im hohen Mittelalter ab. Im Rahmen der Ostexpansion und Ostkolonisation wurden landwirtschaftliche Modernisierung und entwickeltes Städtewesen nach Norden und Osten exportiert, doch dort nicht im gleichen Maße wie im Süden und Westen verwirklicht. Die Grundzüge des deutschen Ost-West-Gegensatzes gehen bis auf das hohe Mittelalter zurück.

Diese regionale Grundgliederung wurde in der frühen Neuzeit stabilisiert, doch traten im Rahmen der Westverlagerung des Handels nach 1500 neue interne Zentren hinzu, die ebenfalls in der Bevölkerungsdichtekarte dargestellt werden. Hier sind zunächst die von der Handelsexpansion profitierenden neuen Metropolen wie Hamburg oder Leipzig zu nennen, sodann die Hauptorte der Territorien, die nicht direkt am neuen Wirtschaftssystem Anteil hatten und daher auf staatlicher Ebene Modernisierung betrieben – am wichtigsten Berlin, aber auch Dresden oder München – und schließlich exportorientierte Bergbau- und Gewerbelandschaften wie Sachsen. Aus der Industrialisierungsphase des 19. Jahrhunderts schließlich zeigt die Bevölkerungsdichtekarte die Industrialisierung auf Kohle und Eisen am Beispiel des Ruhrgebietes.

Innerhalb dieser historischen Interpretation einer aktuellen Bevölkerungsdichtekarte Deutschlands wird deutlich, dass die für den niedersächsischen Raum wirksamen interregionalen Disparitäten im wesentlichen bereits im Mittelalter feststanden. Selbst die Industrialisierung fand hier nicht in neuen Gebieten der Rohstoffgewinnung, sondern vorrangig in bereits dichter besiedelten Gebieten statt.

Dies hilft zu verstehen, warum regionale soziale Verhaltenstraditionen politische Systemveränderungen überdauern, und warum es geradezu lächerlich ist anzunehmen, einige kreative Planungsideen könnten großartige Veränderungen schaffen. Handlungsspielräume sind nur in chaotischen Situationen groß. Setzt sich dann eine ordnende Kraft durch, gestaltet sie die zukünftige Gesamtordnung und engt die Handlungsspielräume ein. Erst wenn das System seine Energie verbraucht hat und zusammenbricht, beginnt die Phase größerer Handlungsspielräume erneut. Das Denken in historischen Dimensionen aber bietet die Chance, das Planungs- und Handlungsspektrum wesentlich zu erweitern.

2 Stadt, Region, Kultur, Landschaft und Regionalgeschichte

2.1 Stadt

Die vier sehr ungleichgewichtigen Leitbegriffe der Vorlesung werden in den Beiträgen zumeist in ihren heutigen Erscheinungsformen und in einzelnen ihrer aktuellen Probleme betrachtet. Das Beispiel der Stadt hilft, die hierbei wenig beachtete Historizität der Leitbegriffe besonders gut zu erläutern.

Die Stadt ist ein verdichteter Siedlungsraum. Phasenweise nimmt die Verstädterung der Welt seit dem Übergang menschlicher Gesellschaften zum Ackerbau zu. Die Stadtentwicklung begann offenbar im 9./8. Jahrtausend vor Christus in Palästina (Jericho). Seit dem 5. Jahrtausend vor Christus sind städtische Zentren nachweisbar in den Tälern des Nil (zum Beispiel Theben), Indus (Harappakultur), Euphrat und Tigris (zum Beispiel Uruk) und des Jangtsekiang, in Europa ab dem 2. Jahrtausend vor Christus im östlichen Mittelmeerraum (zunächst Knossos auf Kreta, später die griechische Polis, zum Beispiel Athen und Korinth). Durch die Römer gelangt das Städtewesen im 1. Jahrhundert nach Christus bis nach Mitteleuropa an den Rhein. Die antiken griechischen und römischen Städte vereinten die Vielfalt des öffentlichen Lebens, sie waren politische, kulturelle und wirtschaftliche, durchaus auch landwirtschaftliche Zentren.

Nach dem Ende des Römischen Reiches zerfiel insbesondere im Westen das antike Städtewesen. Kontinuitätselement für Römerstädte waren im Regelfall kirchliche Einrichtungen. Mit dem Wirtschafts- und Bevölkerungswachstum des 11. bis 13. Jahrhunderts gediehen Städte zudem aus neuen Siedlungskernen: Bischofssitze, Klöster, Burgen oder Pfalzen wuchsen zusammen mit zugehörigen Märkten, gewerblichen und agrarwirtschaftlichen Siedlungen. Seit dem Beginn des 12. Jahrhunderts traten Gründungsstädte hinzu. Durch oft auf Autonomiekämpfe zurückgehende Privilegienerteilungen erlangten die Städte gestufte Unabhängigkeit vom Stadtherrn. Hierzu gehörten Selbstverwaltung und Selbstverteidigung, Marktrecht, Zunftwesen, persönliche Freiheit und Rechtsgleichheit der Bürger (Bürgerrecht). Anders als die antike Stadt zeichnete sich die mittelalterliche Stadt Europas insbesondere durch Handel und Gewerbe aus. Ihre hieraus resultierende überlegene Finanzkraft vermochten gerade die exportorientierten großen Städte politisch zu nutzen.

Mit der Expansion Europas in die Welt seit dem 16. Jahrhundert wurde der im Mittelalter entwickelte städtische Handelskapitalismus Motor der modernen Ökonomie. Die Hauptorte des neuen Weltsystems (Antwerpen, Sevilla, Amsterdam, London) sprengten alsbald den Rahmen mittelalterlicher Vorstellungen. Insbesondere in weiten Teilen Mitteleuropas, wo an diese Entwicklung nicht angeknüpft werden konnte, stagnierten die Städte und nur die vom erstarkenden Staat unterstützten Städte, speziell die Residenzstädte, konnten mithalten. Die frühe Neuzeit (16. bis 18. Jahrhundert) ist daher eine Phase der Differenzierung in wenige große, die weltweite Wirtschaft mitbeherrschende und viele kleine, eng in den Staat eingebundene Städte.

Während der industriellen Revolution im 19. Jahrhundert wuchs die Menschenzahl in und um Industriezentren rasch. Großbritannien führte vor, wie dies zu einer Proletarisierung großer Teile der Bevölkerung führen konnte. Agglomerationszentren mit gestufter sozialer Viertelbildung und differenziertem städtischen Leben entstanden zumeist in Zeiträumen von nur 50 Jahren. Die in anderen Beiträgen dieser Vorlesung dargestellten aktuellen Probleme der Städte lassen sich von der Stadtplanung allein nicht mehr lösen. Zukunftsprognosen gehen von einem vehementen Wachstum gerade der Megastädte aus. Für Tokio (Japan, heute bereits über 26 Millionen Einwohner), Bombay (Indien), Lagos (Nigeria), Dhaka (Bangladesh) und Sao Paulo (Brasilien) werden im Jahr 2015 Bevölkerungszahlen von über 20 Millionen erwartet. Für Europa wird eher von einer Stagnation der Einwohnerzahlen ausgegangen, vielfach wird sogar ein Rückgang erwartet.

2.2 Region

Anders als die Stadt ist der zweite Leitbegriff der Vorlesungsreihe abstrakter und nicht an konkrete, mit diesem Begriff geschichtlich verknüpfte, historische Erscheinungsformen gebunden. „Region" ist heute ein politischer und in der Verwaltungssprache genutzter Terminus. Im wissenschaftlichen Kontext ist Region eine sich wandelnde sozialräumliche Einheit, die modellhaft ähnliches Handeln und Wirken einer menschlichen Gesellschaft abbildet. Allerdings entstehen je nach Erkenntnisinteressen, Fragestellungen, Methoden, Arbeitstechniken, Materialaufbereitung und Darstellungsweise der Forschenden unterschiedliche historische Raumzuordnungen. Die Feststellung von Übergangssäumen ist unabdingbar.

Für die Anwendung historischer Erkenntnisse bietet die Region besonders gute Möglichkeiten. Geschichte für aktuelle Entscheidungsprozesse zu nutzen, kann praktikabel erreicht werden, wenn diejenige Geschichte erforscht wird, die in kleinen Räumen stattfand, also in für frühere menschliche Gesellschaften alltäglich erlebbaren Räumen. Der funktionale Wandel innerhalb eines solchen Raumes bestimmt, für welche Dauer und für welche Kriterien der vereinheitlichende Begriff „Region" sinnvoll ist. Je genauer interregionale Veränderungen konstatiert, interregionale Vergleiche vorgenommen, interregionale Strukturen abgeleitet und interregionale Systeme festgestellt werden, desto besser kann die Erkenntnis aus regionalen Entwicklungen für aktuelle Entscheidungsprozesse genutzt werden.

2.3 Kultur und Landschaft

Den dritten und vierten Leitbegriff der Vorlesungsreihe zu historisieren, hieße, den Rahmen eines Einzelvortrages zu sprengen. Behelfsweise betrachte ich Kultur und Landschaft gemeinsam, da ich von dem im Fach Geographie ursprünglich gebrauchten Begriff der Kulturlandschaft geprägt bin. Unter „Kultur" werden gemeinhin die von Menschen und menschlichen Gesellschaften geprägten, zeitlich wirksamen Gestaltungsphänomene verstanden, im Gegensatz zu den allein von der Natur geprägten. Kultur ist die Gesamtheit aller Lebensäußerungen menschlicher Gesellschaften. Die allgemeinste Umschreibung, was Kulturlandschaft sei, lautet daher: Kulturlandschaft ist die von Menschen beeinflusste, genutzte oder gestaltete Landschaft. Sie umfasst das gesamte ökologische Potential in seiner anthropogenen Umgestaltung. Als Historiker könnte ich also sagen, Kulturlandschaft ist durch die Menschen bestimmte Geschichte der Erdoberfläche, der Tiere und der Pflanzen - und somit ist sie zugleich Geschichte der agierenden Menschen in diesem Raum.

Unausgesprochen vorausgesetzt wird in der Kulturlandschaftsforschung zumeist, dass die Kulturlandschaft keinem stetigen, sondern einem phasenhaften Wandel unterliege. Dazu wird zumeist von einer zentral-peripheren Unterscheidungsmöglichkeit kulturlandschaftlicher Gestaltung oder kulturlandschaftlichen Wandels ausgegangen. Kulturlandschaft ist gefüllt mit Relikten der Vergangenheit, die teils genutzt, teils umgenutzt, teils nicht mehr genutzt werden. Daher ist Kulturlandschaftsforschung eine wichtige Aufgabe für die Geschichtswissenschaft.

2.4 Zweites Zwischenfazit: Kulturlandschaftsforschung und Regionalgeschichte

Die vier knappen Erläuterungen zu den Leitthemen der Vorlesungsreihe mögen verdeutlichen, dass sich mein Beitrag zum Gesamtvorhaben am besten im Kontext von Kulturlandschaftsforschung und Regionalgeschichte verorten lässt. Da Geschichte menschliches Handeln, Verhalten und Denken unter sich verändernden zeitlichen, natürlichen und sozialen Bedingungen erkundet und erklärt, befähigt historisches Wissen dazu, die unendliche Vielfalt der Informationen über menschliches Leben, Handeln und Denken zu ordnen. Historische Forschung erklärt mit Hilfe kritisch überprüfbarer Leitkategorien das aktuelle Geschehen und macht die Zukunft vorstellbar. Historische Forschung tritt dabei mit bestimmten Fragestellungen an Überlieferungen früherer Individuen und menschlicher Gesellschaften heran. Sie bedient sich wissenschaftlicher Methoden zur Analyse dieser Materialien und interpretiert die Ergebnisse mit aktuellen Maßstäben. Die Synthese kann zur Herausbildung historischer Strukturen, Typen oder ähnlichem führen. Die Geschichte umschließt die bisherige Erfahrung der Menschen. Diese lautet vorrangig „Wandel", und dieser vollzieht sich derzeit nach dem Eindruck vieler Menschen sehr schnell: Heimat und Identität werden gesucht.

Bis in die späten 1960er Jahre dominierte die an Politik und Ereignissen orientierte Geschichte. Im Gefolge der damaligen gesellschaftspolitischen Anstöße wurde diese Ausrichtung fragwürdig; die Geschichtswissenschaft öffnete sich gegenüber den Sozialwissenschaften. Die Anwendung und Überprüfung sozialwissenschaftlicher Theorien, die Strukturierung historischer Fakten, die Untersuchung prinzipieller gesellschaftlicher Veränderungen und die Nutzung sozialwissenschaftlicher Methoden gewannen hierbei an Bedeutung. Als Folge der Theoriedebatten änderten sich die vorherrschenden Erkenntnisziele der allgemeinen Geschichte. Kategorien wie Konflikt, Herrschaft, Interesse oder Emanzipation rückten in den Mittelpunkt.

Rasch zeigte sich ein Mangel an Detaildaten, die nur aus dem regionalspezifischen Zusammenhang zu gewinnen waren. So wuchs die Regionalgeschichte in der Bundesrepublik Deutschland neben der traditionellen Landesgeschichte. Konzeptionen zur Erklärung gesellschaftlichen Wandels beispielsweise ließen sich nur noch dann sinnvoll bestätigen, verändern oder verwerfen, wenn kleinräumige historisch-demographische Analysen begonnen wurden. Hierzu waren neue oder wenig erprobte Methoden, wie die EDV-Auswertung serieller Quellen, nötig. Die gewonnenen Ergebnisse produzierten neue Fragen, zum Beispiel nach der Mentalität sozialer Gruppen, nach dem Alltagsleben der Menschen, nach dem identitätsstiftenden Wert der Geschichte für das einzelne Leben.

Regionalgeschichte beruht auf einem Wechsel der Erkenntnisziele innerhalb der Geschichtswissenschaft, auf der sozialwissenschaftlich-anthropologischen Wendung. Sie stellt daher neue Fragen an die Geschichte, zum Beispiel nach Alltag, Frauen, Gruppen. Sie gebraucht die gewonnenen Ergebnisse zum interregionalen Vergleich und zur Weiterentwicklung der die Erkenntnisziele prägenden Theorien. Gerade dieser letzte Schritt ermöglicht eine Anwendung historischer Erkenntnisse für aktuelle Entscheidungsprozesse wie Dorferneuerung oder Regionalplanung.

Vier im folgenden näher zu erklärende Bereiche liegen für RegionalhistorikerInnen innerhalb der Kulturlandschaftsforschung zur Bearbeitung bereit:

- sie können fachspezifische Beiträge zur Erfassung und zum Verständnis der kulturlandschaftlichen Relikte leisten,
- sie können die Veränderungen der Kulturlandschaft erklären,
- sie können den aktuellen Umgang mit der Kulturlandschaft historisierend bewerten,

- sie können leitbildgeprägte Zukunftsmodelle für die Kulturlandschaft auf historische Wahrscheinlichkeiten überprüfen.

3 Das Angebot der Regionalgeschichte: Aus der Kulturlandschaft lernen

3.1 Regionalgeschichte als Hilfswissenschaft

RegionalhistorikerInnen können fachspezifische Beiträge zur Erfassung und zum Verständnis der kulturlandschaftlichen Relikte leisten; so hatte ich oben die erste Beitragsmöglichkeit der Regionalgeschichte zur Kulturlandschaftsforschung umschrieben. Die Arbeit mit Archivquellen und die historisch orientierte Befragung von Menschen („oral history") sind Grundlagenarbeiten der HistorikerInnen. Das nächstliegende Angebot ist also, Geschichte als Hilfswissenschaft zu nutzen. Dazu bedarf es entweder einer geschichtswissenschaftlichen Basisqualifikation für Fachfremde, oder, besser, der projektgebundenen Kooperation mit HistorikerInnen. An der Universität Hannover bereiten wir in Zusammenarbeit mit anderen Bildungseinrichtungen auf Beides vor. Wir bilden HistorikerInnen aus, die gelernt haben, das historisch relevante Material für ein Dorferneuerungsverfahren, eine Denkmaltopographie oder eine Kulturlandschaftsinventarisation zu liefern. Eingestandenermaßen steckt eine solche praxisorientierte Geschichtsausbildung in Deutschland noch in den Kinderschuhen, ja, etliche HistorikerInnen halten sie sogar für unsinnig. Seit vielen Jahren führen wir am Historischen Seminar mit Kommunen, Verbänden und Vereinen Praxisprojekte durch und bilden in Zusammenarbeit mit externen Weiterbildungsinstitutionen Fachkräfte aus Heimatforschung und Berufspraxis fort. Das „Niedersächsische Institut für Historische Regionalforschung" in Hannover hat sich außerhalb der Universität auf solche Serviceleistungen spezialisiert.

Dabei geht es nicht um regionale Identifikation oder um Ortsloyalität, sondern letztlich im Sinne einer breiten Mentalitätsgeschichte um menschliche Verhaltensweisen, gruppenspezifische wie individuelle, die zu Kulturlandschaftsprägungen führen. Ein Beispiel: Sollen innerhalb einer Dorfplanung Vorschläge für die soziale Kommunikation im Ort, die Wirtschaftsentwicklung in der Gemeinde und die ökologische Umnutzung der Flur erarbeitet werden, sind die längerwährenden lokal- und regionalspezifischen Entwicklungen zu berücksichtigen. Viele gutgemeinte Vorhaben dieser Art scheitern, weil sie an den überkommenen Strukturen des Ortes und den tradierten Verhaltensweisen seiner Bewohnergruppen vorbeigehen. Mit den Menschen im Ort und für sie Strukturen und Mentalitäten zu ermitteln, ist eine wesentliche Aufgabe angewandter Regionalgeschichte.

3.2 Regionalgeschichte als Erklärungshilfe

Als zweite Beitragsmöglichkeit der RegionalhistorikerInnen zur Kulturlandschaftsforschung hatte ich genannt: Sie können die Veränderungen der Kulturlandschaft aus dem allgemeinhistorischen Kontext erklären und damit zur Bewertung kulturlandschaftlichen Wandels und kulturlandschaftlicher Relikte beitragen.

Die uns zeitlich nächstliegenden Lebensäußerungen von menschlichen Gesellschaften im Raum haben die größte Chance, noch vorhanden zu sein und daher eine Kulturlandschaft zu bilden. Die Agrarreformen und die Industrialisierung brachten eine solche Fülle historischer Veränderungen mit sich, dass raumprägende Lebensäußerungen der vorindustriellen, also primär agrarisch-orientierten Gesellschaft höchstens in Relikten, meist aber gar nicht mehr vorhanden sind. Dorf- und Stadtkerne liegen in einer historisch gänzlich veränderten Landschaft. Bauwerke, Grundstückszuschnitte oder Straßenführung blieben bisweilen erhalten, funktional fand eine völlige Umnutzung statt. Historische Schlösser, Kirchen, Haustypen usw. findet man ebenfalls nur punktuell. Bestimmten in der vorindustriellen, agrarisch-orientierten Zeit primär die endogenen Kräfte die Landschaftsgestaltung, so nehmen seit der Industrialisierung die exogenen, vereinheitlichend wirkenden Kräfte stetig zu.

Die verschiedenen historischen Sachgebiete sind ohnehin keineswegs gleichwertig in einer Kulturlandschaft repräsentiert. Bauten, Gebäudekomplexe und Siedlungsbereiche haben die größte Chance, als historische Sachüberreste erhalten zu sein. Andere historische Bereiche lassen sich kaum an historischen Sachüberresten enthüllen. Die gotische Kirche zeigt nur indirekt die ehemalige Frömmigkeit, das umgenutzte niedersächsische Hallenhaus nur indirekt die ehemalige bäuerliche Wirtschaft, der Altstadtkern nur indirekt die ehemalige Sozialstruktur, das Schloss nur indirekt die ehemalige Politik. Schichtenspezifische historische Verhaltensweisen und Mentalitäten – für die Gestaltung von Kulturlandschaften äußerst wichtig – lassen sich schließlich nur in sehr subtiler Interpretation ermitteln.

Deutschland ist historisch fein gekammert und keineswegs national einheitlich. Daher kann es nur regionaltypische Kulturlandschaften geben. Deutschlands Zentren aber werden immer mehr von einer westlich-kapitalistischen Einheitskultur geprägt, die sich mit den modernen Kommunikationsmöglichkeiten stetig weiter in der Fläche verbreitet. Räume, die von den vehementen ökonomischen Entwicklungen der letzten Jahrzehnte nur passiv betroffen waren, haben ihre regionale Identität besser bewahren können. Im nordostniedersächsischen Landkreis Lüchow-Dannenberg gibt es kaum Industrien, keine Autobahn, keine großen Neubauviertel, dafür aber Elbauen, in denen der Storch seine Nahrung findet, erhaltene dörfliche Bausubstanz, Landwirtschaftsflächen wie vor dem Kriege – und eine überproportional hohe Arbeitslosigkeit.

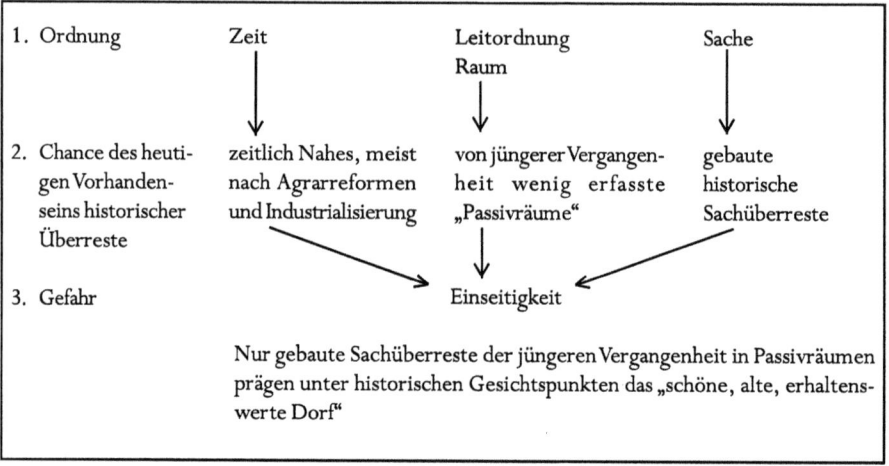

Abbildung 3: Was kann vom alten Dorf noch übrig sein
In: Hauptmeyer, Carl-Hans: Zukunft in der Vergangenheit. Dorfgeschichte als Grundlage der Dorfentwicklung. In: Deutschen Instituts für Fernstudien DIFF (Hg.): Grundlagen der Dorfentwicklung, Studienmaterialien, Tübingen 1988, S. 17.

Jene drei Argumentationen zu Zeit, Sache und Raum lassen sich zusammenfassen: Gebaute Sach-überreste der jüngeren Vergangenheit in so genannten Passivräumen können unter historischen Gesichtspunkten am ehesten pflegenswerte Kulturlandschaften prägen. Das ist unbefriedigend. Also: Der Raum Frankfurt besitzt eine eigenständige Kulturlandschaft, gerade weil die Landschaftszerstörung, auch für historische Sachüberreste, hier besonders weit gediehen ist. In solchen Aktivräumen wird produziert und investiert, werden die Wahlen entschieden, wird die Politik gemacht. Seit der Industrialisierung liegt das historisch-politische Schwergewicht hier, nicht in den peripheren Regionen, die nur oft Geschichte nur widerspiegeln, weil sie überwiegend passiv von Veränderungen betroffen wurden. Aus der Kulturlandschaft lernen, heißt also nicht nur schutzwürdige Refugien zu pflegen, deren Zerstörung wichtige ökologische Potentiale für immer vernichten würde, heißt nicht nur zu fragen, wo Geschichte am schönsten in der Landschaft erhalten ist, damit sie konserviert werden könne, sondern heißt darüber hinaus zu fragen, wo und warum Landschaft in jüngster Zeit vehement und exzessiv verändert wurde. Dann müssen die Fragen nach den Lehren daraus angeknüpft werden. Das bedeutet, Schützen und Bewahren, Pflegen und Erneuern ist nur ein Teil von Kulturlandschaftsforschung und nur ein Teil ihrer möglichen praktischen Anwendung – ein Teil, der immer ein Stück hinter den gesetzten Fakten zurückbleibt. Der andere Teil ist die Ermittlung der Triebkräfte für die rasenden Veränderungen, die dazu führen, dass wir heute so dringend schützen, bewahren, pflegen und erneuern müssen. Daraus folgt: Nicht nur die Kulturlandschaft ist zu pflegen, sondern auch die Ursachen ihrer unerwünschten Veränderung sind zu bekämpfen. Die Ermittlung der Triebkräfte ist ein Problem, das die Geschichtswissenschaft mit ihren ureigensten Mitteln vor allen anderen Wissenschaften erforschen kann. Die zukunftsweisende Veränderung der Triebkräfte aber ist ein politisches Problem, das wir alle angehen sollten.

3.3 Regionalgeschichte als Überprüfungshilfe für Projektanalysen

Das dritte Angebot lautete, RegionalhistorikerInnen können den aktuellen Umgang mit der Kulturlandschaft historisierend bewerten. Hier geht es vorrangig darum, ob die Materialerhebungen und die gezogenen Schlüsse den historischen Erkenntnissen standhalten. Darüber hinaus gilt es, vor falschem Konservatismus zu warnen. Kulturlandschaften kann man zu Tode schützen; es besteht die Gefahr, dass der Staat die zu fordernde regionale Chancengleichheit der Menschen eher vermindert. Reliktträume entstehen, die nur mit staatlichen Umverteilungszahlungen zu erhalten sind. „Erhalten", was ökonomisch funktionslos geworden ist, heißt in einer kapitalistischen Gesellschaft „subventionieren". Gleichwertig neben der „Rheinromantik" brauchen wir ein „Industrieballungsraumbewusstsein". Neben dem ästhetischen Genuss beim Anblick von Barockschlösschen brauchen wir die Kenntnis, dass 80% unserer Vorfahren auch für den Aufbau dieser Schlösschen haben arbeiten müssen. Anderenfalls entstünde eine Wertverschiebung dessen, was von kulturlandschaftlicher Bedeutung ist, allein zum „Schönen".
Die Anwendung von vorrangig ökologisch-ästhetischen Kategorien für beispielhafte Kulturlandschaften wäre im übrigen sehr fragwürdig. Bis zur Romantik war beispielsweise der deutsche Wald nützlich und unheimlich, aber nicht schön. Ich komme nicht umhin zu betonen, welcher Missbrauch mit einer ebenso schwammigen wie vermeintlich selbstverständlichen Kategorie, nämlich dem „gesunden Menschenverstand", in der NS-Zeit getrieben wurde. Die Bewertungsmaßstäbe historischer Phänomene verschieben sich etwa in Halbgenerationenabständen. Was PolitikerInnen und WissenschaftlerInnen heute als pflegenswerte Kulturlandschaft festlegen, dürfte in 15, spätestens 30 Jahren als fragwürdig kritisiert werden.

3.4 Regionalgeschichte als Überprüfungshilfe für historische Wahrscheinlichkeiten

Als vierte Beitragsmöglichkeit zur Kulturlandschaftsforschung hatte ich genannt, RegionalhistorikerInnen können leitbildgeprägte Zukunftsmodelle für die Kulturlandschaft auf historische Wahrscheinlichkeiten überprüfen. Hierfür gibt es offensichtlich noch keine erprobten Verfahren. Zu überprüfen wäre für jedes Zukunftsprojekt, ob Probleme bei der Verwirklichung auftreten könnten, entweder, weil Vergleichsbelege über historische Negativentwicklungen zu finden sind, oder, weil tradierte Entwicklungen nicht berücksichtigt wurden. Den historischen räumlichen Strukturen und Verhaltensweisen der Menschen gemäßere Alternativkonzepte müssten aufgestellt werden. Mit Hilfe der kritischen Methoden der Geschichtswissenschaft könnten Denkangebote geliefert und Vorbilder benannt werden: zum Beispiel Lebensformen, zum Beispiel erträgliche Lösungsmöglichkeiten schwieriger Situationen.

Das Risiko, im Detail falsche kulturlandschaftliche Zukunftsmodelle zu erstellen, nimmt jede Planung auf sich. Fortschreibung und Korrektur im Prozess sind daher für eine historisch orientierte Planung ebenso unabdingbar wie für jede andere. Zur Minimierung von Fehleinschätzungen ist Systemdenken wichtig. Historische Erkenntnisse werden allerdings unter Reduktion der Systemzusammenhänge ermittelt, weil deren Fülle nicht durchschaubar ist. Hierauf beruht der generelle Einwand, historische Erkenntnisse seien nicht zukunftsfähig, ihre Übertragung auf aktuelle und zukünftige Situationen generell unmöglich. Denn, wenn die Systemzusammenhänge eines historischen Vorbildes nicht komplett zu ermitteln seien, dann wären die Systemveränderungen durch die Anwendung des Vorbildes in der Zukunft erst recht nicht vorhersehbar.

Um diese prinzipiell nicht aufhebbare Kritik zu mindern, sind zum einen so genau wie möglich die dominanten Faktoren der alten Systemzusammenhänge zu ermitteln. Zum anderen müssten diese für einen aktuellen Anwendungsfall an verschiedenen historischen Beispielen überprüft werden. Beides schließt zwar unvorhersehbare Systemveränderungen bei der Anwendung nicht aus, reduziert aber die Variantenwahrscheinlichkeit und konkretisiert sie.

3.5 Drittes Zwischenfazit: angewandte Regionalgeschichte am Beispiel des „neuen Dorfmarktes"

Ein Beispiel aus aktuellen Erfahrungen eines Kongresses zur Entwicklung ländlicher Räume mag die vorgenannten Sachverhalte erläutern: In den vergangenen 50 Jahren haben gerade kleine Dörfer drastisch an Vielfalt verloren (ländlicher Struktur- und Funktionswandel). Insbesondere in stadtfernen Gebieten fehlt es bisweilen gänzlich an Gewerbe-, Nahverkehrs-, Versorgungs- und Dienstleistungseinrichtungen (periphere Räume). Überalterte Wohn-Pendler-Orte mit einer Freizeit-Feierabend-Gemeinschaft bleiben übrig. Heimat geht ohne Wohnortwechsel verloren. Resignation macht sich breit: Hier lohnt sich keine Investition mehr. Allein Kleinzentren verzeichnen gewisse Infrastrukturgewinne.

Diese Verlusterfahrungen reizen vielfach zu neuer Kreativität. Es entstehen Initiativen für neue Lebensvielfalt im ländlichen Raum: zum Beispiel vom Kinderladen bis zum Kulturlandschaftsschutz, vom Rufbus bis zum Laden auf Rädern. In Analysen werden die traditionellen Stärken des einzelnen Ortes und die besonderen Bedürfnisse der Menschen ermittelt. Hieran anknüpfend lässt sich über Einzelmaßnahmen hinaus ein neues Zentrum im Dorf schaffen. Zahlreiche Fälle aus Österreich und etliche deutsche Modellbeispiele wie KOMM IN (Baden-Württemberg), integrierte Dienstleistungszentren (Niedersachsen und Sachsen-Anhalt) oder Markttreffs (Schleswig-Holstein) zeigen die Chance, eine Vielfalt von Angeboten im „neuen Dorfmarkt" wieder in den Ort zu holen.

Dieser neue Dorfmarkt verbindet die Vorteile der Zentralisierung mit denjenigen der Dezentralisierung. Der neue Dorfmarkt bietet im Paket Versorgungs- und Dienstleistungsangebote an, die sich einzeln nicht mehr rechnen. Basis ist die vorbehaltlose Zielgruppenorientierung. Die aktuellen Kommunikationsmedien ermöglichen es, einen neuen Dorfmarkt mit den vom Ort entfernten zentralisierten Versorgungs- und Dienstleistungseinrichtungen zu vernetzen („back office"). Im neuen Dorfmarkt selber stellt geschultes Personal die Verbindung zwischen den BürgerInnen und den Zentraleinrichtungen her („front office"), und zwar auf die vom Kunden gewünschte individuelle Weise (Multikanalzugang). So können alle wichtigen Versorgungs- und Dienstleistungsbedürfnisse am Ort erledigt werden. Der neue Dorfmarkt wird auf diese Weise Kommunikationsstätte für die Menschen. Vom Dorfbistro bis zum Erfinderzentrum können sich bedarfsgerecht weitere Einrichtungen anschließen.

Die einschlägigen Institutionen für den ländlichen Raum sollten breit über die positiven Beispiele neuer Dorfmärkte informieren. Zugleich müssen die Fördermaßnahmen für den ländlichen Raum umgeschichtet werden, um in vielen kleinen Orten Anreize zur Schaffung neuer Dorfmärkte zu liefern. Entsprechend der Verschiedenartigkeit der Regionen und der Spezifika des einzelnen Dorfes sind in Verknüpfung von staatlichen, kommunalen und privaten Initiativen Bausteine für Infrastrukturangebote bereitzustellen. Letztlich können solche neuen Dorfmärkte der Verödung peripherer Räume vorbeugen, Vorbilder für das Entstehen neuer Infrastruktur auch in städtischen Wohngebieten werden und eine generelle Neuorientierung des Kommunalen auslösen.

Das als Zwischenfazit herangezogene Beispiel zeigt, wie historische Erscheinungsformen von kleinteiliger Kooperation unter aktuellen Gesichtspunkten richtungsweisend genutzt werden können.

4 Fazit

Die Leitbegriffe meines Themas lassen sich mit dem traditionell vom Fach Geographie verwendeten Begriff Kulturlandschaft zusammenfassen:

- Kulturlandschaft bildet die Geschichte der im Raum agierenden Menschen ab. Von der Stadt als zentralem Siedlungsraum vieler Menschen geht eine starke Kraft zur Landschaftsgestaltung bis weit über das engere Umland hinaus.
- Für die Kulturlandschaftsentwicklung werden heute im Idealfall über die gemeinhin kurzfristig betriebswirtschaftlich-ökonomisch gefällten Grund satzentscheidungen hinaus ökologische, denkmalpflegerische, historische und planerische Bereiche integriert. Es wird der Schutz historischer Kulturland schaften gefordert, Kulturlandschaftspflege dafür als neuer Begriff verwendet, und es wird Nachhaltigkeit für die Entwicklung verlangt.
- Der Maßstab für Nachhaltigkeit ist Kenntnis der Geschichte. Die Geschichtswissenschaft erkundet und erklärt menschliches Handeln, Verhalten und Denken in den sich verändernden Bedingungen.
- Historisches Wissen befähigt dazu, die Vielfalt der Informationen über menschliches Wirken zu ordnen, es mit Hilfe kritisch überprüfbarer Leitkategorien dem Verstehen des aktuell Geschehenden zu öffnen und die Zukunft vorstellbar zu machen.
- Eine Region im historischen Kontext ist eine sich wandelnde sozialräumliche Einheit, für die modellhaft ähnliches Handeln einer menschlichen Gesellschaft erfasst wird.
- Regionalhistoriker können im Bereich der Kulturlandschaftsentwicklung daher (1) fachspezifische Beiträge zur Analyse und zum Verständnis der kulturlandschaftlichen Relikte leisten, (2) die Veränderungen der Kulturlandschaft erklären, (3) den aktuellen Umgang mit der Kulturlandschaft historisierend bewerten und (4) leitbildgeprägte Zukunftsmodelle für die Kulturlandschaft auf historische Wahrscheinlichkeiten überprüfen.

Den zu erwartenden wissenschaftlichen Ansprüchen habe ich angesichts der Komplexität des Themas vermutlich nicht gerecht werden können. Dankenswerter Weise entlastet mich niemand anders als Carl Gustav Jung, der vor mehr als einem halben Jahrhundert schrieb: „Ich bin zutiefst überzeugt von der leider so geheimnisvollen Beziehung zwischen dem Menschen und seiner Landschaft, aber ich scheue mich, darüber etwas zu sagen, weil ich dies nicht rational zu begründen vermöchte" (Jung 1981, S. 418).

Literaturverzeichnis

HAUPTMEYER, CARL-HANS (1979): Geschichtswissenschaft und erhaltende Dorferneuerung. In: Berichte zur deutschen Landeskunde 53, 1979, S. 61-79

HAUPTMEYER, CARL-HANS; HENCKEL, HEINAR; ET AL: Annäherungen an das Dorf. Geschichte, Veränderung, Zukunft. Hannover 1983

HAUPTMEYER, CARL-HANS (1984): Leitbilder des Dorfes aus der Sicht der Geschichtswissenschaft. In: Henkel, Gerhard (Hg.): Leitbilder des Dorfes, Berlin 1984, S. 41-54

HAUPTMEYER, CARL-HANS (1986): Entstehen und Verlust lokaler Autonomien im ländlichen Raum. Die deutsche Tradition der Gemeindereform. In: Essener geographische Arbeiten 15, 1986, S. 1-13

HAUPTMEYER, CARL-HANS (1988A): Zukunft in der Vergangenheit. Dorfgeschichte als Grundlage der Dorfentwicklung. In: Deutschen Instituts für Fernstudien DIFF (Hg.): Grundlagen der Dorfentwicklung, Studienmaterialien, Tübingen 1988, S. 11-57

HAUPTMEYER, CARL-HANS (1988B): Historisch-politische Bemerkungen über die notwendigen ganzheitlichen Forschungen zur dörflichen Kultur. In: Essener geographische Arbeiten 16, 1988, S. 199-218

HAUPTMEYER, CARL-HANS (1990): Der ländliche Raum zwischen Zentralisierungstradition und neuen Autonomien. In: Essener geographische Arbeiten 22, 1990, S. 39-50

HAUPTMEYER, CARL-HANS (1996A): Landes-, Regional- und Heimatgeschichte. Rückblick und Perspektiven. In: Zeitschrift für württembergische Landesgeschichte 55, 1996, S. 11-25

HAUPTMEYER, CARL-HANS (1996B): Kulturlandschaftsforschung und Kulturlandschaftspflege aus regionalhistorischer Sicht. In: Siedlungsforschung 14, 1996, S. 301-313

HAUPTMEYER, CARL-HANS (1997A): Angewandte Regionalgeschichte. Theoretische und praktische Probleme. In: Kulturlandschaft – Zeitschrift für Angewandte Historische Geographie 7, 1997, S. 38-41

HAUPTMEYER, CARL-HANS (1997B): Niedersächsische Wirtschafts- und Sozialgeschichte im hohen und späten Mittelalter [1000-1500]. In: Schubert, Ernst (Hg.): Geschichte Niedersachsens 2,1, Hannover 1997, S. 1039-1378

HAUPTMEYER, CARL-HANS (1997/98): Zu Theorien und Anwendungen der Regionalgeschichte. In: Jahrbuch für Regionalgeschichte und Landeskunde 21, 1997/98, S. 121-130

HAUPTMEYER, CARL-HANS (2001): Niedersachsen in Spätmittelalter und früher Neuzeit. Anwendungsaspekte der Geschichte des Weltsystems für die Regionalgeschichte. In: Zeitschrift für Weltgeschichte 2/2, 2001, S. 53-77

HAUPTMEYER, CARL-HANS (2002): Niedersachsen und seine Regionen im europäischen Kontext. Ein historischer Rückblick. In: Statistische Monatshefte Niedersachsen, Sonderausgabe 27. Februar 2002, S. 7-17

JUNG, CARL GUSTAV: An Dr. Emil Egli, 15.9.1943. In: Jaffé, A. (Hg.): Briefe in drei Bänden. Band 1: 1906-1945, Olten 1981

WILHELM, RICHARD (HG.): I Ging, Text und Materialien. Übersetzt vom Herausgeber, München 1990

Abbildungsverzeichnis

Abb. 1:	Kontinuität und Wandel: Hitler und der KdF-Wagen	S. 103
Abb. 2:	Einwohnerdichte der Bundesrepublik Deutschland nach der Wiedervereinigung	S. 104
Abb. 3:	Was kann vom alten Dorf noch übrig sein	S. 112

Heiko Geiling

Die Stadt in der Region – Probleme sozialer Integration in Hannover

Die Zukunft neu geschaffener regionaler Verbünde wird maßgeblich davon beeinflusst werden, ob im Verhältnis von Stadt und Umland hinreichende Sensibilitäten für die jeweiligen Besonderheiten und Probleme der beteiligten Kommunen und Städte entwickelt werden können. Nur wenn dies gelingt, kann davon ausgegangen werden, dass sich neuen Gebietskörperschaften, wie der Region Hannover, Entwicklungsperspektiven eröffnen. Dazu gehört der Erhalt identitätssichernder Eigenarten der Beteiligten ebenso wie die Aussicht, jeweiligen Problemfeldern im gemeinsamen Verbund effektiver begegnen zu können als zuvor im Alleingang. Zu den unabdingbaren Voraussetzungen dafür gehört die gegenseitige uneingeschränkte Wahrnehmung.

Der nachfolgende Beitrag will dazu beitragen und konzentriert sich in diesem Kontext auf einige zentrale Probleme, von denen zunächst die Großstadt Hannover ungleich stärker betroffen ist als der übrige Teil der neuen Region. Es handelt sich um grundlegende Probleme städtischer sozialer Integration. Auch wenn dies an dieser Stelle nicht weiter ausgeführt werden kann, weisen sie über die Stadt hinaus in die neue Region. Sie kommen angesichts der Interdependenz von Stadt und Umland in den bekannten Phänomenen der Suburbanisierung, ungleichen Finanzbelastungen, wirtschaftlichen Standortfragen, Verkehrsproblemen usw. zum Ausdruck.
Nach einer Diskussion grundlegender Prinzipien städtischer sozialer Integration wird im nachfolgenden Beitrag mit Blick in einen Stadtteil Hannovers auf aktuelle Probleme hingewiesen, mit denen Städte zu kämpfen haben, um dann mit einigen Thesen zum sozialen Zusammenhalt abzuschließen.

Problemaufriss: Zu den aktuellen Rahmenbedingungen der Stadtentwicklung
Die Integrationsmaschine Stadt funktioniert nicht mehr. Die in den Phasen der prosperierenden Wirtschaft realisierte Vergesellschaftung des Städtischen über den Markt ist mit der strukturellen Massenarbeitslosigkeit seit Mitte der 1970er Jahre in die Krise geraten. Dramatische Verluste traditioneller Arbeitsplätze in den produzierenden Industrien sind mit dem komplementären Wachstum von Dienstleistungstätigkeiten nicht auszugleichen gewesen. Städte sind heute nicht mehr automatisch bevorzugte Investitionsorte und müssen angesichts veränderter Produktionsstrategien mit anderen Städten und Regionen um Arbeitsplatzansiedlungen konkurrieren. Hier findet ein Strukturwandel im Kontext der viel diskutierten Globalisierung statt. Im Zuge der Neustrukturierung globaler Wirtschaftsbeziehungen, der Verlagerung traditioneller Produktionsabläufe und der Entstehung insularer dynamischer Entwicklungszentren konzentrieren sich Unternehmensleitungen in wenigen hoch industrialisierten Ländern und ausgewählten Städten. In diesen ‚global cities' kumulieren spezifische Dienstleistungsarbeitsplätze, das heißt: Die Branchen- und Beschäftigtenstruktur ist von niedrigen Anteilen produzierenden Gewerbes und von hohen Anteilen produktionsbezogener und Finanz-Dienstleistungen geprägt. Überwiegend sind Erwerbstätige mit hohen Qualifikationen gefragt, die einer wachsenden Anzahl gering Qualifizierter gegenüberstehen, welche den Prozessen der Deindustrialisierung hilflos ausgeliefert sind.

Armutsberichte aus deutschen Städten (unter anderem Bartelheimer 1997; Buitkamp 2001) liefern in diesem Zusammenhang Hinweise auf zunehmende Ausgrenzungserfahrungen insbesondere bei Dauerarbeitslosen, Alleinerziehenden und MigrantInnen. Ausgrenzung bezeichnet dabei die permanente Abkopplung vom Arbeitsmarkt, hohe Hürden zum gesellschaftlichen Institutionengefüge, die Verfestigung sozialer Isolation und häufige Stigmatisierungserfahrungen. Die mit der sozialen Ausgrenzung verbundene Abkehr von den Standards und Orientierungen der „Mehrheitsgesellschaft" sowie die Isolation in spezifischen städtischen Quartieren und „Sub-Milieus" sind begleitet von städtischen Segregationsprozessen, die ihrerseits wiederum Ausgrenzungen beschleunigen können. Im Unterschied zu wohnungspolitischen Strategien der sozialen Mischung ist zunehmende Segregation die Realität; das bedeutet in aller Regel eine soziale Abwärtsdynamik hin zu einer räumlichen Konzentration sozial benachteiligter Gruppen. Sinkende Steuereinnahmen der Kommunen und steigender Finanzbedarf für soziale Transferleistungen beziehungsweise Sozialhilfeausgaben führen zu Reduzierungen freiwilliger sozialer Leistungen. Sie verbinden sich mit dem Rückzug des Staates aus dem sozialen Wohnungsbau zu einem für den städtischen sozialen Zusammenhalt bedrohlichen Szenarium: Sozial Benachteiligte drängen sich in ihnen zugewiesenen Quartieren und Stadtteilen, die auf Grund unzureichender Infrastruktur, niedriger Wohnungsstandards und inneren wie äußeren Randlagen Ausgrenzungen häufig nur verstärken, während die auf dem freien Wohnungsmarkt konkurrenzfähigen Haushalte mit stabilen Einkommen sich aus diesen Stadtteilen in bevorzugte städtische oder suburbane Lagen zurückziehen (vgl. Geiling/Schwarzer 1999; Friedrichs/Blasius 2000). Städtische Räume werden auf eine Art und Weise sozial entmischt und polarisiert, wie wir es nur aus den Epochen vor der europäischen sozialstaatlichen Entwicklung kennen (vgl. Häußermann 2001).

1 Soziale Integration in der Stadt

In der sozialwissenschaftlichen Diskussion wird davon ausgegangen, dass im Unterschied zu früheren Zeiten in der Geschichte die moderne, kapitalistisch geprägte Stadt seit dem 19. Jahrhundert vor besondere Probleme gestellt ist, sozialen Zusammenhalt zu gewährleisten. Wenn wir in die mittelalterlich europäische Stadt schauen, sehen wir, dass auch dort die soziale Integration beziehungsweise der soziale Zusammenhalt nicht ohne Exklusion beziehungsweise Ausgrenzung praktiziert wurde. Die gesellschaftliche Existenz der Menschen war dabei nicht eine Existenz von Individuen, sondern von Mitgliedern übergeordneter Korporationen. Die Menschen lebten fern jeder Individualisierung als Mitglieder von einzelnen Zünften, Gilden und mehr oder minder respektierten Ständen. Auf der einen Seite statteten diese Korporationen den Einzelnen mit gewissen Rechten und Pflichten aus, andererseits organisierten sie die Geschäfte des städtischen Gemeinwesens, das sich somit gegenüber weltlicher und kirchlicher Herrschaft als relativ autonom darstellte – ganz im Unterschied zu orientalischen Städten, wie der Soziologe Max Weber (Weber 1980/1922, S. 727 ff.) darstellte, die über keine entsprechenden Vorformen demokratischer Selbstverwaltung verfügten.

Wer allerdings in der alten europäischen Stadt nicht berufs- oder standesgemäß eingebunden beziehungsweise integriert gewesen war, hatte in der Stadt keine Chance, durfte diese im äußersten Falle nicht einmal betreten, selbst nicht an Markt- und anderen Festtagen. Die damaligen Formen der Sub-Urbanisierung, falls dieser Begriff hier schon erlaubt ist, waren – ganz im Unterschied zu heute – die vor den Stadttoren gelagerten Behausungen der nicht-zünftigen, der nicht in das Sozial- und Rechtssystem der Stadt integrierten Armen und somit Ent-Rechteten. Noch im 19. Jahrhundert war es für die anwachsende Arbeiterbevölkerung nicht einfach, eine Aufenthaltsgenehmigung, geschweige denn den Bürgerstatus, in der Stadt zu erlangen. Falls es den Stadtvätern zu „bunt" wurde, schlossen sie die Stadttore, das heißt: Soziale Integration in der Stadt realisierte sich nur bei gleichzeitiger Exklusion beziehungsweise Ausgrenzung von in der Regel Fremden und Unterprivilegierten.

In der modernen Gesellschaft hat sich dieses enge Beziehungsgeflecht, allerdings nicht immer das reziproke Verhältnis von Integration und Ausgrenzung, aufgelöst. In den USA sind an die Stelle der korporativen Beziehungen der Markt und das Geld getreten, bei uns – und das ist eines der wesentlichen europäischen Leistungen in Politik und Kultur – die institutionellen Ebenen von Staat, Wirtschaft und Arbeit auf der Grundlage einer sozialstaatlichen Verfassung. Sie repräsentieren die Ebene der systemischen Integration, und zwar in Gestalt unserer Sozialversicherungssysteme, unserer industriellen Beziehungen, Ordnungen, Aushandlungssysteme usw., in die jeder und jede Einzelne eingebunden ist. Mit anderen Worten: Die gesellschaftlich-politische Ausgestaltung der Ebene der systemischen Integration beeinflusst die Formen der sozialen Integration beziehungsweise die alltäglichen in Familie, Freizeit und Beruf gelebten sozialen Beziehungen der Menschen. Nur eine halbwegs intakte systemische Integration kann gelingende soziale Integration bewirken.

Auf die Stadt bezogen hat die analytische Trennung dieser beiden Ebenen eine besondere Bedeutung. Sie kann uns helfen, die spezifisch städtischen Verhältnisse von Integration und Ausgrenzung besser zu verstehen. Im Idealfall charakterisieren die Chancen der Individualisierung und der Freiheit zur bürgerlichen Selbstverwirklichung die Städte auch als so genannte „Integrationsmaschinen", insbesondere wenn berücksichtigt wird, welche Menschenmassen an Arbeitssuchenden, Flüchtlingen und auch an MigrantInnen jüngeren Datums die bis in die 1970er Jahre wachsenden Großstädte aufgenommen haben. Jedoch – und dies ist der Punkt, auf den ich hinaus möchte – ist die immer noch gegenwärtige Vorstellung gelingender städtischer Integration, wie sie insbesondere als städtische Erfahrung und Qualität von Vielfalt, Toleranz, „Stadtluft macht frei" usw. zum Ausdruck gebracht wird, nicht der wirkliche Motor der Integrationsmaschine Stadt. Dieser lässt sich nur verstehen, wenn die Stadt als Ausdruck unserer gesamtgesellschaftlichen Strukturmerkmale betrachtet wird.

Die Stadt ist dann als der idealtypische Ort kapitalistischer Geldwirtschaft anzusehen, wie es schon vor 100 Jahren der Soziologe Georg Simmel (1983/1903) angemerkt hat. Er meint damit, dass sich die sozialen Beziehungen der Menschen in der Stadt in Analogie zu denen von MarktteilnehmerInnen gestalten, also rein sachlich und völlig entpersönlicht. Auf dem Markt sollte es völlig gleichgültig sein, ob jemand rote oder grüne, lange oder kurze Haare hat, Haupt-

sache er oder sie verfügt über hinreichend Geld oder andere anerkannte Tauschmittel. Diese Marktorientierung bedeutet, dass die Stadt eigentlich kein über allen Interessen schwebendes geistiges Zentrum und keine moralische Instanz bräuchte, um zu funktionieren. Soziale Integration und auch Solidarität stellen sich in diesem Verständnis als Ausdruck einer funktionalen Arbeitsteilung dar, in der die Einzelnen die Anderen zunächst als Tauschpartner- und MarktteilnehmerInnen wahrnehmen und dabei die persönlich begründbaren sozialen Beziehungen in den Hintergrund rücken. Nach Simmel erklärt sich darüber, warum trotz des üblichen städtischen Sozialverhaltens von Distanz, Blasiertheit und Differenz städtisches Leben nicht im Chaos zusammenbricht. Einerseits wirkt diese entpersönlichende Distanz als eine Art Selbstschutz vor der Hektik des Markt- beziehungsweise Stadtgeschehens, andererseits birgt sie – im Unterschied zur ausgeprägten sozialen Kontrolle ländlichen Dorflebens – ungeahnte Möglichkeiten der Selbstdarstellung und Selbstverwirklichung. Allerdings ist diese typisch städtische Form der sozialen Integration nur möglich, wenn die Menschen einen gleichberechtigten Zugang zum Markt und zur Bürgerschaft haben, wenn also für die Menschen die mehr oder minder aussichtsreiche Beteiligung an der Geldwirtschaft, am Wettbewerb und an der Arbeitsteilung gegeben ist. Unter diesen Bedingungen einer gelingenden systemischen Integration, in der die Chancen und Rechte sozialer und politischer Teilhabe gewährleistet sind, kann die großstädtische Blasiertheit und Gleichgültigkeit zur Tugend und die urbane Anonymität zur Freiheit werden. Werden jedoch Einkommensdifferenzen, Unterschiede alltäglichen Konsums und Separierungen kultureller Praktiken zu unüberwindlichen Gegensätzen, wird die bloße Möglichkeit der Teilhabe am gesellschaftlichen Reichtum, wird also der für die Entwicklung der Bundesrepublik zentrale Gesellschaftsvertrag in Gestalt der Formel „Leistung für Teilhabe" in Frage gestellt, fehlt der typisch städtischen Form der sozialen Integration die materielle Voraussetzung.
In diesem Sinne zitiere ich den Stadtsoziologen Hartmut Häußermann (1995, S. 97): „Blasierte Indifferenz ist unter solchen Umständen nicht mehr die Anerkennung des Fremden als gleich gültig, sondern realer Zynismus, wird selbst Teil einer strukturellen Gewalt, gegen die die Ausgeschlossenen von Fall zu Fall mit Gewalt rebellieren. Die prekäre Balance von Dissens, Differenz und Integration (…) kippt dann um. Und in diesem Falle wird die Leichtigkeit des Seins in der Großstadt unerträglich – und zwar für alle!" Man könnte auch sagen, dass sich damit wieder dem Mittelalter vergleichbare Verhältnisse herstellten: sogenannte „segregated communities" auf der einen – „no go areas" auf der anderen Seite, „malls", „skywalks" und andere privatisierte öffentliche Räume, die mit Hilfe von schwarzen Sheriffs und unter strafrechtlichem Partikularrecht vor den

Menschen aus den „no go areas" „beschützt" werden. Die Anglizismen verweisen darauf, wo heute solche Zustände vorzufinden sind, wo mehr oder minder allein der Markt zum Maßstab gesellschaftlichen Zusammenlebens genommen wird. Mit diesen Anmerkungen wollte ich darauf hinweisen, dass die „soziale Stadt" beziehungsweise die soziale Integration die unerlässliche Bedingung und grundlegende Voraussetzung für die Stadt ist, wie wir sie hier im Mitteleuropa des 20. Jahrhunderts kennen und schätzen gelernt haben. Soziale Integration wiederum folgt zwar in erster Linie der Logik des kapitalistischen Marktes und Tausches, wird aber notwendigerweise durch einen immer wieder umkämpften Gesellschaftsvertrag ergänzt, der darum bemüht ist, für jeden einzelnen Menschen die Chance zu wahren, an gesellschaftlicher Entwicklung und gesellschaftlichem Reichtum teilhaben zu können. Sie werden sich nun vielleicht fragen, wo die normativen Quellen oder die gesellschaftlichen Ressourcen gelagert sein sollen, die der Logik systemischer Integration im Interesse des genannten Gesellschaftsvertrages entgegengestellt werden. Nach meiner Überzeugung sind sie historisch angelegt, und zwar in der eingangs erwähnten korporativen Verfassung der Stadtgesellschaft. Hier wird eine soziale Erfahrung und Dimension sozialer Integration thematisiert, die über die von Simmel in idealtypischer Weise gefasste Integrationsleistung der Stadt hinausweist. Denn Wettbewerb und Arbeitsteilung als zentrale Dimensionen systemischer Integration vermögen immer nur kurzlebige und äußerliche Verbindungen herzustellen. Ökonomische Tauschverhältnisse waren allein nie in der Lage, soziale Kohäsion beziehungsweise sozialen Zusammenhalt zu begründen und Formen der alltagsweltlichen Vergemeinschaftung hervorzurufen. Dementsprechend hat Durkheim (1988/ 1902, S. 259 f.) seinen Begriff der „organischen Solidarität" verstanden: „Denn wenn das Interesse die Individuen auch einander näher bringt, so doch immer nur für Augenblicke; es kann zwischen ihnen nur ein äußeres Band knüpfen. (...) Denn wo das Interesse allein regiert, ist jedes Ich, da nichts die einander gegenüberstehenden Egoismen bremst, mit jedem anderen auf Kriegsfuß." Durkheim (ebd., S. 55 f.) verweist stattdessen auf die kohäsiven Kräfte der über die Arbeitsteilung begründeten korporativ gefassten Berufsgruppen: „Sobald aber die Gruppe gebildet ist, entsteht in ihr ein moralisches Leben, das auf natürliche Weise den Stempel der besonderen Bedingungen trägt, in denen es entstanden ist (...) und infolgedessen entsteht ein Korpus moralischer Regeln." Im Anschluss an Simmel hatte schon Park (1925) anlässlich seiner Erfahrungen in Chicago darauf hingewiesen, dass für die Aufrechterhaltung des städtischen Gleichgewichts kohäsive moralische und politische Regelungen benötigt werden, um ökonomisch bedingte Ungleichheiten und Integrationsprobleme bewältigen zu können. Bis heute sind es die in den sozialen und ethnischen Milieus entwickelten sozialen

Beziehungen und kohäsiven Formen der ‚Vergemeinschaftung' in Familien, Nachbarschaften und intermediären Einrichtungen, von denen aus die Menschen versuchen, den ökonomischen Verhaltenszumutungen zu begegnen. Erweisen diese sich als unzumutbar, wirken also die anonymen Mechanismen systemischer Arbeitsteilung und Konkurrenz mehr oder minder ausgrenzend, geraten die kohäsiven Kräfte des Alltagslebens unter Druck, zerfallen oder mutieren zu Subkulturen oder Parallelgesellschaften.

2 Was sind die Probleme vor Ort? Der Stadtteil Hannover-Vahrenheide

Ich möchte in meiner zweiten Anmerkung darauf verzichten, warum und mit welchen zahlenmäßigen Auswirkungen der erwähnte Gesellschaftsvertrag mittlerweile seine Gültigkeit verloren hat beziehungsweise gebrochen wurde. Ich verweise auf den Problemaufriss zu Beginn meiner Ausführungen. Statt dessen möchte ich Ihnen einen Einblick in einen Stadtteil geben, wo sich dieser Vertragsbruch offenbar dramatisch auswirkt. In Hannover gibt es mehrere solcher Stadtteile und -gebiete, und es gibt auch viele andere, wo die Frage des sozialen Zusammenhalts glücklicherweise noch keine Rolle spielt. Wenn Sie fragen, wie man sie voneinander unterscheiden kann, hilft eine einfache Faustregel: Überall dort, wo die Menschen nicht aus freien Stücken hingezogen sind, wo sie also mehr oder minder unfreiwillig wohnen, finden wir Quartiere und Stadtteile mit überdurchschnittlich hohen sozialen und gesellschaftlich-politischen Problemen. So auch in Hannover-Vahrenheide, wo wir unsere letzten Untersuchungen durchgeführt haben (Geiling/Schwarzer/Heinzelmann/Bartnick 2001; 2002). Das Gebiet liegt im Norden Hannovers in rund vier Kilometern Luftlinie vom Stadtzentrum entfernt. Vahrenheide entstand in der Zeit von 1955 bis 1974 als erste niedersächsische Großwohnsiedlung am Stadtrand und war ursprünglich für mehr als 20.000 BewohnerInnen geplant. Das Wohngebiet ist städtebaulich dreigeteilt: In Vahrenheide-West dominiert ein ausgedehntes Einfamilien-Reihenhausgebiet, im Süd-Osten findet sich eine konzentrierte Hochhausbebauung mit bis zu 18 Stockwerken und etwa 600 Wohnungen, und im übrigen Gebiet überwiegen viergeschossige Zeilenbauten mit etwa 2.280 Wohnungen. Im gesamten Stadtteil leben 9.300 EinwohnerInnen, davon allein im Sanierungsgebiet Vahrenheide-Ost 7.500.

Von Beginn an hatte der Stadtteil durch große Kapazitäten an öffentlich finanzierten beziehungsweise subventionierten Wohnungsbeständen die für die übrige Stadt Hannover wichtige Funktion, Personen beziehungsweise Familien, die nicht aus eigener Kraft die üblichen Mieten finanzieren konnten, mit Wohnraum zu versorgen. Solche öffentlichen „Belegrechtswohnungen" werden vom Wohnungsamt vergeben, seit kurzem auch direkt von der kommunalen Wohnungsgesellschaft GBH (Gesellschaft für Bauen und Wohnen in Hannover), die nahezu 90% der Wohnungen im Sanierungsgebiet zu ihrem Eigentum zählt. Da der Anteil an Belegrechtswohnungen, das heißt Wohnungen, die den Menschen vom städtischen Wohnungsamt zugewiesen werden, im Sanierungsgebiet mit 87% doppelt so hoch ist wie in vergleichbaren hannoverschen Stadtteilen, können Sie die oben genannte Faustregel zur Anwendung bringen: Wo viele Menschen eher unfreiwillig wohnen, entstehen Quartiere mit sozialen Problemen. Die BewohnerInnen leben dort überwiegend in sehr kleinen Wohnungen: 52% sind Ein- bis 2-Zimmer-Wohnungen, 39% 3-Zimmer-Wohnungen und lediglich 9% haben 4 oder mehr Zimmer. Ein Teil des Wohnungsbestandes ist stark sanierungsbedürftig. Zu Beginn der Sanierung 1998 hatten etwa 600 Wohnungen weder moderne Bäder noch Zentralheizung. Vier der sogenannten Laubenganghäuser mit 120 Wohnungen befinden sich in einem stark verwahrlosten baulichen Zustand. Der Kernbereich der Hochhausbebauung mit 226 Wohnungen ist auf Grund von baulichen Mängeln, Verwahrlosung, sozialen Konflikten und auf Grund des zur Zeit entspannten Wohnungsmarktes nicht mehr vermietbar. Mehr als 50% dieser Wohnungen stehen leer. Demnächst sollen zentrale Teile dieses Hochhauskomplexes abgerissen werden.

Bevor ich zu den aus unserer Sicht zentralen Problemfeldern – sofern sie sich nicht schon abzeichnen – komme, möchte ich noch einige Grundinformationen über die dort wohnenden Menschen geben. Von den ErstbewohnerInnen aus den 1960er Jahren sind in Vahrenheide jene Gruppen zurückgeblieben, die als Teil der sogenannten „Wiederaufbau-Generation" mit durchschnittlich niedrigen Renten auf dem Wohnungsmarkt keine Alternative für sich sahen. Deren Kinder, die in der Regel besser ausgebildet und qualifiziert sind, leben schon lange nicht mehr im Stadtteil; im sozialen Wohnungsbau geltende Einkommensgrenzen, Berechtigungskriterien und die Fehlbelegungsabgabe haben dazu beigetragen, die Generationen auseinanderzubringen. Diese ältere Vahrenheider Generation teilt sich den Stadtteil auf der einen Seite mit den eher wohlsituierten, zumeist deutschen Haus- und Wohnungseigentümern im Westen, und auf der anderen Seite mit weniger respektablen und sozial benachteiligten Einheimischen im Süd-Osten und mit den Gruppen der auf dem Wohnungs- und Arbeitsmarkt ohnehin benachteiligten MigrantInnen. Insbesondere die städtische Belegrechtspraxis wirkte also sozial selektiv, weil materiell gesicherte Bewohner in den 1970er Jahren den Stadtteil verließen und dafür Personen und Familien mit schwierigen Lebensumständen nachzogen; letzteres betraf sowohl arbeitslose und Sozialhilfe beziehende Deutsche wie auch verschiedene Flüchtlingsgruppen und ArbeitsmigrantInnen, die in anderen Gebieten Hannovers nicht „untergebracht" werden konnten. Entsprechend hat Vahrenheide heute die stadtweit höchsten Quoten an Sozialhilfe beziehenden und langzeitarbeitslosen Personen: Etwa 30% der Menschen leben von Sozialhilfe oder Arbeitslosenunterstützung. Sie leben auf relativ engem Raum, in Quartieren und Häusern, die zum Teil ausschließlich Belegrechtswohnungen haben und auf Grund ihrer Qualität und Lage regelrechte identifizierbare Armutsinseln darstellen.

Die individuellen Erfahrungen mit sozialer Unsicherheit und vor allem mit der Ethnisierung sozialer Konflikte spitzen sich in solchen Stadtteilen immer dann zu, wenn die traditionellen Mehrheitsverhältnisse „umkippen", wenn sich die Etablierten-Außenseiter-Verhältnisse umkehren. Dazu gehören die Veränderungen der ohnehin in diesen Gebieten schwach ausgeprägten lokalen Geschäftswelt – wenn zum Beispiel einheimische Fachgeschäfte von einem Discounter und vielfältigen und wechselnden Läden der MigrantInnen-Bevölkerung abgelöst werden – dazu gehören die Konfrontationen sich in der Minderheit sehender älterer deutscher BürgerInnen mit jungen MigrantInnenfamilien, und dazu gehören die Auseinandersetzungen um die Gestaltung öffentlicher Räume und die damit verbundenen Rangeleien um die lokale kulturelle Hegemonie. Da es bei uns in Deutschland auf Grund des immer noch restriktiven Staatsbürgerschaftsrechts kaum Chancen einer integrativen politischen Kultur gibt, werden die alltäglichen Konfliktlinien nicht selten mit gegenseitigen Vorurteilen und Ressentiments abgehandelt.

Unterhalb der offensichtlichen Defizite systemischer Integration machen sich die Probleme sozialer Integration entlang altersspezifischer und ethnisch gefärbter Konfliktlinien fest. Vielen Akteuren in der Verwaltung, der Politik und in der Bewohnerschaft scheint immer noch nicht bewußt zu sein, dass die traditionellen Mehrheitsverhältnisse nur noch in der Generation der über 60-Jährigen wirksam und in den übrigen Altersgruppen bis zu 40% Menschen mit Migrationshintergrund zu finden sind. Im Prozess einer „sozialen Sanierung", wie sie derzeit in Vahrenheide versucht wird, ist diese Zukunft den Sanierungsakteuren nur schwer zu vermitteln, zumal die deutliche Minderheit der politisch aktiven Bürgerschaft sich allein aus den Quartieren und den sozialen Milieus rekrutiert, deren in den 1960er und -70er Jahren geprägte lebensweltliche Wahrnehmung eher abseits sozialer Probleme und in Distanz zur alltagsweltlichen Kultur der Nicht-Deutschen verläuft.

Zum Beispiel sehen sich die auf Grund beengten Wohnraums ihrer relativ großen Familien und auf Grund mangelnder Freizeitangebote auf die öffentlichen Plätze und Straßen des Stadtteils drängenden ausländischen Kinder und Jugendlichen häufig mit älteren Deutschen konfrontiert. Die autochthonen Älteren sehen sich dabei selbst wiederum außerstande, ihre nicht selten rigiden Vorstellungen eines geregelten und ruhigen Alltagslebens gegenüber den Jungen geltend zu machen. Wie auch in Vahrenheide sehen sie sich aus den von ihnen beanspruchten öffentlichen Räumen von den jungen „AusländerInnen" verdrängt. Als ihre einzig verbliebenen Bastionen wirken Vereine und Institutionen – von den Sportvereinen bis hin zu den lokalen Kirchen- und Parteizirkeln – deren Kultur und Regelwerke unbewusst als eine Art Schutzwall gegen die als Invasion wahrgenommenen jungen Leute wirken. Trotz vielfacher Beteuerungen, für die Jugendlichen etwas tun zu wollen, gelingt deren Einbindung nur selten. Versuchen dennoch nicht-deutsche Jugendliche, dort Fuß zu fassen, werden sie nicht selten durch übertriebene Ordnungsvorstellungen und entsprechende Kommunikationsformen verprellt. Die älteren Deutschen sind dann bald wieder unter sich und beklagen ihre Nachwuchsprobleme.

Hier prallen ständig zwei Welten aufeinander. Häufig verfügen die jungen Nicht-Deutschen über nur mangelhafte Sprachkenntnisse und sind in öffentlicher Kommunikation und Selbstdarstellung von Unterlegenheitsgefühlen geprägt. Sie fühlen sich im Stadtteilleben mit ihren Interessen und Bedürfnissen nicht hinreichend bestätigt. Weder spiegeln sich ihre ästhetisch-kulturellen Vorstellungen und Ideen in eigenen Räumen oder Symbolen noch verfügen sie, vergleichbar mit der Vereinskultur zumeist älterer Deutscher, über selbstbestimmte Einrichtungen und Institutionen. Überwiegend sehen sie sich in defizitärer Position. Dies reicht von alltäglichen Erfahrungen persönlicher Abwertung, zum Beispiel durch die zur „Ordnung" rufenden etablierten Erwachsenen, bis hin zu fehlender Anerkennung in den Einrichtungen der Freizeit, Erziehung, Ausbildung und Erwerbsarbeit. Bestätigt werden solche Erfahrungen immer dann, wenn Teile der nicht-deutschen Bevölkerung autonome kulturelle Handlungsspielräume für sich beanspruchen. Nachdem zum Beispiel die aus lokalen PolitikerInnen und aus von diesen ausgewählen BürgerInnen zusammengesetzte Sanierungskommission in Vahrenheide beschlossen hatte, den „Demokratischen Kulturverein" für seine Integrationsarbeit mit türkischen BewohnerInnen in Vahrenheide mit 14.000 DM für eine ABM-Stelle zu unterstützen, gab es heftige öffentliche Proteste aus den traditionellen Vereinen; Vereine also, die vergleichbare und höhere Unterstützungen für sich wie selbstverständlich wahrnehmen. Die heftigsten Proteste kamen übrigens von einem Vereins-Vorsitzenden, dessen Jugendabteilung im letzten Jahr nur noch aus einem deutschen Jugendlichen bestand.

3 Thesen zum sozialen Zusammenhalt in der Stadt

Ich möchte im abschließenden Teil meiner Ausführungen einige Ideen skizzieren, die an unsere Erfahrungen in Stadtteilen Hannovers anknüpfen. Zunächst will ich noch einmal kurz festhalten, was sozialer Zusammenhalt in allgemeiner Bedeutung sein kann, als Gegenstück zu sozialer Ausgrenzung, Herabwürdigung und Missachtung. Sozialer Zusammenhalt vermittelt den einzelnen BürgerInnen relative Sicherheit und Zukunftsperspektive, er ist damit Voraussetzung für ein funktionierendes Gemeinwesen von der Nachbarschaft bis hin zu Stadt, Region und Land. Sozialer Zusammenhalt ist kein Zustand, sondern ein Ziel, auf welches ständig hingearbeitet werden muß, sowohl auf den institutionellen und politischen Ebenen der systemischen Integration als auch jeweils im Alltag vor Ort. Sozialer Zusammenhalt ist somit vor allem auch tägliche Arbeit, aus der heraus sich Formen und Erlebnisse der Zusammengehörigkeit entwickeln können. Dazu gehören mehr oder minder gemeinsam geteilte Erfahrungen der Anteilnahme, Freude und gegenseitigen Hilfe, aber auch Erfahrungen gemeinsam bewältigter Konflikte und Problemsituationen. Wie das immer wieder in Hannover bemühte Beispiel der Skulpturen von Niki de Saint Phalle zeigt, funktioniert so etwas offenbar immer dann, wenn Konflikte gewagt und durchgestanden werden. Die Nanas scheinen nach fast 30 Jahren prägendes Symbol für die Stadt geworden zu sein. Ohne Konflikte gibt es offenbar keine Veränderungen und damit verbundene neue Erfahrungen des sozialen Zusammenhalts.

Zum Abschluss skizziere ich nun thesenartig einige Ideen, Fragen und Anregungen. Sie zielen darauf, die sich abzeichnenden Probleme sozialer Segregation und Konzentration nicht als unausweichlich hinzunehmen. Über die routinisierten Verfahren von Politik, Verwaltung, Planung und Architektur hinaus sollen sie als Aufforderung verstanden werden, gemeinsame Anstrengungen und Phantasien walten zu lassen, um die lebensnotwendigen Formen sozialer Integration in der Stadt zu erhalten oder wieder herzustellen.

3.1 Einfluss auf InvestorInnen

Wenn ich mir die Nachnutzung des EXPO-Geländes anschaue, frage ich mich, warum die offenbar modernsten Einrichtungen und Gebäude der so genannten zukünftigen „Wissensgesellschaft" nicht systematisch in verschiedene Gebiete und Stadtteile der Region Hannover integriert werden. Futuristische Architektur und angeblich zukunftsfähige Beschäftigungsverhältnisse bleiben statt dessen im „Ghetto" des Messe- und EXPO-Geländes, ohne symbolische und materielle Ausstrahlung auf das übrige Hannover. Mein Vorschlag: Die Politik erklärt, dass sie für eine Frist von 10 Jahren auf öffentliche und private InvestorInnen Einfluss zu nehmen sucht, deren Investitionsprojekte zu mindestens 50% in den fünf Stadtteilen mit den höchsten Arbeitslosen- und Sozialhilfequoten zu realisieren. Sozial benachteiligte und nicht selten stigmatisierte Stadtgebiete könnten darüber in vielfältiger Weise eine Aufwertung erfahren. Neben den materiellen Vorteilen für die betroffenen Stadtteile hätte ein solches Projekt auch für das übrige Hannover Symbolkraft im Sinne des sozialen Zusammenhalts.

3.2 Wohnen in der Stadt

Angesichts der für die bundesdeutschen Städte dramatischen Suburbanisierungstendenzen halte ich es für unabdingbar, drängende Fragen des sozialen Wohnungsbaus und des familiengerechten Wohnens in der Stadt im Rahmen einer konzertierten Aktion zukunftsfähig zu beantworten. Attraktives Wohnen in der Stadt setzt heute Umbau statt Neubau voraus. Die noch vorhandenen Wohnungs- und Gebäudebestände in der Stadt müssen verdichtet und familiengerecht zugleich umgebaut werden. Planer- und ArchitektInnen, die nicht selten dazu neigen, ihre Ideen scheinbar voraussetzungslos auf die grüne Wiese oder die freie Fläche zu setzen, sind aufgefordert, zusammen mit den übrigen gesellschaftlichen AkteurInnen diesen Stadt-Umbau mit neuen Formen des sozialen Wohnungsbaus zu verbinden und darüber gleichzeitig Beschäftigungsperspektiven zu entwickeln.

3.3 Ein Symbol für die multikulturelle Gesellschaft

Da nichts umstrittener ist als die Gestaltung des öffentlichen Raumes, bedarf es endlich einer Initiative, ein lokales Symbol für die nicht nur zu Messezeiten zu beschwörende multikulturelle Gesellschaft zu schaffen. Muslimische Gebetshäuser in Hinterhöfen und Industriebrachen sind einer Stadt wie Hannover unwürdig. Das Steintor-Areal könnte zum Beispiel Raum bieten für ein Projekt der integrativen Modernisierung, das heißt einer Modernisierung, die auf sozialer Anerkennung und Integration basiert und nicht allein auf futuristische Bürofassaden setzt. Vorstellbar wäre dort ein multikulturelles Dienstleistungzentrum, in dem auch die religiöse und kulturelle Symbolik der HannoveranerInnen mit Migrationshintergrund angemessen repräsentiert wird.

3.4 Lokalräumliche Orientierung der Verwaltung

Hannover ist eine Stadt mit langjährigen städtebaulichen Sanierungserfahrungen, die nun allerdings an ihre Grenzen zu stoßen scheinen. Vor allem die Verbindung von städtebaulichen und sozialen Sanierungsmaßnahmen, wie sie derzeit in einzelnen Stadtteilen mit Quartiers- und Stadtteilmanagement erprobt werden, muss scheitern, wenn nicht das Verwaltungshandeln selbst modernisiert wird. Wie auch im laufenden Bund-Länder-Programm „Soziale Stadt" sind Sanierungsvorhaben immer Sonderprojekte, zeitlich und finanziell befristet und in der Regel quergelagert zum ausgeprägten Ressortdenken der Verwaltung. Noch das beste integrierte gebietsbezogene Handlungskonzept und die cleversten Quartiersmanager müssen an diesen Befristungen und „Un-Zuständigkeiten" einzelner Verwaltungsressorts scheitern. Wie zur Zeit in Nordrhein-Westfalen sollte auch in Hannover darüber nachgedacht werden, wie eine stärkere räumliche Orientierung der Verwaltung umgesetzt werden kann. Dazu gehört die personelle und finanzielle Ressourcenbündelung der Verwaltungsabteilungen auf die einzelnen Stadtteile und -gebiete, dazu gehört die Einbeziehung der externen Stadtteilakteure und dazu gehört auf gesamtstädtischer Ebene Transparenz des Haushalts und der Politik. Vorstellbar sind zum Beispiel Gebietsteams der Verwaltung, die für einzelne Stadtteile verantwortlich sind, von der baulichen Unterhaltung der Schulen bis hin zur Grünflächenpflege, und die zugleich über einen Raumhaushalt verfügen, der auch für übergreifende innovative Stadtteilprojekte unter Beteiligung der Akteure vor Ort kontinuierlich genutzt werden kann. Insbesondere auch den politischen Akteuren würden sich damit neue Legitimationschancen eröffnen, weil sie sich mit der Transparenz der räumlichen Haushaltsplanung und in Diskussion mit der Bewohnerschaft wieder als Interessensvertretung profilieren können. Dabei könnte sich durchaus ergeben, dass im Unterschied zu den sozial gefährdeten Stadtteilen gerade jene Stadtteile mehr aus dem Topf des städtischen Gesamthaushalts entnehmen, die sich immer darüber beklagen, dass zu viel Geld für „Sozialklimbim" in immer denselben Quartieren ausgegeben werde. Auch hätte die politische Öffentlichkeit der Stadt mit der Einrichtung von Raumhaushalten eine vernünftige Grundlage, um den gelegentlich geforderten sozialen Lastenausgleich in der Stadt endlich in Angriff nehmen zu können.

3.5 An Stärken anknüpfen

Gestatten Sie mir zuletzt noch eine Anmerkung zum Thema „Beteiligung", das in Hannover hoch gehandelt wird, das aber insbesondere in Stadtteilen mit sozialem Erneuerungsbedarf ein schwieriges Unterfangen darstellt. Auf Grund der dortigen – übrigens von Politik und Verwaltung zu verantwortenden – Konzentration von Menschen in schwierigen sozialen Situationen ist mit bürgergesellschaftlichem Engagement und mit langfristiger institutioneller Beteiligung kaum zu rechnen. Viele Menschen wohnen dort nicht freiwillig, können sich mit dem Umfeld der Wohnungen und den NachbarInnen nicht identifizieren und befinden sich in einer Situation der Unmündigkeit, die allenfalls über direkte Formen der

Betreuung ihrer drängendsten Probleme aufgebrochen werden kann. Daneben gibt es dort überdurchschnittlich hohe Anteile von MigrantInnen, denen die politischen Bürgerrechte vorenthalten werden, so dass bürgergesellschaftliches Engagement auch hier schon seine Grenzen findet. Beide Gruppen müssen also das Gefühl haben, sich nur befristet, auf Zeit, in diesem Stadtteil aufzuhalten. Dieses Lebensgefühl des Nicht-Angekommen-Seins, des befristeten Daseins und der Bevormundung führen zwangsläufig zu einem Klima des Desinteresses, wenn es um Engagement im Stadtteil geht. Man muss sich nur die dortigen niedrigen Wahlbeteiligungen anschauen. Um so erstaunlicher ist es, wenn man sich die dennoch vielfältigen Initiativen und Projekte in Stadtteilen wie Vahrenheide, Mittelfeld, Linden usw. vor Augen führt. Sie realisieren sich zumeist im Umfeld der vielen Kinder und Jugendlichen, die ihre Zukunft noch vor sich haben. Hier gilt es, die ausgezeichneten Arbeiten der Kindertagesstätten, der Schulen und der Kirchengemeinden zu unterstützen. Sie sind bemüht, zu fördern statt zu bevormunden, an die Stärken und nicht an die vermeintlichen Schwächen der jungen Leute anzuknüpfen. Daraus entstehendes Selbstbewußtsein der Menschen, die somit ohne ständigen Anpassungsdruck ihre eigenen Handlungsspielräume zu erweitern suchen und sich dabei auch einen eigenen institutionellen Rahmen geben, ist immer wieder zu unterstützen. Nur wenn ich meiner Identität halbwegs sicher bin, kann ich mich auch für andere interessieren und gegebenenfalls engagieren. Sofern Politik, Verwaltung und traditionelle Vereinskultur in diesen Stadtteilen nicht in diesem Sinne nachziehen, wird sich die soziale Spaltung dort nur vertiefen.

Literaturverzeichnis:

BARTELHEIMER, PETER: Risiken für Frankfurt als soziale Stadt. Erster Frankfurter Sozialbericht, Frankfurt am Main 1997

BUITKAMP, MARTIN: Sozialräumliche Segregation in Hannover. Armutslagen und soziodemographische Strukturen in den Quartieren der Stadt, Hannover 2001 (agis texte 23)

DURKHEIM, EMILE: Über soziale Arbeitsteilung. Studien über die Organisation höherer Gesellschaften, Frankfurt am Main 1988/1902

FRIEDRICHS, JÜRGEN; BLASIUS, JÖRG: Leben in benachteiligten Wohngebieten, Opladen 2000

GEILING, HEIKO; SCHWARZER, THOMAS: Abgrenzung und Zusammenhalt. Zur Analyse sozialer Milieus in Stadtteilen Hannovers, Hannover 1999 (agis texte 20)

GEILING, HEIKO; SCHWARZER, THOMAS; HEINZELMANN, CLAUDIA; BARTNICK, ESTHER (2001): Stadtteilanalyse Hannover-Vahrenheide. Sozialräumliche Strukturen, Lebenswelten und Milieus, Hannover 2001 (agis texte 24)

GEILING, HEIKO; SCHWARZER, THOMAS; HEINZELMANN, CLAUDIA; BARTNICK, ESTHER (2002): Hannover-Vahrenheide-Ost, In: Deutsches Institut für Urbanistik (Hg.): Die soziale Stadt. Eine erste Bilanz des Bund-Länder-Programms „Stadtteile mit besonderem Entwicklungsbedarf – die soziale Stadt", Berlin 2002, S.152-167

HÄUßERMANN, HARTMUT (1995): Die Stadt und die Stadtsoziologie. Urbane Lebensweise und die Integration des Fremden, in: Berliner Journal für Soziologie, Heft 1, 1995, S.89-98

HÄUßERMANN, HARTMUT (2001): Die europäische Stadt, in: Leviathan, Jg. 29, Heft 2, Juni 2001, S.237-255

SIMMEL, GEORG: Brücke und Tor: Die Großstädte und das Geistesleben, In: Schmals, Klaus (Hg.): Stadt und Gesellschaft. Ein Arbeits- und Grundlagenwerk, S.237-246, München 1983/1903

WEBER, MAX: Wirtschaft und Gesellschaft, Tübingen 1980/1902

Beispiele und Perspektiven

Jörg Knieling
Stadt-regionale Entwicklung durch Großprojekte, Festivalisierung
und neue Leitbilder. Planungsstrategien in der Metropolregion Hamburg ■

Axel Priebs
Regionale Konsensstrategien am Beispiel des
Einzelhandelskonzeptes des Großraumes Hannover ■

Jürgen Weber
Der Ort in der Region:
Gemeindeentwicklung und Regionalplanung ■

Hille von Seggern
Gestaltung urbaner Landschaft -
Oder zur Qualifizierung urbaner Landschaft ■

Michael Braum
Ist weniger mehr?
Städtebau und Stadtplanung unter veränderten Vorzeichen ■

Jörg Knieling

Stadt-regionale Entwicklung durch Großprojekte, Festivalisierung und neue Leitbilder.
Planungsstrategien in der Metropolregion Hamburg

Am Beispiel der Stadt- und Regionalentwicklung der Freien und Hansestadt Hamburg und der Metropolregion Hamburg lassen sich drei planungstheoretisch unterlegte Strategien veranschaulichen, die in den vergangenen Jahren in der wissenschaftlichen Diskussion Bedeutung erlangt haben:

- Planung durch (Groß-) Projekte
  Die HafenCity ist gegenwärtig das größte stadtentwicklungspolitische Bauvorhaben Hamburgs. Der Grundstein für das Generationenprojekt wurde bereits Ende der 80er Jahre gelegt, als der Senat und die Bürgerschaft die Umnutzung dieses unzugänglichen Freihafenareals, das an die Hamburger Speicherstadt angrenzt, zu einem innerstädtischen Quartier erklärten. Der Masterplan für die HafenCity legt den Planungs- und Realisierungshorizont auf 25 Jahre an.
- Festivalisierung
  Hamburg bewirbt sich für die Austragung der Olympischen Sommerspiele 2012. Unter den Leitsätzen „Spiele der kurzen Wege" und „Spiele am Wasser" wurde in kurzer Zeit ein Bewerbungskonzept erstellt, das sport- und stadtentwicklungspolitische Aspekte berücksichtigt.
- Leitbild- bzw. parametrische Steuerung
  Im Gegensatz zu der Debatte über Bevölkerungsabnahme in vielen anderen Städten hat der Hamburger Senat seine Politik unter das Leitbild „Metropole Hamburg – Wachsende Stadt" gestellt. Neben der quantitativ ausgerichteten Steigerung der Bevölkerungszahl stehen Ziele eines qualitativen Wachstums. Die Handlungsfelder reichen von der Gewerbe- und Siedlungsflächen-

entwicklung, über Kompetenz-Cluster der Wirtschaft und Arbeitsmarktförderung bis hin zu Familienförderung und Internationalisierung der Hansestadt.

Bezogen auf alle drei Strategien interessiert die Frage, wie sie sich auf die Stadt- und Regionalentwicklung auswirken. Im Hinblick auf eine Weiterentwicklung des Instrumentariums von Planung und Entwicklung geht es vor allem darum, wie die Strategien im Hinblick auf Innovation, Flexibilität und Nachhaltigkeit, aber auch auf Selektivität und Durchsetzbarkeit einzuschätzen sind.

In Bezug auf die Auswahl sei darauf hingewiesen, dass die drei Strategien einen Ausschnitt der Planungs- und Entwicklungstätigkeit in der Metropolregion Hamburg darstellen. Es soll damit keine Gewichtung vorgenommen werden, denn neben diesen gibt es weitere Strategien, beispielsweise das Regionale Entwicklungskonzept 2000 für die Metropolregion Hamburg, Großprojekte wie die Gewerbeflächenbereitstellung für die Fertigung des Super-Airbus A 380 oder die Bewerbung für die Internationale Gartenbauausstellung IGA 2013. Die Auswahl der Beispiele für diesen Beitrag erfolgte vielmehr, da sie einen interessanten Einblick in die Praxis stadt-regionaler Planung und Entwicklung bieten, und da sie es gleichzeitig ermögichen, diese Praxis vor dem Hintergrund planungstheoretischer Überlegungen zu reflektieren.

1 Stadtentwicklung durch Großprojekte: HafenCity Hamburg

1.1 Ausgangslage

Die HafenCity ist gegenwärtig das größte stadtentwicklungspolitische Bauvorhaben der Freien und Hansestadt Hamburg. Der Grundstein für das Projekt wurde bereits Ende der 80er Jahre gelegt, als der Senat und die Bürgerschaft den Beschluss fassten, den Bereich südlich der Speicherstadt zwischen Kaiserhöft und Elbbrücken zu einem innerstädtischen Quartier umzunutzen. Der Masterplan für die HafenCity legt den Planungs- und Realisierungshorizont auf 25 Jahre aus. Auf diese Weise will man erreichen, dass das Gebiet in Teilabschnitten fertig gestellt wird und zugleich flexibel auf sich wandelnde zukünftige Anforderungen eingegangen werden kann.

Die Entwicklung eines Quartiers in dieser zentralen Lage stellt Stadtplanung und Städtebau vor eine große Herausforderung. Mit der HafenCity ergibt sich für Hamburg die einmalige Möglichkeit, dem Trend der Stadtentwicklung, dass sich die Stadt in das Umland ausdehnt und die Bevölkerung abwandert, ein attraktives innerstädtisches Angebot entgegen zu setzen. Das neue Stadtviertel wird die Fläche der Hamburger City um 40% vergrößern und soll die Nachfrage

nach großstädtischen Dienstleistungsfunktionen, Kultureinrichtungen und hochwertigem Wohnraum befriedigen (vgl. GHS 2001).
Die Flächen der HafenCity befinden sich heute zu über 80% im Eigentum der Hansestadt. Sie wurden auf Basis eines Beschlusses der Bürgerschaft von 1997 in das Sondervermögen „Hafen und Stadt" eingebracht und auf die Gesellschaft für Hafen- und Standortentwicklung mbH (GHS) übertragen. Das Sondervermögen umfasst die Finanztransfers aus den Grundstücksverkäufen der HafenCity, die vor allem für deren Entwicklung, aber auch für die Mitfinanzierung der Hafenerweiterung Altenwerder eingesetzt werden soll. Weitere Eigentümer von Flächen in der HafenCity sind die Deutsche Bahn AG und private Dritte.

1.2 Das Projektgebiet

Das Planungsgebiet der HafenCity liegt nördlich der Norderelbe und grenzt in seinem westlichen Bereich südlich an die Speicherstadt und damit an die Hamburger Innenstadt an. Im Westen wird das Gebiet durch die Landungsbrücken, im Osten durch die Elbbrücken begrenzt. Die Nähe zur City verdeutlichen die kurzen Wege zum Rathaus (800 m) und zum Hauptbahnhof (1.100 m).
Die Gesamtgröße der HafenCity beträgt 155 ha. Nach Abzug der Wasserflächen, der verkehrlichen Infrastruktur und der vorgesehenen Freiflächen verfügt die HafenCity über ein Nettobauland von ca. 60 Hektar. Das Verhältnis von Nettobauland zur Fläche für Infrastruktur setzt der Masterplan mit jeweils 60 zu 40% des Bruttobaulandes fest.
Den baulichen Maßstab und die bauliche Dichte geben die Hamburger City und die Speicherstadt vor. Letztere gehört nicht zum Plangebiet der HafenCity, sie dient aber mit ihrer typischen Hafenatmosphäre als Milieu prägend und bildet den Eingang zu dem neuen Stadtteil. Für die städtebauliche Nutzung sieht der Masterplan rund 1,5 Mio. qm Bruttogeschossfläche vor, auf denen 5.500 Wohnungen für 12.000 Menschen und 20.000 Arbeitsplätze, insbesondere im Dienstleistungssektor, entstehen sollen.
Das ehemalige Hafengebiet unterlag nicht der städtischen Flächennutzungsplanung, sondern dem Hafengesetz, aus dem inzwischen erste Teilbereiche entlassen worden sind. Aufgrund des Freihafenstatus ist das Gebiet bis heute für die städtische Bevölkerung kaum zugänglich, so dass nur eine geringe Identifikation mit diesem Teil der Stadt besteht. Mit der Entlassung des zukünftigen Bereichs HafenCity aus dem Freihafenstatus soll dies grundlegend verbessert werden. Eine Beschränkung auf die künftige HafenCity hätte aber zur Folge, dass die im Norden angrenzende Speicherstadt als Barriere für den Zugang wirken könnte. Aus diesem Grund wird die gemeinsame Ausgliederung der Speicherstadt und

der HafenCity betrieben sowie die Einführung des Zolllagerverfahrens für die Lagerung und den Handel von Nicht-Gemeinschaftswaren.
Die ursprüngliche Nutzung, der konventionelle Stückgutverkehr, ist seit Anfang der 90er Jahre stark rückläufig: Anstelle der klassischen kleinteiligen Speicher werden heute Lagerhäuser und -hallen bevorzugt. Auf dem Areal arbeiten noch ca. 5.500 Beschäftigte in rund 600 Unternehmen. Von den notwendigen Umsiedlungsmaßnahmen sind ca. 120 Unternehmen mit rund 2.500 Beschäftigten betroffen. Sie müssen auf Ersatzflächen im Hafen umgesiedelt werden.

1.3 Städtebauliche Planung

Mit dem Beschluss zur Umnutzung brachliegender Hafenflächen südlich der Speicherstadt wurden 1989 erste Planungsideen zur HafenCity vorgestellt. Zwei Jahre später beauftragte der Senat der Hansestadt die Hamburger Hafen- und Lagerhaus Aktiengesellschaft (HHLA) mit der Arrondierung dieser Flächen. Die Gesellschaft für Hafen- und Standortentwicklung mbH (GHS) wurde 1995 als Tochterfirma der HHLA gegründet, 1998 wurde sie der Hamburger Gesellschaft für Beteiligungsverwaltung zugeordnet. Ihre Aufgaben umfassen vor allem das Entwicklungsmanagement und die Vermarktung der Flächen.

Die Grundlage für die Entscheidungen des Senats und der Bürgerschaft zur HafenCity bildet die Entwicklungsstudie „Grasbrook-Baakenhafen" aus dem Jahr 1996. In ihr wurden die Chancen und Risiken zur „Entwicklung des innerstädtischen Hafenrandes" dargestellt. Im Sommer 1997 beschloss die Bürgerschaft das Projekt HafenCity und brachte die städtischen Grundstücke in das Sondervermögen „Hafen und Stadt" ein. Ein Jahr später verabschiedete die damalige Senatskommission für Stadtentwicklung, Umwelt, Wirtschaft und Verkehr eine Masterplankonzeption, die für das Projekt den Entwicklungsrahmen und stadtentwicklungspolitische Ziele formulierte.

Aus einem internationalen städtebaulichen Wettbewerb ging 1999 das deutschniederländische Team „Hamburgplan" mit Kees Christiaanse / ASTOC als Sieger hervor. Drei Ziele standen im Mittelpunkt des Konzeptes:

- Das neue Stadtviertel soll eine Ensemblelösung mit der Speicherstadt und der Altstadt bilden,
- zeitgerechte und zukunftsweisende städtebauliche Typologien werden intensiv variiert,
- die Aufteilung in acht Quartiere, die mit einer großen Nutzungsvielfalt aufeinander aufbauen, ermöglicht eine schrittweise Fertigstellung des Projekts.

Stadt-regionale Entwicklung durch Großprojekte, Festivalisierung und neue Leitbilder 141

Auf der Grundlage des Ideenwettbewerbs beschloss der Hamburger Senat im Februar 2000 den Masterplan, der den städtebaulichen Rahmen für das Großprojekt HafenCity festsetzte.

1.4 Planungsprinzipien und -ziele

Die Planungsprinzipien und -ziele basieren auf der Grundidee, die einzelnen Baufelder hinsichtlich ihrer Bebauung und Nutzung sehr flexibel zu gestalten. Aufgrund des langen Realisierungszeitraums des Projekts ist einerseits eine dynamische Anpassung erforderlich, wenn sich das Nachfrageverhalten und die Rahmenbedingungen verändern, andererseits muss die Planung aber auch konkrete Festschreibungen beinhalten, um zu gewährleisten, dass der neue Stadtteil ein besonderes Profil ausbildet.

Daraus leiten sich die folgenden Prinzipien für die Entwicklung der HafenCity ab:

- Hinsichtlich der Nutzungsstruktur wird eine kleinräumige, städtisch geprägte Struktur angestrebt (kompakte Bebauung / urban gemischt);
- hafentypische Grundstrukturen sollen der HafenCity ihren prägenden Charakter geben;
- der Gestaltung des öffentlichen Raumes, insbesondere der Uferkanten, soll besondere Aufmerksamkeit gewidmet werden;
- die möglichst enge Verknüpfung der HafenCity mit der Innenstadt hat eine sehr hohe Priorität, aber auch der Anbindung an die angrenzenden Stadtteile Hammerbrook, Rothenburgsort und Veddel wird eine besondere entwicklungspolitische Bedeutung zugemessen;
- die HafenCity wird als Vorhaben der nachhaltigen Stadtentwicklung im Sinne einer „Stadt der kurzen Wege" verstanden;
- durch die schrittweise Entwicklung der HafenCity von Westen nach Osten wird eine kleinteilige Bebauung angestrebt, die als Garantin für einen lebendigen Stadtteil dienen soll.

Für Hamburg bietet sich mit der Realisierung der HafenCity die einmalige Möglichkeit, durch ein attraktives Wohnungsangebot in der Innenstadt die City zu stärken, urbanes Wohnen aufzuwerten, die Stadt-Umland-Wanderung zu mindern sowie neue attraktive Angebote für den Dienstleistungs- und Einzelhandelssektor zu schaffen. Eine wesentliche Bedeutung der HafenCity liegt außerdem in der Chance, der Hansestadt ein neues Profil als Wirtschaftsstandort bzw. im Hinblick auf den Städtetourismus zu geben.

Neben der städtebaulichen Entwicklung des früheren Hafengebiets soll die HafenCity auch dazu beitragen, die Hafenerweiterung Altenwerder, wo moderne neue Hafenanlagen entstanden sind, zu refinanzieren.

1.5 Bauabschnitte

Der Masterplan untergliedert die Fläche der HafenCity in Teilbereiche, deren geographische Lage, zukünftige Nutzung und städtebauliche Typologie Gemeinsamkeiten und jeweils spezifische Charakteristika aufweisen. Danach gliedert sich die HafenCity in 18 Teilbereiche in acht Quartieren. Zur schrittweisen Umsetzung des Projektes von Westen nach Osten und damit zur Entwicklung eigenständig lebensfähiger Quartiere mit einer jeweils eigenen Identität sind sechs 5-Jahres-Zeitabschnitte vorgesehen (vgl. GHS 2000). Im Sommer 2002 war der Baubeginn für die ersten Büro- und Wohngebäude.

1.6 Planung durch (Groß-) Projekte? Chancen, Risiken und Anforderungen

Großprojekte wie die HafenCity haben aufgrund ihrer Dimension deutliche Auswirkungen auf das bestehende Stadtgefüge. Sie können eine wichtige Rolle bei der Neudefinition urbaner Zentren, deren Identität und ihres Images spielen und sie können als Motoren für die Stadtentwicklung gelten[1]. Die HafenCity ist dafür ein Beleg: Die Hamburger City gewinnt durch die HafenCity ein großes Areal hinzu, so dass zusätzliche Bevölkerung, Arbeitsplätze und Kaufkraft in die Stadt hinein gezogen werden. Damit entsteht ein attraktives Angebot, Wohnen und Arbeiten in der City miteinander zu verbinden. Diese Strategie wird zugleich bestimmte Zielgruppen davon abhalten können, ihren Wohnsitz aus der Stadt in das Umland zu verlegen (Suburbanisierung).

Hamburg bemüht sich seit einigen Jahren, sein positives Image als „grüne Stadt am Wasser" und als Hafenstadt zu erweitern und sich darüber hinaus als internationale Dienstleistungs- und High-Tech-Metropole zu präsentieren. Anstrengungen in den Bereichen Informationstechnologien, Neue Medien, Life Sciences und Luftfahrtindustrie unterstreichen dies. Die HafenCity kann dazu beitragen, für qualifizierte Arbeitskräfte und ihre Familien ein attraktives Wohnumfeld zur Verfügung zu stellen. Stand die Hafenwirtschaft früher im Mittelpunkt des Interesses dieses Areals, so erhält es nun eine neue Funktion; Wasser und Freiflächen, Lebens- und Wohnqualität rücken in den Blickpunkt. Der frühere Hafen bekommt folglich neue Qualitäten, die durch diese groß angelegte Erschließung in Wert gesetzt werden sollen.

Dieser Bruch mit gewohnten Traditionen stellt hohe Anforderungen an die Stadtpolitik. Die HafenCity kann deshalb als Anschauungsobjekt für die „Organisation von Innovation" (vgl. Häußermann/Siebel 1995) dienen. Der wirtschaftliche Strukturwandel verstärkt die Anforderung, flexibel und schnell

---

1   speziell zum Thema Waterfront-Großprojekte vgl. Schubert 2001

auf Veränderungen zu reagieren. Damit politische Mehrheiten zustande kommen, kann ein Großprojekt mit positiver Ausstrahlung eine deutliche Sogwirkung entfalten. Voraussetzung ist allerdings, dass das Projekt keine allzu großen negativen Betroffenheiten auslöst. Die HafenCity ist diesbezüglich sicherlich ein Sonderfall, da der Freihafen bisher für die Bevölkerung kaum zugänglich war und die Verlagerung der dort bestehenden Wirtschaftsbetriebe in erster Linie eine Frage attraktiver Ersatzflächen und der Höhe eventueller Ausgleichszahlungen ist. Zugleich kann das Großprojekt HafenCity als Katalysator dienen und neue städtebauliche Qualitäten in der Stadt etablieren, sei es in gestalterischen Fragen, in moderner, ressourceneffizienter Haustechnik oder bei der sozialverträglichen Planung des öffentlichen Raumes. Da qualitative Anforderungen an die Planung von Großprojekten im überwiegenden Fall zusätzliche Kosten verursachen, kann ihre Realisierung allerdings in Widerspruch zu ökonomischen Verwertungsinteressen der Flächen treten. Die Erschließung der HafenCity wird über den Finanzmarkt vorfinanziert und muss sich über die Vermarktung der Grundstücke refinanzieren. Damit ist sie maßgeblich von der Nachfrage auf dem Immobilienmarkt abhängig. In diesem Zusammenhang ist die Politik gefordert, dafür zu sorgen, dass die gewünschten Qualitätsstandards eingehalten werden und die Planungen im Verlauf der Jahre immer wieder innovative Entwicklungen und neue Qualitäten aufgreifen.

Das Großprojekt HafenCity kann zu einem strategischen Erfolgsfaktor für das Hamburger Standortmarketing werden. Durch ihre Dimension erzeugt die HafenCity nationale wie internationale Aufmerksamkeit. Damit hängt es maßgeblich von der Qualität der Realisierung ab, inwieweit die HafenCity – anders als beispielsweise die Londoner Docklands, die immer wieder durch städtebauliche Planungsfehler auf sich aufmerksam gemacht haben – zu einem positiv besetzten Imageträger für Hamburg werden kann.

Die Risiken von Großprojekten wie der HafenCity liegen unter anderem darin, dass sie selektiv wirken, das heißt dass soziale und ökologische Aspekte vernachlässigt werden. Dies kann sich direkt auf die Planung und die Umsetzung des Quartiers beziehen, aber auch indirekt dadurch erfolgen, dass sich Prioritäten und Investitionsschwerpunkte der Stadtpolitik verschieben (Opportunitäts-kosten). Die Konzentration auf das Großprojekt HafenCity kann die Durchführung anderer Projekte erschweren, die für die übrigen Stadtteile von Bedeutung sind.[2]

---

2   zur kritischen Einschätzung von Großprojekten vgl. Selle 2002, Buchmüller et al. 2000 und Keller/Koch/Selle 1998; Anforderungen in Bezug auf die HafenCity sind in Culemann/Ernst/Schön 2001 formuliert

Aus städtebaulicher Sicht laufen Großprojekte Gefahr, sich homogen an demjenigen Zeitgeist auszurichten, der während der Umsetzungsphase vorherrscht. Dies kann im Ergebnis zu einer recht monotonen Struktur führen, die zu einem späteren Zeitpunkt Probleme erzeugt. Bei der HafenCity ist deshalb ein längerer Realisierungszeitraum vorgesehen, so dass die städtebauliche Vielfalt erhöht wird. Auch sollen die einzelnen Blöcke an unterschiedliche Investoren vergeben werden, die verschiedene Bauformen- und Strukturen realisieren.

2 Festivalisierung der Stadt- und Regionalentwicklung: Olympische Sommerspiele 2012 in Hamburg?

2.1 Planungsrahmen

Der Senat der Hansestadt Hamburg beschloss im Juli 2001, eine Machbarkeitsstudie für die Ausrichtung der Olympischen Sommerspiele 2012 zu erstellen. Diese Studie wurde der Bürgerschaft im Oktober 2001 vorgelegt und hatte das Ergebnis, dass die Ausrichtung von Olympischen Spielen in der Hansestadt grundsätzlich möglich wäre (vgl. FHH 2001).
Im November 2001 beschloss das Nationale Olympische Komitee (NOK), dass sich Deutschland für die Olympischen Sommerspiele 2012 bewerben würde, und forderte alle interessierten Städte auf, ein Bewerbungskonzept einzureichen. Neben Hamburg haben sich mit Düsseldorf/Rhein-Ruhr, Frankfurt/Rhein-Main, Leipzig und Stuttgart vier weitere deutsche Städte beziehungsweise Stadtregionen beworben.
Nachdem Hamburg die „Hamburg für Spiele 2012 GmbH" in gemeinsamer Trägerschaft von Hansestadt, Wirtschaft und Hamburger Sportbund gegründet hatte, wurde die vollständige Bewerbung im Mai 2002 beim NOK eingereicht. Das NOK wird den Sieger der deutschen Auswahlrunde im April 2003 bekannt geben. Die finale Entscheidung des Internationalen Olympischen Komitees (IOC) über den Austragungsort der Olympischen Sommerspiele wird im Sommer 2005 gefällt.

2.2 Ziele der Olympiabewerbung Hamburgs

Hamburg erhofft sich durch die Ausrichtung der Olympischen Spiele neben den sportpolitischen Effekten einen entscheidenden Schub für seine stadt-regionale Entwicklung. Infrastrukturvorhaben, die ohnehin geplant sind, könnten schneller realisiert und der Bekanntheitsgrad der Stadt national wie international erhöht werden. Zudem sind die Olympischen Spiele von großer sportpolitischer

Bedeutung und somit eine Chance, um Hamburgs Image im Spitzensport zu verbessern (vgl. FHH 2002b).

Die Bewerbung Hamburgs bildet damit einen wichtigen Eckpfeiler für die Umsetzung des Leitbilds des Hamburger Senats, die Hansestadt zu einer „wachsenden und pulsierenden Metropole mit internationaler Ausstrahlung" zu entwickeln (siehe Kapitel 3).

2.3 Bewerbungskonzept
Standort- und Organisationskonzept
Das Hamburger Standort- und Organisationskonzept geht von einer Konzentration fast aller Sportstätten innerhalb seiner Stadtgrenzen und der Austragung nahezu sämtlicher Finalwettkämpfe in einem Umkreis von nur 10 km um das olympische Zentrum aus. Die Auswahl der notwendigen Sportstätten richtet sich vor allem auf bereits vorhandene und etablierte Einrichtungen mit internationaler Anerkennung (Rothenbaum, Alster, Stadien). Die Kerneinrichtungen wie Olympia-Stadion, Olympisches Dorf, Olympia-Schwimmhalle und Olympia-Dome sowie das Medienzentrum werden auf Teilflächen des bis dahin neu geschaffenen Stadtteils HafenCity errichtet und zu einem olympischen Zentrum auf beiden Seiten der Norderelbe zusammengefasst. Hamburg setzt die Chance, Olympische Spiele im Herzen einer Metropole durchführen zu können, als Argument im Wettbewerb um die Austragung ein. Dieses Konzept ermöglicht einerseits die schnelle Erreichbarkeit der meisten olympischen Stätten – „Olympia der kurzen Wege" – und zum anderen ist durch die Nähe zur Hamburger Innenstadt ein intensiver interkultureller und zwischenmenschlicher Austausch im olympischen Zentrum möglich.

Die Nutzung vorhandener Anlagen führt dazu, dass dort die Nachnutzung gewährleistet ist. Neue, für die olympischen Spiele errichtete Anlagen müssen dagegen später stellenweise zurückgebaut werden, da sie nach Abschluss der Spiele nicht ausreichend ausgelastet werden können. Dies gilt vor allem für das Olympia-Stadion. Das Bewerbungskonzept erörtert verschiedene Nachnutzungsoptionen, die aber noch weiter konkretisiert werden müssen (siehe Abbildung 1 nächste Seite, vgl. FHH 2002a). Hinsichtlich des Olympia-Parks bietet sich zum Beispiel die Möglichkeit eines „Urban Resort" an, eines Immobilienprojekts, das sich als enge Kombination aus Übernachtungs-, Freizeit-, Sport- und Bildungsangeboten im städtischen Zusammenhang versteht. Für eine Mischung aus maritimen Tourismus mit „Sport und Bildung" werden gute Chancen gesehen. Der Olympia-Park bietet zudem die wichtigen Anknüpfungs-punkte an die Kultur in der Innenstadt, die Natur im südlich angrenzenden Gelände der IGA 2013 sowie der Geschichte im Auswanderungsmuseum Veddel.

Option	„Maritim"	„Sport und Bildung"
Ausrichtung/ Zielgruppe	· primär touristisch · lokaler Markt als weitere wichtige Zielgruppe	· Touristen und Lokale · Spitzensportler (Olympiastützpunkt) · Studierende
Ausrichtung	· Spaß und Unterhaltung	· Leistung und Unterhaltung
Notwendige Angebote	· Übernachtungsangebote als Frequenzgenerierer und Renditeträger · Großflächige Freizeitangebote (Ergänzung zur HafenCity) · z.B. Musical, Konferenzangebote, Casino etc.	· Indoor- und Outdoorsportangebote · Bildungsinstitutionen (Verlagerung/ Neuansiedlung) Wohnen · Optional: Science Center (Sport, Leben, Gesundheit)

Abb. 1: Nachnutzungskonzept Olympia-Park, Quelle: FHH 2002a, S.12

Verkehrskonzept
Auf das Standort- und Organisationskonzept baut das Verkehrskonzept auf. Es umfasst folgende Prinzipien:

· Priorität haben das U- und S-Bahnsystem sowie das Schienenverkehrssystem der DB AG,
· besondere Bedeutung kommt der fußläufigen Erreichbarkeit der Sport- und Veranstaltungsstätten im Citybereich zu,
· die Wasserwege werden als Transportmöglichkeiten genutzt,
· die geringen Distanzen bewirken eine nachhaltige Verminderung des Transportaufwandes.

Das Verkehrskonzept trägt damit den besonderen Anforderungen an umweltschonende Spiele Rechnung. Außerdem soll die Grundlast im öffentlichen Personennahverkehr und im motorisierten Individualverkehr dadurch vermindert werden, dass die Austragung der Olympischen Spiele in die Hamburger

Sommerferien gelegt wird. Werksferien in Hamburger Betrieben könnten zusätzliche Entlastungen bewirken.

Beherbergungskonzept
Die Beherbergung stellt aufgrund der sehr hohen quantitativen wie qualitativen Anforderungen an Zimmer, Ausstattung und Lage das Kriterium mit der höchsten Gewichtung für das Bewerbungskonzept dar. Durch die Hafenlage verfügt Hamburg über die Möglichkeit, den Spitzenbedarf von ca. 42.000 Zimmern durch zusätzliche Übernachtungsangebote auf Kreuzfahrtschiffen abzudecken. Diese Maßnahme trägt zusätzlich den Ängsten der Hotelbetreiber Rechnung, dass für sie langfristig Überkapazitäten und damit wirtschaftliche Nachteile entstehen könnten, wenn sie die Kapazitäten dauerhaft auf das für Olympia erforderliche Niveau ausbauen würden.

Marketingkonzept
Im Zuge der Bewerbung der Hansestadt wurde ein Wettbewerb für das beste Kommunikationskonzept ausgeschrieben, bei dem sich renommierte Werbeagenturen in Teams zusammenschlossen. Als Sieger aus diesem Wettbewerb ging ein Zusammenschluss der Agenturen Springer & Jacobi, Jung v. Matt, fischerApelt, Brand stage und upsolut Event hervor.
Zentrale Elemente der Kommunikationskampagne sind neben dem Logo – eine stilisierte Flamme, die das Olympische Feuer mit einer blauen Welle verbindet – der Slogan „Feuer und Flamme für Hamburg 2012". In einem „Premium-Club" tragen Wirtschafts- und Medienunternehmen aktiv und finanzkräftig zum Gelingen der Bewerbung bei.

2.4 Stadtentwicklung durch Festivalisierung? Chancen, Risiken und Anforderungen

Der Zusammenhang zwischen Großereignissen und der Stadt- und Regionalentwicklung ist in den vergangenen Jahren unter dem Schlagwort der „Festivalisierung" in den Blickpunkt planungstheoretischer Überlegungen gerückt.[3]
Ausgangspunkt der Festivalisierungs-Diskussion sind vor allem steuerungs- und innovationstheoretische Überlegungen. In Bezug auf die Stadt- und Regionalentwicklung hat sich die steuerungspessimistische Sicht durchgesetzt,

---

3 vgl. Siebel 1992, zur Einschätzung von Großveranstaltungen in bezug auf die Stadt- und Regionalentwicklung auch Meyer-Künzel 2001, Ehrenberg/Kruse 2000 und Müller/Selle 2002

dass das Instrumentarium der hierarchischen staatlichen Steuerung nur noch eine vergleichsweise geringe Wirksamkeit entfaltet. Die Festivalisierungs-Strategie kann insofern als eine intelligente Form moderner Steuerung begriffen werden, da sie die Handlungen der verschiedenen städtischen Akteure in eine gemeinsame Richtung koordiniert, ohne Zwang oder regulative Mittel einsetzen zu müssen. Die Olympia-Bewerbung Hamburgs illustriert diese Wirkungsweise. Ausgehend von dem Impuls von Seiten der Stadt ist es gelungen, Sport- und Wirtschaftsverbände, Unternehmen, Kreise, Städte und Gemeinden aus Stadt und Land sowie die norddeutschen Nachbarländer für die gemeinsame Vision zu gewinnen. Voraussetzung ist ein Großereignis, das allen Beteiligten einen Zusatznutzen verspricht:

- Die Wirtschaft erwartet Impulse für das internationale Marketing des Standorts Hamburg und den beschleunigten Bau von Infrastrukturvorhaben (Autobahnprojekte, Hafenerweiterung als Kompensation für verlorene Flächen in der HafenCity etc.);
- die Sportverbände sehen eine einmalige Chance, die Sportinfrastruktur zu modernisieren und zahlreiche Maßnahmen zur Sportförderung durchzusetzen (mehr Sportunterricht an den Schulen, hochkarätige nationale wie internationale Sportwettkämpfe etc.);
- innerhalb der Politik besteht bisher ein Parteien übergreifender Konsens, da der Hauptstandort der Olympiaaktivitäten im heutigen Freihafen vergleichsweise geringe Konflikte im Bestand verursacht und die internationale Aufwertung der Stadt als Chance gesehen wird.

Die Olympiabewerbung befördert damit eine gemeinsame Vorstellung über die Perspektiven der Stadtentwicklung in diesem zentralen Bereich nahe der Hamburger City. Diese Homogenisierung des Denkens wurde durch die Organisation der Bewerbung untermauert. Die „Hamburg für Spiele 2012 GmbH", die das Bewerbungskonzept erstellt hat und den Bewerbungsprozess organisiert, wird gemeinsam von Stadt, Wirtschaft und Sportbund getragen. Als Olympiabeauftragter des Senats wurde der frühere Hamburger Bürgermeister Voscherau gewonnen, der politisch der heutigen Opposition angehört; Olympiabotschafter aus verschiedenen Bereichen der Gesellschaft sowie insbesondere des Sports runden diese breite Integration der gesellschaftlichen Interessen in den Bewerbungsprozess ab.

Ein weiterer Aspekt, der sich mit der Strategie der Festivalisierung verbindet, ist die Innovationsorientierung der Stadt- und Regionalentwicklung. Bezogen auf das Ruhrgebiet stellten Häußermann und Siebel (1994) die Frage: „Wie organisiert man Innovation in einem nicht-innovativen Milieu?". Auch wenn dies für das

Ruhrgebiet aufgrund der ausgeprägten Montanstruktur besonders gilt, lassen sich doch Analogien für Hamburg ableiten. Die einflussreiche Stellung der Hafenwirtschaft, jahrzehntelang gewachsene Verwaltungsstrukturen und Politiknetzwerke lassen tendenziell eine bremsende Wirkung im Hinblick auf Innovationen erwarten. Die Vision der Olympischen Spiele unterstützt dagegen innovative Akteure in den bestehenden Strukturen beziehungsweise trägt zur Bildung neuer Koalitionen von veränderungswilligen Akteuren bei, die auf diesem Weg zugleich die nötige Rückendeckung zur Durchsetzung ihrer Vorstellungen erhalten. Ein Beispiel für dieses „Selbst-Doping", wie Häußermann und Siebel (1995) das Phänomen beschreiben, ist das Projekt einer Hafenquerung von der HafenCity über Wilhelmsburg nach Harburg, die für die Integration von Hamburg und Harburg eine wichtige Funktion hat. Das Bewerbungskonzept dient als konzeptioneller Rahmen, der dieses Projekt transportiert und damit als neues Denkmuster verankert. Selbst wenn Hamburg den Zuschlag für die Austragung der Olympischen Spiele nicht erhalten sollte, ist zu erwarten, dass dieses Projekt auch weiterhin als eines der zentralen Projekte der Stadtentwicklung verfolgt werden wird.

Die Politik der Festivalisierung ist außerdem eine Strategie, den Verwaltungsapparat für ein attraktives Projekt zu mobilisieren. Das „Selbst-Doping" umfasst den „Zwang, ein anspruchsvolles Projekt in einem begrenzten Zeitraum zu einem definierten Termin zum Erfolg zu führen"[4]. Damit fördern Großereignisse nicht selten Rationalisierungen oder privatwirtschaftliche Managementformen im Verwaltungshandeln.

Zusammengefasst stellen sich die Chancen einer Festivalisierung, wie sie mit der Austragung der Olympischen Spiele in Hamburg genutzt werden sollen, wie folgt dar (vgl. Häußermann/Siebel 1995):

- Festivalisierung birgt die Chance, alte, unrentable Machtstrukturen aufzubrechen und zum Beispiel verwaltungsinterne Rationalisierungen einzuleiten; Handlungswille und Handlungsfähigkeit der Politik können unter Beweis gestellt werden.
- Das Ziel, ein Großereignis zu organisieren, schafft eine Aufbruchstimmung und dient zugleich als Kristallisationspunkt, auf den hin heterogene Interessen gebündelt werden.

---

4 Ehrenberg/Kruse 2000, S. 11. Hamburg verfügt mit dieser Form des „Selbst-Dopings" bereits über einige Erfahrungen: Mit der IGA 2013 plant die Hansestadt bereits die sechste Internationale Gartenbauausstellung seit dem 19. Jahrhundert (vgl. Preisler-Holl 2002, S. 166 f.; FHH/Umweltbehörde 2001).

- Von der Organisation und Durchführung großer Ereignisse erhofft man sich einen „Lokomotiveneffekt", das heißt durch die Gunst des außergewöhnlichen Ereignisses sollen Akteure, Kapital, Subventionen und Know-how in die Region gelenkt werden.
- Die lokalen Akteure der betreffenden Region sollen mitgerissen und insgesamt innovative Konstellationen hervorgebracht werden.
- Großereignisse gelten als Motor, der den Umbau der Stadt, den Ausbau der Infrastruktur und die Wirtschaft vorantreibt – Innovationen durch Wettbewerb und Zeitdruck.
- Verkürzte Planungs- und Entscheidungsprozesse, verbesserte Finanzierungsmöglichkeiten und Mobilisierung von Finanzressourcen des Bundes sowie die politische Priorität sind weitere Vorteile.

Diesen möglichen positiven Effekten der Festivalisierungs-Strategie stehen Risiken entgegen, die sich insbesondere auf eine unausgewogene Prioritätensetzung im Hinblick auf den Ressourceneinsatz und auf die Nachnutzungsproblematik zusätzlich benötigter Bauten beziehen.

Da die Olympiabewerbung sportpolitische Fragen in den Vordergrund rückt, gewinnen diese im Vergleich zu anderen Politikfeldern an Bedeutung. Verstärkt wird dieser Effekt dadurch, dass für die Bewerbungskommission erkennbar sein muss, dass die Olympia-Bewerbung für die Stadt tatsächlich Priorität genießt. Angesichts knapper öffentlicher Haushaltsmittel sind in der Konsequenz Verteilungskonflikte mit anderen Politikfeldern und deren Interessenvertretungen zu erwarten.

Bezogen auf die Nachnutzungsproblematik ist eine Abwägung nötig, ob die Kosten für den Bau beispielsweise eines Olympiastadions durch den Nutzen der Olympia-Austragung ausgeglichen werden. Stadien der geforderten Größe und Ausstattung sind für Städte heutzutage kaum noch nutz- und finanzierbar. Dies ist allerdings ein grundsätzliches Problem für die Austragung Olympischer Spiele, das sich für das IOC und alle Bewerberstädte gleichsam stellt.

Im Überblick zeigen sich für die Stadtentwicklung folgende Risiken durch eine Strategie der Festivalisierung, die zwar in bezug auf die Olympiabewerbung Hamburgs bisher noch nicht einzuschätzen sind, aber als Aspekte eines Prozessmonitorings von Interesse sein sollten:

- Durch „Oaseneffekte" werden oft andere politische Themen und Politikbereiche an den Rand gedrängt und ausgetrocknet. „Festivalisierung ist das organisierte Wegsehen von realen Problemen" (vgl. Siebel 1992).
- Großereignisse sind oft gekennzeichnet durch hohe ökologische, soziale, ökonomische und stadtstrukturelle Folgekosten und benötigen hohe öffent-

Stadt-regionale Entwicklung durch Großprojekte, Festivalisierung und neue Leitbilder | 151

liche Subventionen; im Durchschnitt werden ca. 80% der Kosten durch die öffentliche Hand bezahlt (Häußermann/Siebel 1995, S. 211).

- Die Frage der Nachnutzung ist in diesem Zusammenhang nicht zu vernachlässigen; die Unterhaltskosten der Anlagen sind zum Teil sehr hoch.
- Im Zuge der Bauphase wie auch nach Beendigung des Großereignisses sind Preissteigerungen für Bauleistungen, Immobilien und Mieten keine Seltenheit und gehen zu Lasten der ökonomisch Schwächeren.
- Ist eine konzeptionelle Planung für das gesamte Stadtgebiet nicht gegeben, besteht die Gefahr der Nichteingliederung des Veranstaltungsgeländes in den Stadtkörper (Beispiel Montreal).
- Übersteigerte Ansprüche und das umfangreiche olympische Bauprogramm bilden oft einen zu starken Kontrast zu entwickelten Planungskonzepten (Beispiel Barcelona).
- Durch den Zeitdruck und die Zweckbindung der Finanzmittel entsteht eine geschlossene Planungssituation, die eine Reflexion der Konzepte, innovative Impulse und Qualitätsanforderungen behindert.

3 Leitbild- beziehungsweise parametrische Steuerung „Metropole Hamburg – Wachsende Stadt"

3.1 Ausgangslage

In den 1990er Jahren haben sich die Rahmenbedingungen für die Entwicklung Hamburgs verändert: Die Öffnung der europäischen Grenzen hat Hamburg in das Zentrum einer bedeutenden europäischen Wirtschaftsregion gerückt; zugleich haben Globalisierung, neue Märkte und moderne Informations- und Kommunikationstechnologien den Strukturwandel drastisch beschleunigt. Den verstärkten internationalen Standortwettbewerb begreift der Hamburger Senat als Chance und Herausforderung zugleich. Auf der einen Seite konnte Hamburg seine Spitzenstellung im Vergleich mit anderen Bundesländern halten. Auf der anderen Seite hat die Hansestadt im Reigen nationaler und internationaler Großstädte relativ an Bedeutung verloren. Dies zeigen unter anderem Vergleiche des Wirtschaftswachstums und der Einwohnerentwicklung.

3.2 Das Leitbild

Mit dem Leitbild „Metropole Hamburg – Wachsende Stadt" verfolgt der Senat das Ziel, Hamburg durch einen Entwicklungsschub wieder zu einer wachsenden und pulsierenden Metropole mit internationaler Ausstrahlung zu machen. Metropolen wie Kopenhagen, Barcelona, Wien oder auch Seattle und Toronto sind

der Maßstab, an dem sich die Hansestadt messen will; diese Großstädte haben durch gezielte Strategien die Wohn-, Arbeits- und Lebensqualität sowie ihren internationalen Bekanntheitsgrad erhöht (vgl. FHH 2002b).
Dabei setzt das Leitbild mit „smart growth" auf ein intelligentes Wachstum. Dies ist Ausdruck der von der Stadt angestrebten nachhaltigen Entwicklung, die den Bedürfnissen der heutigen Generation entspricht, ohne die Möglichkeiten zukünftiger Generationen zu gefährden. Gleichzeitig verfügt Hamburg als eine der am dünnsten besiedelten Großstädte der Welt noch über erhebliche Entwicklungspotenziale; die Stadt wäre damit in der Lage, Flächen für Wohnen und Gewerbe bereit zu stellen und zugleich ihren prägenden Charakter als „grüne Metropole" zu bewahren.
Der Senat will seine Politik konsequent an dem Leitbild der „Wachsenden Stadt" ausrichten. Im Mittelpunkt stehen die folgenden Zielsetzungen:

- Steigerung der Einwohnerzahl,
- Erhöhung der Verfügbarkeit von Wohnraum- und Gewerbeflächen,
- Förderung des Wirtschafts- und Beschäftigungswachstums,
- Familienförderung,
- Verbesserung der Verkehrsinfrastruktur sowie
- Steigerung der internationalen Attraktivität und Bekanntheit Hamburgs.

3.3 Umsetzung des Leitbildes: Handlungsfelder und Prozess

Schlüsselprojekte für die Umsetzung der Ziele sind die HafenCity, eine neue städtebauliche Achse von der City über Wilhelmsburg nach Harburg sowie die Bewerbung Hamburgs um die Olympischen Sommerspiele 2012 und um die Internationale Gartenbauausstellung 2013. Darüber hinaus soll im Rahmen eines breit angelegten Kommunikationsprozesses eine Aufbruchstimmung entstehen, welche die gesamte Stadt erfasst und alle gesellschaftlichen Gruppen und die Bevölkerung in den Leitbildprozess einbezieht. Zur Umsetzung der genannten Zielsetzungen sind eine Reihe von Strategien und Maßnahmenbündeln vorgesehen:

Steigerung der Einwohnerzahl

Zur Erhöhung der Einwohnerzahl soll zum einen die Umlandwanderung reduziert werden, indem attraktive günstige Wohnangebote vorwiegend für junge Familien entstehen. Zum anderen soll die Zuwanderung von qualifizierten Arbeitskräften aus dem In- und Ausland erhöht und die Förderung von Familien verbessert werden.

Erhöhung der Verfügbarkeit von Wohnraum- und Gewerbeflächen

Die Verfügbarkeit von Wohn- und Gewerbeflächen ist eine der Voraussetzungen, um das Leitbild „Metropole Hamburg – Wachsende Stadt" zu erreichen. Ziel ist eine voraus schauende Sicherung und Neuausweisung von Industrie- und Gewerbeflächen sowie von Wohnflächen für unterschiedliche Wohnformen. Ansässigen und ansiedlungswilligen Unternehmen sollen durch ein modernes Flächenmanagement zügig Flächen für Erweiterung, Verlagerung oder Neuansiedlung zur Verfügung gestellt werden.

Förderung des Wirtschafts- und Beschäftigungswachstums
Zur Förderung des Beschäftigungs- und Wirtschaftswachstums gilt die Konzentration insbesondere sechs „Kompetenz-Clustern": Life Sciences, Nano- und optische Technologien, Informationstechnologien und Neue Medien, Luftfahrtindustrie, Hafen und Logistik sowie China. Darüber hinaus setzen Maßnahmen in den Handlungsfeldern Ostseeregion, Mittelstandsförderung, Bildungs- und Wissenschaftsstandort, Arbeitsmarktpolitik und Steuerpolitik an.

Familienförderung
Die Familienförderung bezieht sich unter anderen auf Maßnahmen in den Bereichen Kinderbetreuung, Schulen, Wohnungsbau sowie Vereinbarkeit von Familie und Beruf.

Verbesserung der Verkehrsinfrastruktur
Maßnahmen des Mobilitätsmanagements umfassen den Ausbau der Verkehrstelematik sowie Verbesserungen bei der Verkehrsinfrastruktur.

Steigerung der internationalen Attraktivität und Bekanntheit Hamburgs
Für die Steigerung der internationalen Attraktivität und Bekanntheit Hamburgs soll alles getan werden, um Großereignisse politischer, sportlicher, kultureller und wissenschaftlicher Art in die Hansestadt zu holen. Handlungsfelder sollen im Rahmen einer „Internationalisierungsstrategie" konkretisiert werden.
Dieses erfolgt bereits heute durch die Austragung von Großveranstaltungen wie dem Hansaplast-Marathon und den HEW-Cyclassics, aber auch mit den Bewerbungen als Austragungsort für Spiele der Fußball-WM 2006, für die Olympischen Spiele 2012 und die Internationale Gartenbauausstellung 2013. Dabei muss die Stadt im Rahmen ihres Marketings verdeutlichen, dass sie über kulturelle, sportliche und wissenschaftliche Einrichtungen verfügt, die für Tourismus, Wissenschaft, Wirtschaft etc. gleichermaßen eine hohe Attraktivität besitzen.
Neben diesen Strategien und Maßnahmen, die einzelne Ziele des Leitbilds betreffen, werden weitere Maßnahmen genannt, die sich auf die Organisation und den Prozess der Umsetzung beziehen:

Metropolregion Hamburg und Metropolen-Kooperationen

Als „Wachsende Stadt" gewinnen für Hamburg die Verflechtungen in das Umland der Metropolregion und die Zusammenarbeit mit den norddeutschen Ländern zusätzlich an Bedeutung. Dazu soll die Organisation der Metropolregion überprüft und weiterentwickelt werden. Darüber hinaus wird der Zusammenarbeit mit benachbarten Metropolregionen besonderer Stellenwert beigemessen. Nachdem Hamburg bereits seit einiger Zeit mit Berlin enger zusammen arbeitet, soll diese Metropolenkooperation auch auf Kopenhagen/Malmö ausgedehnt werden.

Öffentlichkeitsbeteiligung

Auf verschiedenen Ebenen der Kommunikation soll die stadt-regionale Gesellschaft in den Leitbildprozess einbezogen werden. Im Rahmen eines Internet-basierten Dialogs zielt dies zum einen auf die Bevölkerung. Vertreterinnen und Vertreter aus Wirtschaft und Sozialem, Politik und der interessierten Stadt- und Regionsöffentlichkeit wird zum anderen die Teilnahme an einem umfassenden Dialogprozess angeboten.

Innovationsfonds „Metropole Hamburg – Wachsende Stadt"

Für innovative Maßnahmen zur Umsetzung des Leitbilds „Metropole Hamburg - Wachsende Stadt" steht ein gesonderter Innovationsfonds zur Verfügung. Er umfasst von 2003 bis 2005 jährlich 5 Millionen Euro an Fördermitteln.

3.4 Stadtentwicklung durch Leitbilder beziehungsweise paradigmatische Steuerung? Chancen, Risiken und Anforderungen

Leitbilder bzw. Leitbildprozesse können für die Stadt- und Regionalentwicklung unterschiedliche Funktionen entfalten. Diese reichen von verbesserter Koordination über Reflexion und Innovation bis hin zu Marketing (vgl. Knieling 2000, S. 92 ff).

Das Leitbild „Metropole Hamburg – Wachsende Stadt" soll eine Vision für Hamburg sein, die das Handeln der verschiedenen Akteure in eine gemeinsame Richtung koordiniert. Ähnlich wie bei der Festivalisierungsstrategie gilt auch hier als planungs- beziehungsweise steuerungstheoretischer Ausgangspunkt, dass hierarchische öffentliche Steuerung nur noch eingeschränkt die gewünschten Wirkungen erzielen kann. Wie lässt sich vor diesem Hintergrund die „Handlungsfähigkeit des Staates" (Scharpf 1991) aufrecht erhalten? Eine Perspektive deutet ein kooperativer Steuerungsmodus an, der ergänzend neben regulative Instrumente rückt. In diesem Rahmen gewinnt Steuerung durch Leitbilder und motivierende Zielkonzepte an Bedeutung. Wenn es gelingt, die Denkmuster und Zukunftsvorstellungen der Akteure zu beeinflussen, so dass sie

Stadt-regionale Entwicklung durch Großprojekte, Festivalisierung und neue Leitbilder 155

ihre jeweiligen Handlungspotenziale darauf abstimmen, lässt diese Art der Steuerung durchaus Wirkungen erwarten. An dieser Stelle ergänzen sich Kooperation und Leitbilder, denn die Identifikation der Beteiligten erfordert einen intensiven Kommunikations- und Kooperationsprozess, mit dessen Hilfe das Leitbild entwickelt und diskutiert wird.

Das Leitbild „Metropole Hamburg – Wachsende Stadt" veranschaulicht diesen Wirkungsmechanismus. Die Inhalte beziehen zahlreiche Ziele, Maßnahmen und Projekte ein, die bereits seit Jahren in der Stadt diskutiert und stellenweise auch bereits umgesetzt werden. Das Leitbild bündelt diese, so dass sich die Vielfalt einzelner Aktivitäten in einen übergeordneten Sinnzusammenhang einfügt, der zugleich die Legitimation der einzelnen Elemente erhöht.

Mit einem Leitbild lassen sich aber gewachsene Interessenkonflikte und unterschiedlicher Einfluss von Akteuren auf die Stadtpolitik nicht ausgleichen. Das Leitbild favorisiert einzelne Politikfelder und Akteure, zugleich vernachlässigt es andere. Das Leitbild benötigt Finanzmittel zur Umsetzung seiner Ziele, die an anderer Stelle fehlen, solange sich der öffentliche Haushalt als Nullsummenspiel darstellt, die Ausgabe an einer Stelle also zwangsläufig zu Einsparungen an anderer Stelle führen muss. Es ist deshalb zu erwarten, dass im Zuge der Umsetzung des Leitbilds Verteilungskonflikte auftreten werden.

Die Einbeziehung der Öffentlichkeit und ein breit angelegter Dialogprozess sollen deshalb frühzeitig dazu beitragen, zwischen verschiedenen Interessen auszugleichen. Dabei muss sich zeigen, inwieweit Regierung und Verwaltung bereit sind, Kompromisse einzugehen und einzelne Positionen des vorliegenden Leitbilds wieder aufzugeben. Der stadt-regionale Dialog wird die Komplexität des Meinungsstreits erhöhen, so dass transparente und nachvollziehbare Formen der Vermittlung nötig sind, um eine gemeinsame Gesprächsebene aufrecht zu erhalten. Diese wiederum ist erforderlich, um möglichst viele Akteure für die Umsetzung des Leitbilds zu gewinnen, also das endogene Potenzial der Stadt zu nutzen. Allerdings können auch Konflikte sehr produktiv wirken, wenn der Wettstreit um das bessere Konzept qualitativ höherwertigere Lösungen zur Folge hat. Dem Prozess- und Kommunikationsmanagement muss es aber gelingen, diese Konflikte in konstruktive Bahnen zu lenken.

Innovationen werden für die „Metropole Hamburg – Wachsende Stadt" eine Schlüsselanforderung sein, insbesondere wenn es um die Umsetzung der Strategien und Ziele geht. Das vorliegende Leitbild gibt diesbezüglich zahlreiche Anstöße, lässt aber auch noch viele Fragen offen. Der Konkurrenzdruck im internationalen Standortwettbewerb kann sicherlich dazu beitragen, dass es innovative Lösungen leichter haben, Mehrheiten zu finden. Hinderlich kann dagegen sein, wenn zu kurzfristig – beispielsweise in Wahlperioden – gedacht wird, wenn Vertreter von Institutionen, die festgefügte Positionen vertreten (müssen), in der Überzahl sind oder wenn das Bemühen um einen Konsens aller Beteiligten zu sehr in den Mittelpunkt rückt (der kleinste gemeinsame Nenner ist selten die innovativste Lösung).

In bezug auf das Marketing ist zwischen der Binnen- und der Außenwirkung zu unterscheiden. Mit der „Metropole Hamburg – Wachsende Stadt" erreicht Hamburg in Deutschland nahezu ein Alleinstellungsmerkmal, da bundesweit überwiegend von Bevölkerungsrückgang die Rede ist. Für das Außenmarketing wird von zentraler Bedeutung sein, ob es gelingt, diese Formel mit den nötigen Inhalten zu füllen und sie zu kommunizieren. Die Kompetenz-Cluster bieten dazu einen attraktiven Ansatzpunkt, da sie klare Botschaften vermitteln: Life Sciences, Informationstechnologien und Neue Medien, Luftfahrtindustrie, China-Portal etc. Einige dieser Botschaften haben bereits heute genügend Substanz, so dass sich ein Marketing darauf aufbauen lässt, anderen fehlt dieses Fundament noch. Auch hier wird der Kommunikationsprozess zentrale Bedeutung erlangen. Denn es ist sowohl für das Binnen- als auch für das Außenmarketing wichtig, die nötige Kunden- und Zielgruppenorientierung in ein passgenaues strategisches Konzept umzusetzen.

Für Hamburg stellt sich zudem die besondere Anforderung, wie diese Marketingzielsetzung mit der Maßstabsebene der Metropolregion verflochten werden kann. Auf internationaler Ebene gilt zwar Hamburg als „Marke", die Stärken und Entwicklungspotenziale des Standorts liegen aber gerade im Miteinander von Stadt und Umland: Lösungen im Hinblick auf die Stadt-Umland-Wanderung (Suburbanisierung), den Ausbau der Verkehrsinfrastruktur oder industrielle Großprojekte wie die Produktionserweiterung bei EADS Airbus sind ohne das Umland nicht zu realisieren. Außerdem entscheiden „weiche" Standortfaktoren wie Lebens- und Wohnqualität, Freizeit- und Naherholungs-angebote, die maßgeblich das Umland zur Verfügung stellt, zunehmend über die Attraktivität einer Region bei Standortentscheidungen von Unternehmen beziehungsweise hochqualifizierten Arbeitskräften.

4 Resümee: Folgerungen aus den stadt-regionalen Strategien Hamburgs und Bezüge zur Region Hannover

Großprojekte, Festivalisierung und Leitbildprozesse – drei Strategien am Beispiel der Freien und Hansestadt Hamburg und der Metropolregion Hamburg, die die heutige Praxis der Stadt- und Regionalentwicklung kennzeichnen und zugleich Anforderungen an sie formulieren.

Stadt-regionale Entwicklung durch Großprojekte, Festivalisierung und neue Leitbilder

Die Region Hannover verfügt bereits über Erfahrungen in allen genannten Bereichen:

- Festivalisierungsstrategie: Die EXPO 2000 war ein Beispiel in der Region Hannover. Die Region profitierte in verschiedenen Bereichen von der besonderen Aufmerksamkeit, die sie durch die EXPO erreichte. Besonders der Infrastrukturausbau – das S-Bahn-Netz und die Straßenverkehrserschliessung – sind zu nennen. Ein neuerer Städtevergleich verweist allerdings darauf, dass Hannover seit der EXPO deutlich an Standortgunst eingebüßt hat und im Vergleich zurück gefallen ist.[5]
- Großprojekte: Im Zusammenhang mit der EXPO hat Hannover mit der Erschließung des neuen Stadtteils Kronsberg ein Großprojekt realisiert, das bundesweite Aufmerksamkeit auf die Stadt lenkt. Durch die Verknüpfung mit dem Leitmotto der EXPO „Mensch – Natur – Technik" wurden innovative Planungskonzepte und moderne Haustechnologien eingesetzt, die neue Qualitätsmaßstäbe in der Region gesetzt haben.
- Leitbild-Steuerung: Im Rahmen des Regionalen Raumordnungsprogramms 1996 wurde die Diskussion über ein regionales Leitbild geführt (KGH 1995 und 1997, vgl. Knieling 2000, S. 167 ff). Im Zuge der laufenden Prozesse einer Regionalen Innovationsstrategie für den Regierungsbezirk Hannover und des „Hannover Projekts", das Stadt und Region gemeinsam betreiben, werden ebenfalls neue Leitbilder für Regierungsbezirk beziehungsweise Region thematisiert. Diese Bemühungen konnten bislang allerdings nicht die nötige emotionale Qualität entfalten, wie sie sich in Ansätzen im Leitbild „Metropole Hamburg – Wachsende Stadt" in Hamburg andeuten. Es bleibt folglich abzuwarten, ob die Region Hannover mit der Leitbildstrategie die möglichen Potenziale ausschöpfen kann.

Die Beispiele aus Hamburg sowie die Bezüge aus der Region Hannover verdeutlichen, dass die Stadt- und Regionalentwicklung zunehmend auf die Strategie der Fokussierung setzt. Der Wettbewerb um knappe Finanzmittel sowie die Zusammenarbeit mit Wirtschaft und Zivilgesellschaft erfordern neue Muster der Stadt- und Regionalentwicklung, die sich von den etablierten Regelabläufen unterscheiden. Die Fokussierung soll dazu beitragen, die Aktivitäten, Engagement und Ressourcen der Akteure für einen begrenzten Zeitraum auf ausgewählte Projekte und Konzepte der Stadt- und Regionalentwicklung zu konzentrieren. Die kritische Diskussion der beschriebenen Strategien weist aber zugleich auf die

---

5   zu dieser Entwicklung, die in der Folge von Großveranstaltungen auftreten kann, vgl. in Bezug auf die Olympischen Spiele in Barcelona Heeg/Klagge/Ossenbrügge 2002, S. 90 f.

Anforderung hin, dass Innovation und Qualität im Rahmen einer solchen Vorgehensweise gezielt organisiert werden müssen. Dies gilt sowohl in bezug auf mögliche soziale und thematische Selektivitäten als auch für ökologische Qualitätsstandards. Fokussierung birgt immer das Risiko einer verengten Sichtweise und Beurteilung. Sie birgt auch die Gefahr, dass sich partikulare und einflussreiche Interessen auf Kosten des Gemeinwohls durchsetzen. Diesen Risiken sollte durch entsprechende Maßnahmen vorgebeugt werden. Auf der einen Seite sollte dazu die parlamentarische Kontrolle beitragen, auf der anderen Seite ist ein breit angelegter öffentlicher Kommunikationsprozess förderlich, da er sowohl Transparenz und Legitimation als auch Motivation und Aktivierung ermöglicht und so dazu beiträgt, dass sich eine stadt-regionale Verantwortungsgemeinschaft ausbildet.

Mit dieser Verantwortungsgemeinschaft ist zugleich ein weiterer Aspekt angesprochen, der für die Stadt- und Regionalentwicklung zukünftig an Bedeutung gewinnen wird: Ausgangspunkt der Fokussierungs-Strategie ist maßgeblich der Wettbewerb um Finanzmittel. Politik und Verwaltung sind vor diesem Hintergrund zunehmend gezwungen, auf Partnerschaften mit Wirtschaft und Zivilgesellschaft (3. Sektor) zu setzen. Dies verlangt einen Paradigmenwechsel des Politik- und Verwaltungshandelns von der Ordnungs- über die Dienstleistungs- zur Bürgerkommune (vgl. Banner 2002, Pröhl/Sinning 2002). Wirtschaft und Bevölkerung sind in einem modernen Verständnis nicht mehr nur Kundinnen und Kunden der Verwaltung, sondern treten in eine gleichberechtigte Partnerschaft, um gemeinsam mit Politik und Verwaltung die Aufgaben der Stadt- und Regionalentwicklung zu erfüllen.

Mit Bezug auf die Region Hannover stellt sich vor diesem Hintergrund die Frage nach möglichen zukünftigen Strategien. Dabei wäre es zum einen zweckmäßig zu analysieren, welche Strategien sich in der Vergangenheit bewährt haben. Zum anderen können Erfahrungen anderer Stadtregionen – etwa der Metropolregion Hamburg – Impulse liefern. In bezug auf die Fokussierungs-Strategie wäre zu diskutieren, ob es für die Region zukünftige Großprojekte oder Großveranstaltungen gibt, die die gewünschte Mobilisierung bewirken können. Dabei sollte aber von Beginn an geklärt werden, welche Qualitäten mit deren Hilfe transportiert werden sollen, so dass diese bei der Durchführung auch tatsächlich zum Tragen kommen.

Das „Kompetenzzentrum für Raumforschung und Regionalentwicklung in der Region Hannover" bündelt Fachwissen aus den Bereichen Stadt- und Regionalplanung sowie Regionalentwicklung. Das Kompetenzzentrum würde sich dafür anbieten, diese Strategiedebatte in Stadt und Region Hannover mit Impulsen und mit kritischer Analyse zu begleiten.

Literaturverzeichnis:

BANNER, GERHARD: Zehn Jahre Neues Steuerungsmodell – ein kritischer Blick zurück und ein Blick voraus. In: Deutscher Städtetag (Hg.), Verwaltungsmodernisierung – Baustelle ohne Ende?, DST-Beitrag zur Kommunalpolitik, Reihe A, Heft 30, Berlin/Köln 2002

BUCHMÜLLER, LYDIA ;KELLER, DONALD A. ; KOCH, MICHAEL ; SCHUMACHER, FRITZ ; SELLE, KLAUS: Planen Projekte Stadt? Weitere Verständigungen über den Wandel in der Planung. In: DISP, Nr. 141/2000, H. 2, S. 55-59

CULEMANN, RENÉE; ERNST, BRITTA; SCHÖN, BETTINA: Von Leuchttürmen und Taschenlampen: HafenCity – ein Ort zum Leben, Stadtentwicklungsbehörde der Freien und Hansestadt Hamburg (Hg.), Hamburg 2001

EHRENBERG, ECKEHART; KRUSE, WILFRIED: Soziale Stadtentwicklung durch große Projekte? EXPOs, Olympische Spiele, Metropolen-Projekte in Europa: Hannover, Sevilla, Barcelona, Berlin, Dortmunder Beiträge zur Sozial- und Gesellschaftspolitik, Bd. 30, Münster 2000

FREIE UND HANSESTADT HAMBURG [FHH] (2001): Bewerbung Hamburgs um die Ausrichtung der Olympischen Sommerspiele 2012 (Machbarkeitsstudie), Senatsdrucksache 2201/1141 vom 15.10.2001, Hamburg

FHH (2002A): Bewerbungskonzept für die Ausrichtung der Olympischen Sommerspiele 2012 in Hamburg, Senatsdrucksache 17/2012 vom 30.04.2002 (Auszüge: http://www.hamburg-fuer-spiele2012.de/6_bewerbung/bewerbung.html), Hamburg

FHH (2002B): Leitbild „Metropole Hamburg – Wachsende Stadt", Senatsdrucksache: http://www.hamburg.de/fhh/behoerden/senatskanzlei/dokumentation/drucksache_wachsende_stadt_bearbeitet.pdf, Hamburg

FHH/UMWELTBEHÖRDE: Hamburg im Fluss – IGA auf den Inseln, Internationale Gartenbauausstellung 2012 in Wilhelmsburg, Hamburg 2001

GESELLSCHAFT FÜR HAFEN- UND STANDORTENTWICKLUNG [GHS] (2000) (HG.): HafenCity Hamburg: Der Masterplan, Hamburg 2000

GHS (2001) (HG.): HafenCity: Mitten in Hamburg. 3. aktualisierte und erweiterte Auflage, Hamburg 2001

HÄUßERMANN, HARTMUT; SIEBEL, WALTER (1994): Wie organisiert man Innovation in nichtinnovativen Milieus? In: Kreibich, Rolf; Schmid, A.S.; Siebel, Walter; Sieverts, Thomas; Zlonicky, Peter (Hg.): Bauplatz Zukunft. Dispute über die Entwicklung von Industrieregionen, S. 52-64, Essen 1994

HÄUßERMANN, HARTMUT; SIEBEL, WALTER (1995): Politik durch Projekte. Von der umfassenden Entwicklungsplanung zum Projektmanagement am Beispiel der internationalen Bauausstellung Emscher Park. In: Buchmüller, Lydia; Meyrat-Schlee, Ellen (Hg.), Stadtbild – Sinnbild. Planungsmethoden – Wertewandel, ORL-Bericht 91, S. 206-219, Zürich 1995

HEEG, SUSANNE; KLAGGE, BRITTA; OßENBRÜGGE, JÜRGEN: Metropole Hamburg – Wachsende Stadt. Begleitgutachten, Hamburg 2002

KELLER, DONALD A. / KOCH, MICHAEL / SELLE, KLAUS (Hg.): Planung + Projekte. Verständigungsversuche zum Wandel der Planung, Dortmund 1998

KOMMUNALVERBAND GROßRAUM HANNOVER [KGH] (1995): Szenarien für ein gesamträumliches Leitbild der HannoverRegion, Werkstattbericht, Hannover 1995

KGH (1997): Regionales Raumordnungsprogramm 1996 Großraum Hannover, Beiträge zur Regionalen Entwicklung, Bd. 62, Hannover 1997

KNIELING, JÖRG: Leitbildprozesse und Regionalmanagement. Ein Beitrag zur Weiterentwicklung des Instrumentariums der Raumordnungspolitik, Beiträge zur Politikwissenschaft, Bd. 77, Frankfurt am Main/New York 2000

MEYER-KÜNZEL, MONIKA: Städtebau der Weltausstellungen und Olympischen Spiele: Stadtentwicklung der Veranstaltungsorte, Hamburg 1999

MÜLLER, HEIDI; SELLE, KLAUS (Hg.): EXPOs, Großprojekte und Festivalisierung als Mittel der stadt- und Regionalentwicklung: Lernen von Hannover, Werkberichte der AGB, Bd. 48, Dortmund 2002

PREISLER-HOLL, LUISE: Gartenschauen – ein bundesweiter Überblick mit Exkurs über einen Bundeswettbewerb und seine Stiftungsinitiative. In: Preisler-Holl, Luise (Hg.): Gartenschauen – Motor für Landschaft, Städtebau und Wirtschaft, Materialien des Deutschen Instituts für Urbanistik, Bd. 6/2002, S. 161-182, Berlin

PRÖHL, MARGA; SINNING, HEIDI: Good Governance und Bürgergesellschaft. Verwaltungsmodernisierung, Bürgerorientierung und Politikreform als zentrale Anforderungen an Kommunen. In: Pröhl, Marga; Sinning, Heidi; Nährlich, Stefan (Hg.): Bürgerorientierte Kommunen in Deutschland. Anforderungen und Qualitätsbausteine, S. 17-27, Gütersloh 2002

SCHARPF, FRITZ W.: Die Handlungsfähigkeit des Staates am Ende des zwanzigsten Jahrhunderts, Politische Vierteljahresschrift, Jg. 32, H. 4/1991, S. 621-634

SCHUBERT, DIRK (Hg.): Hafen- und Uferzonen im Wandel. Analysen und Planungen zur Revitalisierung der Waterfront in Hafenstädten, edition stadt und region, Bd. 3, Berlin 2001

SELLE, KLAUS: Stadtentwicklung zwischen Erlebniswelt und Alltagsort. Überlegungen zu großen Projekten, Quartiersentwicklung und bürgerorientierter Politik, Manuskript des Lehrstuhls für Planungstheorie, www.pt.rwth-aachen.de/publikationen/manuskripte/Stadtentwicklung.html, Aachen 2002

SIEBEL, WALTER: Die Festivalisierung der Politik. In: DIE ZEIT, 30.10.02, S. 62, Hamburg

Abbildungsverzeichnis:

Abb. 1   Nachnutzungskonzept Olympia-Park   S. 146

Axel Priebs

Regionale Konsensstrategien am Beispiel des Einzelhandelskonzeptes für die Region Hannover

Mit der 4. Änderung des Regionalen Raumordnungsprogramms (RROP) ist im Oktober 2001 das Regionale Einzelhandelskonzept für den Großraum Hannover verbindlich geworden. Damit liegt ein stabiler Rahmen für die künftige Entwicklung des großflächigen Einzelhandels in der Region Hannover vor. Die textlichen und standörtlichen Festlegungen schaffen Transparenz und Verbindlichkeit bei der Beurteilung künftiger Ansiedlungs- und Erweiterungswünsche des Handels. Mit dem Einzelhandelskonzept trägt die Regionalplanung zu mehr Planungssicherheit sowohl für öffentliche Stellen als auch für die Wirtschaft bei. Die förmliche Änderung des RROP stellt den konsequenten Abschluss eines dreijährigen Prozesses der Erstellung eines Regionalen Einzelhandelskonzeptes für die Region Hannover dar, in den unter Moderation des damaligen Kommunalverbandes Großraum Hannover (KGH) alle relevanten Akteure (Städte und Gemeinden der Region Hannover, Industrie- und Handelskammer, Einzelhandelsverband, Bezirksregierung Hannover sowie der damalige Landkreis Hannover) eingebunden waren. Mit dem folgenden Beitrag sollen Hintergrund und Ablauf dieses diskursiven Planungsprozesses sowie die Inhalte des Konzeptes näher vorgestellt werden.

1 Herausforderungen für die Einzelhandels- und Zentrenstruktur

Auslöser für den hier vorzustellenden Planungsprozess war der in der Region Hannover seit Mitte der 1990er Jahre wieder deutlich gestiegene Ansiedlungsdruck im Bereich des großflächigen Einzelhandels. Seitdem ist nämlich – nach einigen Jahren relativer Ruhe – ein verstärktes Interesse für neue Handelsstandorte (Autobahnabfahrten, nicht integrierte Industrie- und Gewerbebrachen) sowie für neue Größenordnungen erkennbar. So streben die Projektentwickler bei neuen Bau- und Gartenmärkten vorrangig Projekte in einer Größenordnung zwischen 12.000 und 16.000 m² Verkaufsfläche an; unter dem Markenzeichen „Bauboulevard" plante ein regionaler Investor – in Kooperation mit einem Teppichfachmarkt – sogar ein Objekt mit ca. 32.000 m² Verkaufsfläche. Auch die drei größten Möbelmärkte der Region haben ihre Verkaufsfläche deutlich erweitert, und zwar auf bis zu 40.000 m², was mit einer erheblichen Sortimentserweiterung und -differenzierung (insbesondere im Bereich der innenstadtrelevanten Sortimente) verbunden war. Im Bereich der Vollsortimenter werden SB-Warenhäuser und Fachmarktzentren mit 8.000 bis 12.000 m² Verkaufsfläche auch in kleineren Gemeinden angestrebt; beispielsweise hat der US-Konzern Wal-Mart auf einer bereits vor mehreren Jahren ausgewiesenen Einzelhandels-Sonderbaufläche[1] am Rande eines Grundzentrums im Jahr 2001 einen „Super-Store" mit mehr als 11.000 m² Verkaufsfläche (VKF) eröffnet. Neuartige Entwicklungen sind im Bereich der singulären Fachmärkte erkennbar. Ebenfalls 2001 hat der französische Sportartikelkonzern Decathlon gegenüber der EXPO-Plaza im Südosten der Landeshauptstadt seinen ersten Fachmarkt mit ca. 7.000 m² Verkaufsfläche in der Region Hannover eröffnet, ein weiterer Standort mit ca. 10.000 m² Verkaufsfläche ist in Langenhagen am Nordrand Hannovers geplant. Für erhebliche Unruhe in der Region hatten im Laufe des Jahres 1998 die Pläne des Metro-Konzerns zur Realisierung eines „Kaufhauses der Zukunft" mit ca. 55.000 m² Verkaufsfläche als Nachnutzung für ein Grundstück auf dem ehemaligen Weltausstellungsgelände der EXPO 2000 im Süden Hannovers gesorgt. Allerdings konnte dieses Projekt, das eine erhebliche Gefahr für die aus raumordnerischer Sicht vorbildlich funktionierende Innenstadt von Hannover sowie für benachbarte Städte dargestellt hätte, durch gemeinsames Handeln der Landeshauptstadt Hannover und des Kommunalverbandes Großraum Hannover verhindert werden.

Mit den aufgezeigten Tendenzen sind lediglich die Spitzen des Eisberges angesprochen, die die Einzelhandelsentwicklung in der Region Hannover bestimmen. Aus unterschiedlichsten Gründen (großzügigere Präsentation, erweitertes Randsortiment, geänderte Verbraucher(innen)wünsche, Reaktion auf den Verdrängungswettbewerb) ist nämlich auch erhebliche Bewegung an fast allen bereits vorhandenen Handelsstandorten zu beobachten. Entsprechend hatte die Regionalplanung in den letzten Jahren eine große Zahl von Erweiterungs- und Umstrukturierungsprojekten im Bestand zu beurteilen. Der Kommunalverband

---

1 S beziehungsweise SO gem. Baunutzungsverordnung (BauNVO)

Großraum Hannover als damaliger Träger der Regionalplanung war glücklicherweise in der Phase des großen Ansiedlungsdrucks in der erfreulichen Situation, die Ansiedlungs- und Umstrukturierungsvorhaben auf der Grundlage eines aktuellen Regionalen Raumordnungsprogramms mit klaren Zielaussagen zur Zentren- und Einzelhandelsstruktur beurteilen zu können. Noch weitergehender als das Landes-Raumordnungsprogramm Niedersachsen legt das Regionale Raumordnungsprogramm für den Großraum Hannover aus dem Jahr 1996 (KGH 1997) als Ziel D 1.6.1-04 fest, dass der Umstrukturierungsprozess im Einzelhandel die wohnungsnahe Grundversorgung sowie die städtebaulich integrierte Versorgungsfunktion der Grund- und Mittelzentren und die regionale und überregionale Einzelhandelsfunktion Hannovers nicht gefährden darf. Außerdem ist die räumliche Konzentration von überwiegend auf den motorisierten Individualverkehr ausgerichteten Fachmärkten (so genannten „Fachmarktagglomerationen") mit innenstadtrelevanten Sortimentsbereichen[2] außerhalb der zentralörtlichen Versorgungsbereiche zu verhindern. Trotz dieser vergleichsweise präzisen Zielfestlegungen erforderte jedes einzelne Ansiedlungs- und Umstrukturierungsvorhaben weiterhin eine detaillierte regionalplanerische Einzelfallbeurteilung, zum Teil auch die Durchführung eines Raumordnungsverfahrens (so für die Erweiterung des IKEA-Standortes Burgwedel). Hierzu mussten vom Betreiber Gutachten vorgelegt sowie eine Beurteilung der Industrie- und Handelskammer eingeholt werden. Sowohl bei der Regionalplanung selbst als auch bei einer Zahl von Kommunen wuchs jedoch der Unmut über solch lediglich reaktive Verfahren sowie die jeweils ausschnittsweise Beurteilung der zu erwartenden Auswirkungen auf die Einzelhandelsstruktur. In diesem Unbehagen liegt die wesentliche Wurzel für das im folgenden darzustellende regionale Einzelhandelskonzept, das in den Jahren 1998 bis 2001 erarbeitet und beraten wurde.

2 Die Vorgeschichte des Regionalen Einzelhandelskonzeptes

Im Rahmen eines konkreten Konfliktfalles zwischen der Landeshauptstadt Hannover und der nördlich angrenzenden Stadt Langenhagen, in dem es um neue Fachmarktansiedlungen auf Hannoveraner Gebiet ging, war im Jahre 1997 der Kommunalverband Großraum Hannover (KGH) als Träger der Regionalplanung

---

2   Bei den innenstadtrelevanten Sortimenten handelt es sich um solche Sortimente, die prägend für das Angebot einer Innenstadt sind, so insbesondere Textilien, Schuhe, Bücher, Parfümerieartikel usw.; sie können auch – etwa in Bau- und Möbelmärkten – als „Randsortimente" auftreten und können dann für benachbarte Innenstädte ebenfalls gefährdende Wirkungen haben.

um eine Vermittlung zwischen den unterschiedlichen Positionen gebeten worden. Die gemeinsamen Gespräche führten schließlich zur Vergabe eines Fachmarkt- und Zentrenkonzeptes für die gesamte nördliche Kernrandzone des Großraums Hannover, in das neben den beiden genannten drei weitere angrenzende Kommunen einbezogen wurden. Im Februar 1998 lag dieses sogenannte „Nordraum-Gutachten" vor und wurde im weiteren Verfahren von beiden Konfliktpartnern als Abstimmungsgrundlage anerkannt (KGH 1998).
Dieses Nordraum-Gutachten weckte auch bei anderen Kommunen der Region den Wunsch, die Entwicklung der Regionalen Einzelhandels- und Zentrenstruktur im gesamten Großraum Hannover auf der Grundlage eines einheitlichen und gemeinsam getragenen Einzelhandelskonzeptes zu beeinflussen. Zwar war die überwiegende Auffassung der Kommunen, dass die Regionalplanung am zentralörtlichen Konzept festhalten solle, dieses allein jedoch wurde als nicht mehr ausreichend für die Gestaltung der Einzelhandelsentwicklung bewertet. Gefordert wurde ein Ansatz, der die gesamte Stadtregion (und nicht primär die einzelnen Kommunen) als Handlungseinheit sieht. Angesichts der realen Verbraucher(innen)gewohnheiten sowie des faktischen Parallelausbaus einzelner Stadtmitten und des großflächigen, automobilorientierten Einzelhandels wurde es vor allem für notwendig erachtet, ein den gesamten Ordnungsraum umfassendes Standort- und Zentrensystem – prinzipiell unabhängig von kommunalen Grenzen – zu entwickeln. Dieses Zentren- und Standortkonzept sollte zum einen gewährleisten, dass die gewachsenen größeren und kleineren Innenstädte (einschließlich der Stadtbezirkszentren innerhalb Hannovers beziehungsweise der größeren Nachbarkommunen) ihre herausgehobene Funktion stabilisieren können, zum anderen sollte über die Konzeption erreicht werden, dass sich großflächige Vertriebsformen innenstadtverträglich und nur in gesamträumlich optimierter Lage entwickeln können.
Im März 1998 wurde im Rahmen des Technischen Regionalgesprächs, einer informellen Abstimmungsrunde zwischen dem KGH, der Landeshauptstadt Hannover, dem Landkreis Hannover sowie den 20 kreisangehörigen Städten und Gemeinden, unter Federführung des KGH eine Arbeitsgruppe zur Vorbereitung des Regionalen Einzelhandelskonzeptes eingesetzt. Die Arbeitsgruppe erarbeitete sowohl ein Anforderungsprofil an eine externe Beratung als auch Vorschläge, wie mit der Abgrenzung der zentralörtlichen Standortbereiche umzugehen wäre. Im November 1998 legte die Arbeitsgruppe ihre Vorschläge im Technischen Regionalgespräch vor, wo diese auf einhellige Zustimmung trafen. Außerdem sagten die Kommunen grundsätzlich ihre Bereitschaft zur Mitfinanzierung der externen Beratung zu.

Regionale Konsensstrategien 167

Auf dieser Grundlage wurden Ende 1998 gemeinsam die externen Berater ausgewählt, die zuerst einmal als Gutachter die fachlichen Grundlagen für das Regionale Einzelhandelskonzept erarbeiten sollten. Neben einer flächendeckenden Bestandsaufnahme sollten vor allem Daten erhoben werden, mit denen die Frage nach den künftig noch vertretbaren Verkaufsflächenerweiterungen auf einer abgestimmten Datengrundlage beantwortet werden könnte. Angesichts dieser komplexen Fragestellung wurde deutlich, dass die Begleitung weder durch ein reines Planungsbüro noch durch ein rein absatzwirtschaftlich orientiertes Institut sinnvoll wäre. Vielmehr wurde ein Gutachterteam ausgewählt, in dem sowohl stadt- und regionalplanerische als auch handels- und absatzwirtschaftliche Kompetenz erwartet wurde[3]. Wenig später konnte der erste Untersuchungsabschnitt in Auftrag gegeben werden; im Jahr 1999 wurden in den Haushalten des KGH und der Kommunen Haushaltsmittel in Höhe von insgesamt 300.000,— DM zur Verfügung gestellt, davon die Hälfte beim KGH, die andere Hälfte bei den Kommunen. Diese Kostenteilung hat sich bewährt, weil dadurch unter anderem ein ständiges Interesse der Kommunen an den Arbeiten sichergestellt werden konnte.

3 Der erste Schritt: Das regionale Einzelhandelsgutachten

Die Erarbeitung des Einzelhandelsgutachtens erfolgte unter intensiver Beteiligung der Städte und Gemeinden des Großraums, der Industrie- und Handelskammer (IHK) und des Einzelhandelsverbandes. Die Zwischenergebnisse der Gutachter wurden jeweils mit allen Beteiligten im Technischen Regionalgespräch beziehungsweise in der zur vertieften fachlichen Erörterung eingesetzten Arbeitsgruppe diskutiert. Eine besonders intensive Beteiligung sämtlicher Kommunen hinsichtlich der Aussagen des Gutachtens erfolgte im Herbst 1999 in drei teilräumlichen Workshops. Im Dezember 1999 konnten die wesentlichen Elemente des Abschlussberichtes weitgehend konsensual im Technischen Regionalgespräch diskutiert werden. Dabei zeigte sich aber auch, dass in der gut einjährigen Laufzeit des Gutachtens die ersten Bestandsaufnahmen schon wieder veraltet waren, so dass der Kommunalverband den Gutachtern Anfang 2000 einen Zusatzauftrag zur Aktualisierung der Daten erteilen musste. Im Mai 2000 lag dann das umfangreiche Gutachten vor und stieß sowohl bei seiner Vorstellung im Fachausschuss des Kommunalverbandes[4] als auch bei seiner späteren Veröffentli-

---

3 beauftragt wurde die Arbeitsgemeinschaft Fa. CONVENT/Hamburg, Fa. gesa/Hamburg und Prof. von Rohr/Kiel
4 Hannoversche Allgemeine Zeitung 12.5.2000

chung in der Schriftenreihe des Kommunalverbandes (KGH 2000) auf lebendiges Interesse[5].

Am Beginn der Arbeiten stand eine differenzierte Klassifizierung und Bestandsaufnahme sämtlicher Zentren und regional bedeutsamen Einzelhandelsstandorte durch die Gutachter, in deren Rahmen unter anderem die Verkaufsflächen durch Begehung zu ermitteln waren. Auf dieser Basis wurden für die einzelnen Kommunen individuelle Bestands- und Marktanalysen durchgeführt. Aus absatzwirtschaftlicher Sicht wurden sowohl die vorhandenen Standorte als auch die bekannten Planungen bewertet. Diese Bestands- und Marktanalysen wurden seitens der Gutachter intensiv mit den Kommunen diskutiert; umgekehrt erhielten die Kommunen durch diese „Kurzgutachten" wesentliche Informationen für ihre eigene Arbeit. Die umfangreichen Bestands- und Marktanalysen sind im zweiten Teil des Einzelhandelsgutachtens dokumentiert.

Im Hinblick auf die angestrebte Steuerungswirkung des zu erstellenden Einzelhandelskonzepts wurde von den beteiligten Kommunen mehrfach eingefordert, im Gutachten Obergrenzen für die weitere Entwicklung der Zentren und Standorte zu ermitteln. Dabei wurde sehr stark die Frage thematisiert, wie viel zusätzliche Einzelhandelsfläche die Region überhaupt noch vertragen könne. In den Diskussionen mit den Gutachtern wurde jedoch deutlich, dass eine tatsächliche Steuerung durch Festlegung absoluter Obergrenzen nicht möglich wäre. Neben der bereits vorhandenen hohen Kaufkraftbindung im Planungsraum und dem grundsätzlichen Bekenntnis zu Dynamik und Wettbewerb im Handel war hierfür die Tatsache ausschlaggebend, dass die gleiche Verkaufsfläche unterschiedliche Auswirkungen bei unterschiedlichen Branchen und Vertriebsformen (zum Beispiel auch bei unterschiedlichen Betreibern) hat und ohnehin die Flächenexpansion nicht nur durch höhere Sortimentstiefe, sondern auch durch veränderte beziehungsweise großzügigere Präsentation erreicht wird. Da trotzdem ein starker Wunsch nach Quantifizierung der künftigen Entwicklungsmöglichkeiten im Einzelhandel fortbestand, wurde von den Gutachtern das Instrument der „Ansiedlungsspielräume" entwickelt.

Bei diesen Ansiedlungsspielräumen handelt es sich um einen planerischen Orientierungsrahmen zur Beurteilung künftiger Ansiedlungen und Erweiterungen des großflächigen Einzelhandels, der sich zum einen aus absatzwirtschaftlichen Kriterien und zum anderen aus der Eignung des Standortes ableitet. Da für die beabsichtigte regional abgestimmte Steuerung der Flächenentwicklung eine pauschale Aussage über die gesamte Region nicht ausreichend erschien, wurden auf der Grundlage der erwähnten Bestandsaufnahme die Ansiedlungsspielräume im

---

5   Hannoversche Allgemeine Zeitung 3.1.2001, Der Handel 12/2000

periodischen Bedarf für jede Kommune einzeln ermittelt. Da für die zentralörtliche Bedeutung einer Gemeinde die Kaufkraftbindung entscheidende Bedeutung hat und Ober-, Mittel- und Grundzentren nach landesplanerischer Vorgabe abgestufte Versorgungsfunktionen wahrzunehmen haben, wurden nach intensiver Diskussion im Technischen Regionalgespräch differenzierte Kaufkraft-Bindungsquoten für die Grundzentren (50%) und die Mittelzentren (75%) eingeführt. Diese Bindungsquote gilt für die Güter des täglichen Bedarfs und soll für diese eine angemessene Kaufkraftbindung sicherstellen. Hieraus werden dann rechnerische Ansiedlungsspielräume für die Kommunen ermittelt, die jedoch noch nicht übereinstimmen mit den tatsächlichen Ansiedlungsspielräumen an jedem Standort. Hierfür ist die jeweilige Standorteignung differenziert zu beurteilen. Je nach dem, wo eine großflächige Ansiedlung beabsichtigt ist, sind unterschiedliche Auswirkungen zu erwarten und die Ansiedlungsspielräume entsprechend differenziert zu beurteilen.

Da großflächige Fachmarktansiedlungen beziehungsweise -erweiterungen natürlich deutlich über einzelne Standortgemeinden hinaus ausstrahlen und Kaufkraft umlenken, wurde für Baumärkte, Möbelmärkte, Unterhaltungselektronik sowie SB-Warenhäuser eine übergemeindliche Bewertung für drei Teilregionen vorgenommen. In die Ermittlung des Ansiedlungsspielraums flossen der durch die Bestandsaufnahme ermittelte Status quo der Verkaufsflächen und die regionalplanerischen Zielvorstellungen für Versorgungsfunktionen der Kommune (orientiert an der zentralörtlichen Stufung) ein. Bei den teilräumlichen Ansiedlungsspielräumen wurden jeweils drei Alternativen berechnet, wobei unterschiedlich hohe Zielbindungsquoten der Fachmärkte angenommen wurden.[6]

4 Der Weg zu einem verbindlichen Konzept

Bereits während der Erarbeitung des Einzelhandelsgutachtens wurde sowohl im Rahmen des Technischen Regionalgesprächs als auch in Politik und Verwaltung des Kommunalverbandes die Frage diskutiert, auf welche Weise die im regionalen Konsens erarbeiteten Zielsetzungen für die künftige Einzelhandelsentwicklung Verbindlichkeit erlangen könnten. Es zeigte sich in den Technischen Regionalgesprächen, dass auch seitens der Städte und Gemeinden eine Verbindlichkeit des Konzepts gewünscht wurde. Allerdings bestand noch Unklarheit über den einzuschlagenden Weg. In den Diskussionen zeichneten sich jedoch im Wesentli-

---

6 Dabei wurde zu Recht darauf verweisen, dass die normative Festlegung einer Quote immer einer politischen Bewertung unterliegt; vgl. KGH 2000, S. 91

chen drei unterschiedliche Alternativen ab, den Zielen zur Wirksamkeit zu verhelfen. Als „schwächste" Alternative wurde die freiwillige Selbstverpflichtung der Städte und Gemeinden auf Einhaltung der gemeinsam gefundenen Ziele diskutiert. Als zweite Alternative wurde vom Kommunalverband der Abschluss eines raumordnerischen Vertrages nach § 13 ROG unter Beteiligung des KGH sowie sämtlicher 21 Städte und Gemeinden vorgeschlagen. Als dritte Alternative schließlich kam die förmliche Ergänzung des Regionalen Raumordnungsprogramms für den Großraum Hannover um die gemeinsam gefundenen Zielsetzungen in Betracht.

Es zeichnete sich in den fachlichen Diskussionen des Technischen Regionalgesprächs schon bald ab, dass die freiwillige Selbstverpflichtung von den Beteiligten als nicht ausreichend angesehen wurde, weswegen sie in der weiteren Diskussion nicht weiter verfolgt wurde. Beim Raumordnerischen Vertrag wurde zwar der Vorteil gesehen, dass die Kommunen selbst Akteure sind, doch bewerteten mehrere Kommunen die Möglichkeiten zur Durchsetzung der Vertragsinhalte kritisch. Bei einer förmlichen Ergänzung des Regionalen Raumordnungsprogramms wurde zwar der Vorteil gesehen, dass die Anpassungspflicht der Kommunen im Baugesetzbuch[7] rechtlich eindeutig geregelt ist, den Beteiligten war aber auch klar, dass ein Teil der angestrebten Regelungsinhalte deutlich über die übliche regionalplanerische Körnigkeit hinausgehen würde.

Seitens der politischen Gremien des Kommunalverbandes wurde keine der beiden verbliebenen Alternativen favorisiert, sondern dem Konsens mit den Kommunen Priorität eingeräumt. Entsprechend beauftragte der Verbandsausschuss des KGH die Verwaltung am 15.5.2000, im Zusammenwirken mit den Kommunen beide Alternativen zu prüfen und dabei auch die Möglichkeiten einer schrittweisen beziehungsweise kombinierten Anwendung der unterschiedlichen Wege zu berücksichtigen[8].

Der Kommunalverband bemühte sich in der Folge um ein Meinungsbild bei den kommunalen Partnern, wobei sich aber zum Teil unterschiedliche Nuancen bei den fachlichen und bei den politischen Akteuren zeigten. Während im Technischen Regionalgespräch am 13.9.2000 von den Fachleuten auf der Grundlage eines in der kleinen Arbeitsgruppe vorbereiteten Papiers die Verbindlichkeit über eine Änderung des Regionalen Raumordnungsprogramms fast ausnahmslos präferiert wurde und auch schon ein entsprechender Textentwurf zur Änderung des Ziels D 1.6.1-04 des RROP weitgehend einvernehmlich diskutiert wurde,

---

7 vgl. § 1 Abs. 4 Baugesetzbuch (BauGB)
8 Kommunalverband Großraum Hannover, Beschlussvorlage V/0948 vom 18.4.2000 (einstimmig im Verbandsausschuss am 15.5.2000 beschlossen)

erntete dieser Ansatz bei einigen Hauptverwaltungsbeamten in ihrer Sitzung am folgenden Tag Widerspruch. Die Kritiker fürchteten eine Einschränkung der kommunalen Gestaltungsfreiheit und forderten den KGH auf, andere Wege zur Umsetzung des Einzelhandelskonzeptes zu suchen beziehungsweise eine Entscheidung zu verschieben. Allerdings erfuhr der Ansatz des KGH auch vielfältige öffentliche Unterstützung. Deswegen entschloss sich die Politik des Verbandes, den eingeschlagenen Weg fortzusetzen und sich auch nicht auf das Argument einzulassen, eine abschließende Entscheidung über das Konzept müsste der zum 1.11.2001 als Rechtsnachfolgerin des KGH zu bildenden Region Hannover überlassen werden. Vielmehr wurde der tatsächliche Problemdruck als so groß eingeschätzt, dass eine Verschiebung der Beschlussfassung nicht zu verantworten wäre. Mit Schreiben vom 15.2.2001 wurden die Verbandsglieder und kreisangehörigen Städte und Gemeinden sowie die weiteren bei Änderung des RROP zu Beteiligenden über die Einleitung des Änderungsverfahrens informiert. Bezüglich des im Technischen Regionalgespräch abgestimmten Textentwurfs sowie der vorgesehenen, ebenfalls abgestimmten zeichnerischen Darstellung wurde eine Stellungnahme bis zum 30.4.2001 erbeten. Da die Kommunen ihre vorgesehene Stellungnahme überwiegend ihren politischen Gremien zur Beschlussfassung vorlegten, bot der KGH an, Fachleute der Verwaltung in die Sitzungen dieser Gremien zu entsenden, wovon auch in einigen Fällen Gebrauch gemacht wurde. Auch die IHK Hannover-Hildesheim lud den Vertreter des KGH in die Sitzung ihres Wirtschaftsausschusses ein. Außerdem führten die beiden großen Parteien Informationsveranstaltungen für die Öffentlichkeit durch.
Einigen örtlichen Problemen, die im Beteiligungsverfahren auftraten, konnte durch geringfügige Änderungen des Konzeptes Rechnung getragen werden. Der am 31.5.2001 gemäß den gesetzlichen Vorschriften für RROP-Änderungsverfahren durchgeführte Erörterungstermin konnte weitgehend konsensual durchgeführt werden. Auch der von einzelnen Kommunen noch einmal vorgetragene Wunsch auf Verschiebung führte nicht zu destruktiven Diskussionen. Vielmehr überwog die Zufriedenheit, ein fachlich von breiter Gemeinsamkeit getragenes Projekt zu einem guten Abschluss zu bringen. Hierzu trug unter anderem bei, dass der im Entwurf zur RROP-Änderung noch vorgesehene Standort für den umstrittenen, eingangs erwähnten „Bauboulevard" einvernehmlich „gekippt" wurde. Am 27.6.2001 schließlich wurde das Konzept von der Verbandsversammlung des KGH einstimmig als Satzung beschlossen. Da die Bezirksregierung Hannover bereits frühzeitig um Beratung gebeten wurde und dabei ihre grundsätzliche Zustimmung zu dem gewählten Verfahren signalisiert hatte, konnte auch das Genehmigungsverfahren sehr zügig erfolgen. Mit der öffentlichen Bekanntma-

chung am 24.10.2001[9] konnte die Satzung noch vor Bildung der Region Hannover in Kraft treten. Auf die Festlegungen und ihre Bedeutung soll im Folgenden genauer eingegangen werden.

5 Inhaltliche Struktur des Einzelhandelskonzeptes

Das Einzelhandelskonzept ersetzt die genannten bisherigen Zielaussagen des Regionalen Raumordnungsprogramms für den Großraum Hannover aus dem Jahr 1996 zum großflächigen Einzelhandel. Diese waren (mit Ausnahme der Festlegungen zum Fachmarktzentrum Lahe-Altwarmbüchen) weder standörtlich konkret formuliert noch in der zeichnerischen Darstellung erfasst. Als vorteilhaft bei dem Bemühen um eine räumlich konkrete Festlegung erwies sich, dass seit dem Inkrafttreten des Landes-Raumordnungsprogramms 1994 die Festlegung der Zentralen Orte nicht mehr gemeindeweise, sondern standortbezogen erfolgt, das heißt dass nicht mehr das gesamte Gemeindegebiet pauschal als zentraler Ort gilt. Allerdings gab es trotz dieser klaren Aussage in der Praxis – so zum Beispiel bei der Beurteilung der IKEA-Erweiterung in Großburgwedel – hinsichtlich der Abgrenzung der zentralörtlichen Standortbereiche Unsicherheiten. So stellt das Landes-Raumordnungsprogramm zwar fest, dass die räumlich-konkrete Abgrenzung des Versorgungskerns im baulichen Zusammenhang Aufgabe der Gemeinden im Rahmen der Bauleitplanung ist[10], doch erfolgt eine derartige Abgrenzung tatsächlich nur in seltenen Fällen. Die gemeinsame Arbeit am Regionalen Einzelhandelskonzept wurde deswegen vom KGH zum Anlaß genommen, gemeinsam mit den Kommunen auch eine räumlich-konkrete Abgrenzung der zentralörtlichen Standorte vorzunehmen. In diesem Sinne wurden auf der Basis kommunaler Vorschläge und als Ergebnis eines intensiven Abstimmungsprozesses sowohl zwischen den Gemeinden als auch mit dem KGH die zentralörtlichen Standortbereiche in der zeichnerischen Darstellung niedergelegt, in denen die Versorgungsfunktionen wahrgenommen werden sollen. Entsprechend der Zentrenhierarchie des LROP wird im Einzelhandelskonzept differenziert zwischen dem Standortbereich des Oberzentrums (in der zeichnerischen Darstellung rot), den Standortbereichen der Mittelzentren sowie dem zentralörtlichen Ergänzungsbereich des Oberzentrums[11] (orange dargestellt) sowie den Standortbereichen der Grundzentren (gelb).

---

9   Amtsblatt für den Regierungsbezirk Hannover Nr. 22 vom 24.10.2001
10 Landes-Raumordnungsprogramm Niedersachsen 1994, Erläuterung zu B 6
11 Das Einzelhandelskonzept differenziert grundsätzlich nicht zwischen Standorten innerhalb und außerhalb der Landeshauptstadt Hannover, was als wesentlicher Fortschritt gegenüber früheren Dis-

Innerhalb der zentralörtlichen Standortbereiche werden gesondert die Versorgungskerne zeichnerisch erfasst, wobei es sich in der Regel um den Bereich der eigentlichen Innenstadt beziehungsweise bei kleineren Gemeinden um das Ortszentrum handelt. Zum Versorgungskern zählen in der Regel die Hauptgeschäftsstraßen, Fußgängerzonen und andere durch Einzelhandels- und Dienstleistungsnutzungen geprägte Kernbereiche, denen insgesamt eine herausgehobene Position innerhalb der Kommune zukommt und die diesbezüglich besonders gestärkt werden sollen. Diese Versorgungskerne sind im Rahmen der Bauleitplanung häufig als Kerngebiet ausgewiesen, als Abgrenzungskriterium war dies jedoch keine zwingende Voraussetzung. In der Regel wird innerhalb einer Kommune nur ein Versorgungskern dargestellt, bei Kommunen mit einer polyzentrischen Struktur (Garbsen, Hannover, Seelze) werden jedoch mehrere Versorgungskerne dargestellt. An den Innenstadtkern angrenzende Bereiche, die im Rahmen von Stadtentwicklungskonzepten oder als Darstellung im Flächennutzungsplan für eine Erweiterung des Versorgungskerns vorgesehen sind, wurden auf Wunsch der Kommunen einbezogen, sofern eine realistische Umsetzungsmöglichkeit im Gültigkeitszeitraum des RROP erkennbar war.

In den die Versorgungskerne umgebenden Standort- beziehungsweise Ergänzungsbereichen sind neben dem Einzelhandel ebenfalls andere strukturprägende zentralörtliche Funktionen konzentriert. Auch die ergänzenden Siedlungsbereiche wurden in der Regel einbezogen. Einzelhandelsstandorte innerhalb der zentralörtlichen Standortbereiche gelten grundsätzlich als „integriert", weswegen bei Erfüllung der in den Zielfestlegungen genannten Voraussetzungen Einzelhandelsvorhaben grundsätzlich als zielkonform zu bewerten sind. Ausgenommen sind lediglich die innerhalb der zentralörtlichen Standortbereiche gelegenen Gewerbegebiete, weil diese grundsätzlich keine Einzelhandelsstandorte sind[12]. In Umstrukturierung befindliche Gewerbegebiete können jedoch unter bestimmten Bedingungen als Einzelhandelsstandorte geeignet sein. Voraussetzung ist eine gute räumliche und funktionale Zuordnung zum Versorgungskern und eine ausreichende ÖPNV-Anbindung.

---

kussionen zwischen Landeshauptstadt und Regionalplanung zu werten ist. Allerdings wurden die „mittelzentralen" Standortbereiche innerhalb der Landeshauptstadt Hannover abweichend als „oberzentraler Ergänzungsbereich" bezeichnet; auf die inhaltlichen Abweichungen wird unten eingegangen.

12 Die Kommunen werden entsprechend aufgefordert, Einzelhandelsnutzungen (insbesondere Einzelhandelsbetriebe mit innenstadtrelevanten Sortimenten) in den Gewerbegebieten aufgrund der negativen Auswirkungen auf die Zentren und die wohnungsnahe Versorgungsstruktur durch entsprechende Festsetzungen planungsrechtlich auszuschließen.

Neben diesen zentralörtlichen Versorgungsbereichen werden einige gesonderte Standorttypen des Einzelhandels festgelegt. So nehmen die „herausgehobenen Nahversorgungsstandorte" ergänzende Funktionen zum Versorgungskern wahr, kommen in der Regel jedoch für den großflächigen Einzelhandel nicht in Betracht. Im Vordergrund steht eine stadtteil- oder ortsteilbezogene Nahversorgung. Nahversorgungsstandorte werden sowohl in ländlich strukturierten Siedlungen als auch im Stadtgebiet von Hannover (hier handelt es sich um die Stadtteilzentren) festgelegt; großflächiger Einzelhandel ist an diesen Standorten nicht zulässig. Schließlich werden vorhandene und geplante Standorte des großflächigen Einzelhandels (Fachmarktzentren, Verbrauchermärkte, Baumärkte, Möbelmärkte, sonstige Fachmärkte) räumlich konkret festgelegt. Eine Besonderheit stellen hierbei die herausgehobenen Fachmarktstandorte dar. Diese bedurften aufgrund ihrer übergemeindlichen Ausstrahlung, der Standortgröße und des Branchenangebotes einer Einzelfallregelung. Es handelt sich hierbei um die Standortbereiche Lahe-Altwarmbüchen, Garbsen/B 6 und Laatzen-Rethen sowie die Standortbereiche nördliche Vahrenwalder Straße und südliche Hildesheimer Straße im oberzentralen Standortbereich der Landeshauptstadt Hannover. Für diese Standorte werden detaillierte räumliche Festlegungen (in Text und Karte) sowie Entwicklungsmöglichkeiten festgelegt. Beispielsweise wird für die Bereiche Garbsen/B 6 und Laatzen-Rethen, die sich zu herausgehobenen Fachmarktstandorten in den Branchen Bauen und Wohnen entwickelt haben, festgelegt, dass eine unkontrollierte Entwicklung der Standorte zu verhindern ist. Dies bedeutet vor allem, dass die räumliche Erweiterung dieser Standortbereiche über den in der zeichnerischen Darstellung festgelegten Bereich hinaus unzulässig und die Umstrukturierung der angrenzenden Gewerbegebiete für Zwecke des Handels zu verhindern ist. Innerhalb der festgelegten Standortbereiche sind jedoch die Anpassung der baulichen Struktur und die verträgliche Ausweitung der Verkaufsflächen in den Branchen Bauen und Wohnen möglich, wobei die Ausweitung des Verkaufsflächenanteils innenstadtrelevanter Sortimentsbereiche (auch als Randsortimente) unzulässig ist.

Die wesentliche Steuerungsfunktion der dargestellten textlichen und zeichnerischen Festlegungen besteht darin, dass außerhalb der dargestellten Kategorien (Versorgungskerne und zentralörtliche Standortbereiche, Fachmarktstandorte und herausgehobene Fachmarktstandorte) zusätzliche großflächige Einzelansiedlungen stets unzulässig sind. Hier erfolgte im rechtlichen Sinne eine Übertragung des Konzentrationsprinzips mit Ausschlusswirkung, wie es beim Bodenabbau sowie in der Festlegung von Vorrangstandorten für Windkraftanlagen üblich ist. Umgekehrt gelten Vorhaben innerhalb der zentralörtlichen Standortbereiche, die der jeweiligen zentralörtlichen Funktion entsprechen, grundsätzlich als unbedenklich. Als Beurteilungsgrundlage für eventuell erforderliche Einzelfallprüfungen gelten die Ergebnisse der Bestandsanalyse und die konzeptionellen Entwicklungsvorstellungen des regionalen Einzelhandelsgutachtens.

Zu betonen ist allerdings, dass ausschließlich auf eine wohnungsnahe Versorgung mit Gütern des täglichen Bedarfs ausgerichtete Vorhaben (zum Beispiel kleinere Nahversorgungsbetriebe) oder sonstige nicht großflächige Einzelhandelsgeschäfte, die keine Auswirkungen gemäß § 11 (3) BauNVO erwarten lassen, keinem regionalen oder interkommunalen Abstimmungserfordernis unterliegen und deswegen nicht von den Festlegungen des Einzelhandelskonzepts erfasst werden. Dies gilt unter der Voraussetzung, dass Ansiedlungsmöglichkeiten in Gewerbegebieten von den Kommunen restriktiv behandelt werden.

Schließlich enthält das Konzept – wenn auch nicht als verbindliches Ziel der Raumordnung – die Aussage, dass bei strittigen Ansiedlungs- und Erweiterungsprojekten vor der Abgabe der landesplanerischen Stellungnahme stets ein gemeinsames Moderationsverfahren des Kommunalverbandes Großraum Hannover und der betroffenen Städte und Gemeinden, gegebenenfalls unter Einbeziehung benachbarter Träger der Regionalplanung und von Städten und Gemeinden außerhalb des Großraums Hannover, durchgeführt werden soll. Auf Wunsch von Städten und Gemeinden kann die Regionalplanung auch für weitere Fälle Moderationsverfahren zur Klärung örtlicher Problemlagen durchführen. Die Industrie- und Handelskammer sowie der Einzelhandelsverband sind in der Regel einzubeziehen. Im Moderationsverfahren sollen die gutachterlichen Ergebnisse des Regionalen Einzelhandelskonzepts 2000 (unter anderem die dort ermittelten Ansiedlungsspielräume) für die Region Hannover herangezogen werden. Das Einzelhandelskonzept soll regelmäßig aktualisiert werden, eine Aktualisierung des Bestandes ist derzeit in Arbeit.

6 Fazit

Mit der 4. Änderung des Regionalen Raumordnungsprogramms für den Großraum Hannover wurde der durchaus ambitionierte Versuch unternommen, einen stabilen Rahmen für die künftige Entwicklung des großflächigen Einzelhandels zu schaffen. Dass die Verbindlichkeit des Konzeptes sowohl in weitestgehendem Konsens mit den Städten und Gemeinden als auch auf regionaler Ebene mit Unterstützung aller politischen Kräfte erreicht wurde, ist im Wesentlichem einem dreijährigen Diskussions- und Abstimmungsprozess geschuldet, der unter Federführung der Regionalplanung durchgeführt wurde. Auch die Einschaltung eines externen Gutachterteams hat wesentlich zur Versachlichung des Prozesses beigetragen.

Mit dem verbindlichen Regionalen Einzelhandelskonzept liegen deutlich konkretere Beurteilungsgrundlagen für großflächige Handelsprojekte als in den meisten anderen Regionen vor. So definiert das Programm räumlich konkret die zentralörtlichen Standortbereiche sowie die Solitärstandorte, die überhaupt für großflächigen Einzelhandel in Frage kommen. Entsprechend ist eindeutig festgelegt, welche Bereiche der Region Tabuflächen für neue Verkaufsflächen sind. Die Regionalplanung kann somit zügig und fundiert über Ansiedlungswünsche entscheiden. Nur in Zweifelsfällen sind weitergehende Untersuchungen erforderlich.

Natürlich kann eine Kommune an die Region mit dem Wunsch herantreten, das Regionale Raumordnungsprogramm für ein von ihr unterstütztes (nach RROP aber nicht zulässiges) Ansiedlungsprojekt zu ändern. Dann müssen – auf der Basis einer Beschlussempfehlung der Regionsverwaltung – die Regionalpolitiker und -politikerinnen entscheiden, ob diese Änderung vertretbar ist oder nicht, das heißt es wird auf regionaler und nicht auf lokaler Ebene über die Verträglichkeit eines Projektes entschieden. Wird das RROP geändert, kann die Kommune ihre Planung fortsetzen, wird das RROP nicht geändert, ist die Weiterführung der Planung unzulässig.

Abschließend bleibt festzuhalten, dass das in das RROP integrierte regionale Einzelhandelskonzept auf Wunsch und mit intensiver Beteiligung der Kommunen entstanden ist und für Transparenz und Verbindlichkeit sorgt. Es setzt einen wirksamen Rahmen, der allerdings bei entsprechendem Willen der regionalen Politik auch verändert werden kann. Damit wird die Verantwortung der regionalen Politikebene bei Standortentscheidungen des großflächigen Einzelhandels und gleichzeitig die regionale Sichtweise gegenüber einzelgemeindlichen Egoismen gestärkt.

Literaturverzeichnis:

KOMMUNALVERBAND GROSSRAUM HANNOVER [KGH] (1997) (HG.): Regionales Raumordnungsprogramm für den Großraum Hannover – Beiträge zur regionalen Entwicklung, Heft Nr. 62, Hannover 1997

KGH (1998) (HG.): Teilräumliches Konzept zur Steuerung der Fachmarkt- und Zentrenentwicklung im nördlichen Großraum Hannover – Beiträge zur regionalen Entwicklung, Heft 65, Hannover 1998

KGH (2000) (HG.): Regionales Einzelhandelskonzept für den Großraum Hannover (Gutachten), Beiträge zur regionalen Entwicklung, Heft. Nr. 82, Hannover 2000

Jürgen Weber

Der Ort in der Region:
Gemeindeentwicklung und Regionalplanung

In den vorangegangenen Vorlesungen wurden Begriffe zum Raum und zur Region dargestellt, es kamen Flächenansprüche zur Erörterung, es wurden Ansätze zum regionalen Management vorgestellt. Im Blickfeld liegt die Region als Planungsraum und in ihrer Verbundenheit mit den Nachbarräumen.
In den nun beabsichtigten Darlegungen sollen die Besonderheiten der örtlichen Lage von Gemeinden in ihrer Region und der Entwicklung der Gemeinden angesprochen werden. Es wird daraus eine Betrachtung der Region „von unten", aus den Orten heraus – mit der Frage nach Grundlagen, nach der Tragfähigkeit, nach den Auswirkungen, wie sie in Folge der regionalen Dispositionen zu erwarten sind.

Regionalplanung als raumordnerisches Aufgabenfeld

In ihrem Umgang mit dem Aufgabenfeld der Raumordnung sehen sich die beteiligten Bürger- und PolitikerInnen, Verwaltungsleute, Planer- und WissenschaftlerInnen einer Fülle von Leitbegriffen und Ansprüchen gegenübergestellt, die zu ordnen und im Verlauf von Planungsprozessen einzuschätzen und angemessen zu berücksichtigen sind.
Sei es bei der Aufstellung des kommunalen Flächennutzungsplanes, für den es gilt, sich den Zielen der Raumordnung anzupassen, sei es auch in der Mitwirkung bei einem informellen Informationsprozess, innerhalb dessen Empfehlungen für zu treffende Entscheidungen gegeben werden – es muss deutlich werden, was Planungsziel sein kann und wohin der Verlauf der Planung führen soll. Die Spannweite erfasst die Bereiche von Dorferneuerung und Stadtumbau bis hin zur Entwicklung der Städte und Gemeinden, der gesamten Region. Der Ort erscheint darin in seiner Eigenständigkeit, in seinem besonderen Wert. Die Re-

gion stellt sich dar im Netz ihrer vielseitigen Beziehungen in unterschiedlichen Schichtungen.

1 Raumordnung der Zukunft: eine Aufforderung

Anlässlich des „Zukunftsforum Raumplanung", das im November 2001 in Bonn stattfand, forderte Staatssekretär Henner Wittling, Berlin, Deutschland auch und gerade bei zunehmender internationaler Konkurrenz zu einem räumlich und sozial ausgewogenen, ökonomisch wettbewerbsfähigen und ökologisch nachhaltigen Standort in Europa zu entwickeln. Er erkannte neue Anforderungen an die Anpassungsfähigkeit des Planungssystems, insbesondere an die Flexibilität und Schnelligkeit von Entscheidungen, Genehmigungsverfahren und Verwaltungsroutinen. Abschließend hob er hervor, dass den wachsenden Verflechtungen zwischen Städten und Gemeinden im Zeitalter der Globalisierung und Europäisierung mit neuen Kooperationsformen begegnet werden müsse.

Ähnlich äußerte sich Staatssekretär Georg Wilhelm Adamowitsch, Düsseldorf. Er betonte, dass die Prozesse der Internationalisierung der Produktion und die Globalisierung der Märkte eine ständige Neuinventur der planerischen Instrumente erzwängen. Raumordnung und Landesplanung müssten sich auf die veränderten Rahmenbedingungen einstellen.

In seinem Schlussvortrag forderte Dr. Ernst-Hasso Ritter, Präsident der ARL, eine Neudefinition des Regionsbegriffs und eine Flurbereinigung bei den zahlreichen, nicht mehr durchschaubaren Regionsabgrenzungen. Er wies darauf hin, dass die veränderten Rahmenbedingungen zu einer generellen Maßstabsvergrößerung führten.

Das sind gedankliche Anstöße. Sie geben zugleich Bestätigung für eigene drängende Fragen

1.1 Ziele und Leitlinien der Raumordnung

Aber bestehen denn nicht bereits tragfähige Vorgaben der Raumordnung in den Landesentwicklungsplänen, den Landesraumordnungsprogrammen und in den Regionalen Raumordnungsprogrammen?

Hinzuweisen ist auf die erklärten Zielvorstellungen zu nachhaltiger Raumentwicklung, zu dauerhafter, großräumig ausgewogener Ordnung, zur Funktionsfähigkeit des Naturhaushaltes, zu allseitig ausgeglichenen Verhältnissen, wie sie in Plänen und Programmen festgestellt werden.

Dazu beispielhaft Auszüge aus dem Landesentwicklungsplan Sachsen-Anhalt 1999 und dem Regionalen Raumordnungsprogramm Holzminden 2000:

Landesentwicklungsplan Sachsen-Anhalt 1999
— Auszug —

Leitvorstellung der Raumordnung
Leitvorstellung der Raumordnung in Sachsen-Anhalt ist eine nachhaltige Raumentwicklung, die die sozialen und wirtschaftlichen Ansprüche an den Raum mit seinen ökologischen Funktionen in Einklang bringt und zu einer dauerhaften, großräumig ausgewogenen Ordnung führt. (...)

2. Grundsätze der Raumordnung

2.1. Grundsätze
Im Gesamtraum des Landes Sachsen-Anhalt ist eine ausgewogene Siedlungs- und Freiraumstruktur zu entwickeln. Die Funktionsfähigkeit des Naturhaushaltes im besiedelten und unbesiedelten Bereich ist zu sichern. In den jeweiligen Teilräumen sind ausgeglichene wirtschaftliche, infrastrukturelle, soziale, ökologische und kulturelle Verhältnisse anzustreben.

2.2. Grundsätze
Die dezentrale Siedlungsstruktur in Sachsen-Anhalt mit ihrer Vielzahl leistungsfähiger Zentren und Stadtregionen ist zu erhalten. Die Siedlungstätigkeit ist räumlich zu konzentrieren und auf ein System leistungsfähiger Zentraler Orte auszurichten. Der Wiedernutzung brachgefallener Siedlungsflächen ist Vorrang vor der Inspruchnahme von Freiflächen zu geben.
Eine weitere Zersiedlung der Landschaft ist zu vermeiden.

2.3. Grundsätze
Die großräumige und übergreifende Freiraumstruktur ist zu erhalten und zu entwickeln. Die Freiräume sind in ihrer Bedeutung für funktionsfähige Böden, für den Wasserhaushalt, die Tier- und Pflanzenwelt sowie das Klima zu sichern oder in ihrer Funktion wiederherzustellen. (...)

> Regionales Raumordnungsprogramm 2000 – Landkreis Holzminden
> – Auszug –
>
> Leitlinien für zentrale Orte im ländlichen Raum
> Die Grundsätze aus der Entschließung der Ministerkonferenz für Raumordnung vom 03.07.1997 enthalten für den Ländlichen Raum u.a. folgende Leitlinien:
>
> - Stärkung der zentralen Orte als Versorgungsschwerpunkte und Impulsgeber für die regionale Entwicklung
> - Unterstützung und Intensivierung von Moderations-, Beratungs- und Betreuungsleistungen
> - Kooperation von Gemeinden und Fachplanern mit privaten Akteuren bei konkreten Projekten
>
> Unter „1.5 Siedlungsentwicklung" wird ausgeführt:
> Die Siedlungsentwicklung der Städte und Gemeinden ist so zu gestalten, dass ihre besondere Eigenart erhalten bleibt. Insbesondere gewachsene, das Orts- und Landschaftsbild oder die Lebensweise der Einwohner prägende Strukturen sind zu erhalten und unter Berücksichtigung der städtebaulichen Erfordernisse weiter zu entwickeln.

Zur Erklärung der Planungsbegriffe:
Siedlungsentwicklung:
  Der Begriff der Siedlung als systematisch angelegter Niederlassung – Entwicklung der Siedlung aus dieser Systematik abgeleitet und sie fortsetzend.
Gestaltung:
  Einwirkungen auf Form, Inhalt, Umriss, Verlauf, Dynamik, Verträglichkeit.
Besondere Eigenart:
  Das eigentliche Wesen mit seiner Verflochtenheit und Versponnenheit, der Maßstäblichkeit, Verhältnismäßigkeit und der vermuteten Entwicklungsfähigkeit, also den Potentialen und auch den Grenzen.
Gewachsene Strukturen:
  Sie sind zu erhalten und weiter zu entwickeln; es heißt dazu: „unter Berücksichtigung der städtebaulichen Erfordernisse".

Zu fragen ist, welche diese sind, und ob sie neben den regionalplanerisch bedeutsamen Erfordernissen stehen? Oder: Werden die regionalplanerischen Aspekte ergänzt oder gar ersetzt? In der Beantwortung eröffnet sich ein interessantes Feld für wechselseitige Einflussnahme und kooperative Gestaltung.

1.2 Der Umweltbericht nach § 2a Baugesetzbuch (BauGB) und seine Instrumente

Seit August 2001 besteht das Gesetz zur Umsetzung der UVP-Änderungsrichtlinie[1], der IVU-Richtlinie[2] und weiterer EU-Richtlinien zum Umweltschutz. Nach § 2a BauGB neu hat die Gemeinde für die UVP-pflichtigen Vorhaben in die Begründung zum Bebauungsplan einen Umweltbericht aufzunehmen. Der Umweltbericht ist Teil der Begründung, nicht jedoch Bestandteil des Bebauungsplanes. Rechtsverbindliche Festsetzungen, die für den Bürger zu unmittelbarem Recht werden, enthält der Umweltbericht nicht.

Der Umweltbericht soll belegen, dass die Gemeinde die besonderen verfahrensrechtlichen Anforderungen bei der Ausweisung UVP-pflichtiger Vorhaben beachtet hat.

Er erscheint als ein wertender Überblick und zeigt das einzelne Projekt in seinem spezifischen Ansatz:

- den Ort in seiner Umgebung,
- das Vorhaben als unabweisbares Programm.

Vorausgesetzt ist die Raumbeobachtung. Diese könnte breiter angelegt und ständig geführt werden, sie könnte auf die Darstellung der besonderen Lage in den Orten der Region ausgedehnt werden und diese in ihren Entwicklungspotentialen darstellen. Eine kontinuierlich geführte Raumbeobachtung kann es ermöglichen, zu Planungsentscheidungen rasch und zutreffend Stellung zu nehmen. (Allerdings setzt sie die Präsenz des Planers – auch des Historikers – voraus. Die Praxis ist zumeist noch weit davon entfernt.)

---

1   Richtlinie 97/11/EG vom 03.03.1997 zur Änderung der Richtlinie über die Umweltverträglichkeitsprüfung (UVP)
2   Richtlinie 96/61/EG vom 24.09.1996 über die integrierte Vermeidung und Verminderung der Umweltverschmutzung (IVU)

2 Zum Begriff „Ort" in der Region

Die Betrachtung des einzelnen Ortes und die Überlegungen für seine weitere Entwicklung zeigen ihn in seinem Aufbau regional geprägt – durch die Lage in der Landschaft und die Aufnahme landschaftlicher Gegebenheiten, durch die Bewirtschaftungsformen, durch die Gliederung seines Siedlungsgefüges.

Die Aufgabenstellung besteht darin, die Entwicklung des einzelnen Ortes spezifischer Qualität im Sinne einer regional konzipierten Vorstellung über einzuhaltende Regeln, räumliche Bindungen und Nutzungsanforderungen vorzubereiten. Das Ziel ist die Schaffung und Stabilisierung einer flächenhaft angelegten Basis-Struktur.

Zu erkennen ist zunächst die Begrifflichkeit des überschaubaren und erlebbaren Raumes mit Wohnung und Garten, Vorplatz und Straße, in der gewohnten Umgebung. In der Nachbarschaft baut sich etwas auf, Vertrautheit, das Gespräch, Informationen und Verständigung über planerische Entscheidungen, die im Ort getroffen werden sollen: Der Ort wird zu etwas Gemeinsamem. Der Ort erscheint als sicherer Platz und Ruhepunkt.

Grundlegende Strukturen der Lage im Raum, der Besiedlung, der Bewohnerschaft und ihrer Leistungskraft, der Verkehrslage und der Bedeutung des Ortes als Markt geben Rahmen und Voraussetzungen. Diese aber liegen in der Region: Die Entwicklung des Ortes wird zur Entwicklung der Region.

Zu fragen ist, inwieweit Bindungen genutzt oder überwunden werden können, damit sich ein Gestaltungsspielraum eröffnet. Und: Ist die Ortschaft überhaupt in der Lage, neue Funktionen aufzunehmen, reicht das Siedlungsgefüge dafür aus?

Dazu die Gegenfrage: Sind regionale Großstrukturen nicht mehr im räumlichen Erscheinungsbild, sondern in räumlich unverbindlichen Vernetzungen zu erkennen und damit „räumlich beliebig" darzustellen? Driften der erlebbare Raum, der „Ort", und die überörtlich verbundene Region auseinander?

Die Antwort könnte lauten, dass die Erhaltung und Sicherung des Ortes in der Region zu einem der „neuen regionalen Kollektivgüter" werden kann, von denen Herr Fürst sprach[3]. Eine der von ihm dargestellten vier Steuerungslogiken – nämlich der „dritte, solidare Sektor" – könnte innerhalb der regionalen Netzwerke eine verstärkte Bedeutung erlangen.

Seminarthemen der Universitäten sind immer wieder darauf gerichtet, in örtlichen Studien zur Realität des Begriffs „Ort" zu führen. Dazu bleibt zunächst offen, welche Bindungstiefe daraus zu erwarten ist und welche Verpflichtung

---

3 vgl. hierzu den Beitrag von Dietrich Fürst in diesem Band, S. 49 ff.

dem Beobachter daraus erwächst. Es ist ja zunächst das Ziel, den Ort in seiner Besonderheit zu erkennen und ihn seiner Bedeutung gemäß zu sichern.

3 Zur Region und zur Entwicklung des Raumes

Deutlich wird die Verantwortlichkeit für Entscheidungen von regionaler Bedeutung auf der örtlichen Ebene. Der Ort gibt die Lebensumwelt der Bewohner und Bewohnerinnen als Gesamtheit. Der Ort ist gegründet, gebaut, vielfach genutzt und das – über lange Zeit.
Konturen sind gesetzt, die zwar weitgehend unveränderbar sind, die aber immer wieder neu gedeutet werden – können. Sie geben Festigkeit, Erkennbarkeit, sie setzen Widerstand. Sie werden zur Gewohnheit. Und – sie bieten Offenheit.
Die Werte der Nutzbarkeit, der Wohnlichkeit und der Verträglichkeit werden abschätzbar – nach dem Leben, den Anforderungen der BewohnerInnen und ihren existentiellen Lebensbedürfnissen.
Gemeinden haben die Möglichkeit, die weitere Entwicklung ihres Gebietes planerisch vorzubereiten, zum Beispiel durch unverbindliche Rahmenpläne mit Selbstbindung, durch den wirksamen Flächennutzungsplan. Die rechtsverbindlichen Bebauungspläne dienen der Absicherung. Ihre Gültigkeit ist zeitlich unbegrenzt. Sie geben die rechtliche Sicherung für die Ausführung der Einzelvorhaben. Bebauungspläne können geändert werden.
Wo setzt nun der regionalplanerische Part ein? Sicherlich bei der Aufstellung des Flächennutzungsplanes, der an die Ziele der Raumordnung anzupassen ist. Aber zu einer solchen Neuaufstellung kommt es selten und nur in großen Zeitabständen. Anlässe waren die Einrichtung der Großgemeinden im Zuge der Gemeindeneugliederung in den 70er Jahren in den westlichen Bundesländern oder die Einführung des Baugesetzbuches in den östlichen Bundesländern nach 1990. Beteiligt sind die Gemeinden mit ihrem Rat und der Verwaltung, es sind die beratenden Fachbehörden mit ihren Planungsabteilungen, es sind die Träger der Vorhaben selbst mit ihren BeraterInnen, VertreterInnen der Banken und schließlich sind es die BürgerInnen, Betroffene oder einfach nur Interessierte, die sich beteiligen. Es mag gelingen, sie alle – oder ihre VertreterInnen – an einen Tisch zu bekommen. Dann begegnen sich die Argumentationen, die nach dem nachhaltigen „Prinzip der drei Säulen" zusammengefasst werden können: ökonomisch – ökologisch – sozial. Im Verlauf der Erörterung werden Zielkonflikte deutlich; sie werden bereits dargestellt durch die Personen und ihre Interessenfelder. Solche Erörterungen brauchen Zeit. Da wird auch Druck ausgeübt. Über die Abwägung der unterschiedlichen Richtungen mag es zu einem Konsens kommen, der

sich möglicherweise über ein formelles Planaufstellungsverfahren durchhalten lässt. Es kommt zu einer verbindlichen Planfestsetzung und zur Realisierung des Projektes.

Wie aber steht dies zum langfristigen Bestand des Ortes? Bleibt der Ort in seiner für ihn charakteristischen Regelhaftigkeit bestehen und stellt der geplante neue Standort einen tragenden Bestandteil des Ortes dar? Oder verändert sich der Ort in seinen Grundzügen – und das auch mit der Region, zu der er gehört? In dem Bemühen, diese Frage zu beantworten, ist die Region gehalten, zu erkennen zu geben:

- Wie schätzt die Region ihre Orte ein?
- Wie wünscht sie, dass mit ihnen umgegangen wird?

4 Darstellung von Ansprüchen und Wirkungsfolgen an Beispielorten

Die Sicherung und die Entwicklung der Orte - und das in ihrer ureigenen Substanz – stehen unter der Verantwortung der Gemeinden. Sie sind es, die über die städtebauliche Struktur und deren Entwicklung befinden. Damit geben sie aber zugleich auch die Richtung für die Entwicklung der regionalen Siedlungsstruktur vor. Es wird deutlich, dass regionale Planung in mehreren Ebenen praktiziert wird:

- am Einzelvorhaben, in der vielseitig und umfassend angelegten Erörterung und Entscheidung,
- in der Selbsteinschätzung der Gemeinden und der ihnen zukommenden Position in der Region,
- in Konferenzen zur Regionalentwicklung, in denen die Orte und die regionale Siedlungsstruktur angesprochen und konzipiert werden.

Regionalplanung geht also „quer durch die Maßstabsebenen" der Raumbetrachtung.

Es ist erklärtes Ziel, den Ort in seiner Eigenart zu erkennen und in seiner Bedeutung zu sichern. In seiner weiteren Entwicklung kommt es zur Setzung neuer Konturen: in Korrespondenz zum Bestehenden und im Kontrast dazu! Es entwickelt sich ein Spannungsfeld; Maße werden bestimmt, Begrenzungen gegeben. Darin muss es gelingen, gestaltgebende Ordnungssysteme zu entwickeln, die im regionalen Gefüge zur Wirkung kommen:

- Grundlegend sind die Wohnsitze mit ihrem Wohnfeld, den Bildungs- und Arbeitsstätten, den Plätzen für Versorgung und kulturelles Leben in der Gemeinschaft.

Der Ort in der Region 185

- In der Region wird sich das Prinzip der Dezentralisation weiter auswirken – und dies nicht nur in den ländlichen Bereichen, sondern auch in den Städten selbst – mit ihren charakteristischen Stadtteilen. Über sie werden die Städte in ihre Region integriert.
- Und unter den weltweiten Veränderungen der „Globalisierung" wird der Wohnbereich, der individuell bewohnte Ort, zum sicheren und „nachhaltigen" Schwerpunkt, von dem aus unerlässliche und weitreichende Beziehungen gehalten werden können.

4.1 Vorgänge in der Ortsentwicklung

Die **Gründung** und das Weiterwirken bestehender, räumlicher Bindungen sowie der Dauerhaftigkeit neu bestimmter Strukturen

- in Aufnahme der Besonderheiten des Ortes, des hier wirkenden „genius loci":
- die Aneignung des Siedlungsplatzes in der **Ansiedlung**,
- die planmäßige Gründung nach verbindlichen Absichten und übergreifenden Zielsetzungen.

Grundlegend in der Dorfstruktur sind:

- die Sicherung der Existenz des Ortes und seiner weiteren Entwicklung im ländlichen Raum,
- auch die Umsiedlung oder der Neuansatz am Dorf.

Die **Überformung** bestehender Strukturen in der Umwandlung

- vom Dorf zum Marktort (dargestellt am Beispiel Krobia in der Ostkolonisation, 13. Jh.)
- in der historisch (2. Jh.) geprägten, vielfach veränderten Stadt in charakteristischer Lage, die nun Universitätsstadt wurde (dargestellt am Beispiel Regensburg, 1977)

bei zurückgehender Entwicklung

- mit Veränderungen von regionaler Bedeutung, die sich in den Orten auswirken (dargestellt am Beispiel der kleinen Region Sangerhausen in Sachsen-Anhalt)

Orte in ihrer Landschaft abgeleitet aus der übergreifend geltenden räumlichen Struktur in:

- Aufnahme gesetzter Strukturen, die fortdauernd gelten,
- Offenheit für die Nutzungen, die nachhaltig angelegt werden können,
- Offenheit für neue Interpretationen und damit wandlungsfähig,
- sicher gesetzt in der ortsbezogenen Gründung.

Orte in der Überlagerung ausgesetzt einer neuen „wachsenden Region", die sich ausdehnt, die sich der historischen Plätze bedient und sie überlagert.

- Die gesuchten Orte werden „zugedeckt" durch die Geschehnisse und ihre räumlichen Wirkungen, die sich hier ausbreiten – täglich, zufällig, auch unabsichtlich und lediglich bezogen auf die Ansprüche der Einzelinteressen.
- Es bleibt allerdings die Frage unbeantwortet, ob diese Orte für sich genommen stark genug wären, um über den eigenen Platz hinaus Zusammenhänge zu bilden und übergreifende Ordnungen zu begründen.
  An den folgenden Beispielen sollen charakteristische Situationen dargestellt werden.

Der Ort in der Region

Hildesheim

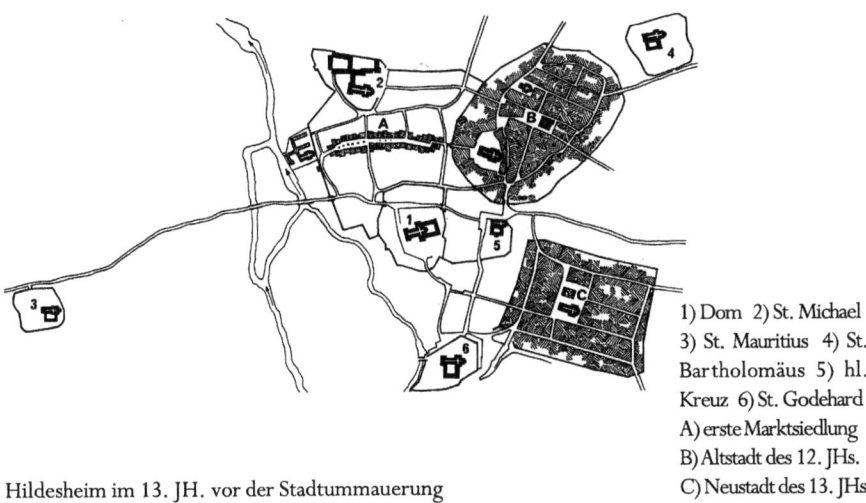

1) Dom 2) St. Michael 3) St. Mauritius 4) St. Bartholomäus 5) hl. Kreuz 6) St. Godehard
A) erste Marktsiedlung
B) Altstadt des 12. JHs.
C) Neustadt des 13. JHs

Hildesheim im 13. JH. vor der Stadtummauerung

Abb. 1: Hildesheim im 13. Jh., In: Wolfgang Braunfels: Abendländische Stadtbaukunst, Köln 1987, S. 32

Beziehungs-Kreuz im Landschaftsraum – Sicherung der Ansiedlungen in einem räumlich-gedanklichen System im 13. Jh. – in Aufnahme der bestimmenden landschaftsräumlichen Struktur

Braunfels führt dazu aus (a.a.O.): „Es ist oft hervorgehoben worden, dass die wichtigsten kirchlichen Institutionen sich zu der Gestalt eines Kreuzes zusammenschließen, dessen Balken sich beim Dom überschneiden." Er verweist auf das System der „offenen Stadt" mit einer Vielzahl klerikaler Zentren, im Vergleich zu den „geschlossenen Städten", die als Gemeinschaftswerke der Bürger erscheinen.

Machtsum

Die Dorflage erstreckt sich im Landschaftsraum der Hildesheimer Lössbörde innerhalb der vom Geländerelief und den Gewässern bestimmten Bereiche an „Beekanger" und „Masch". Das östlich gelegene Dorf Eddessum wurde bereits im 15. Jahrhundert verlassen. In der Dorferneuerungsplanung (Gemeinde Harsum, 2002) sind Erhaltung und Entwicklung der landschaftlichen und dörflichen Struktur mit den gegenwärtig und für die Zukunft geltenden, programmatischen Anforderungen zu verbinden.

Abbildungen 2 und 3: Ort in der Dorferneuerung, Wüstung Eddessum (um 1500), feingliedriger Landschaftsraum (Kartenblätter von 2002 und 1856)

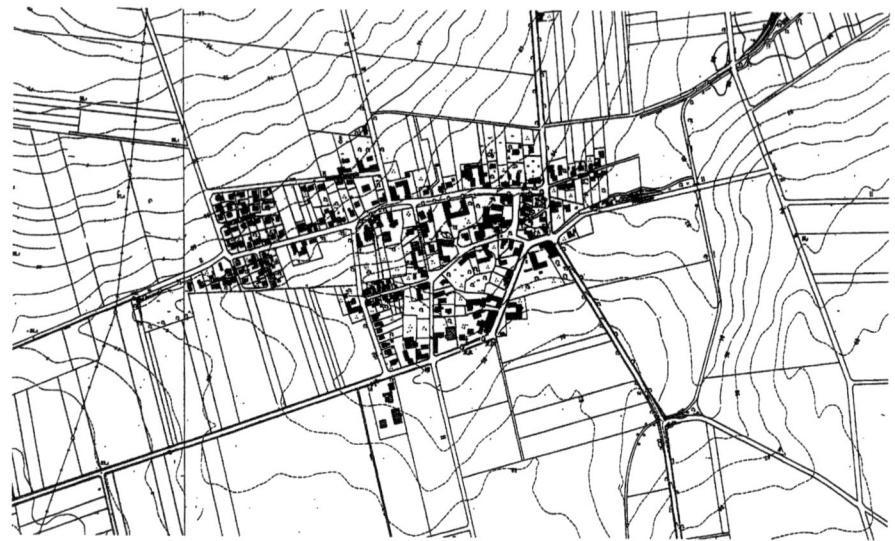

Abb. 2: Machtsum, Gemeinde Harsum. Grundlage: Deutsche Grundkarte M=1:5.000, vervielfältigt mit Erlaubnis des Herausgebers: Katasteramt Hildesheim, Dez. 2002

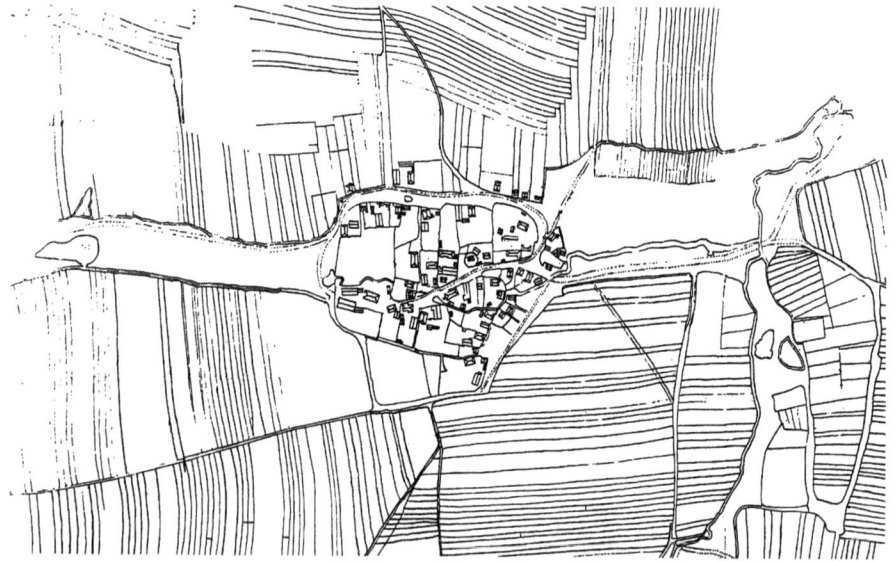

Abb. 3: Machtsum, 1856. Charte von der Feldmark des Dorfes Machtsum einschließlich der wüsten Feldmark Eddesum, Amtsbezirk Hildesheim, aufgemessen 1855/56 von Geometer A. Sander (in Privatbesitz).

Der Ort in der Region

Bethlehem, Nordamerika 1758

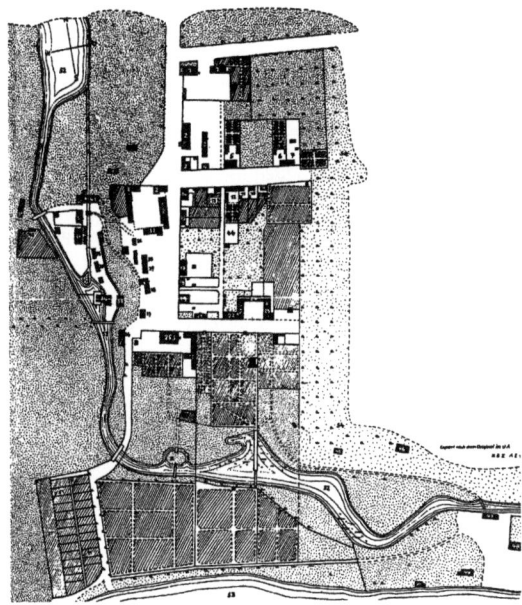

Abb. 4: Bethlehem in Pennsylvania, 1766, In: William J. Murtagh: Moravian Architecture and Town Planning, Chapel Hill 1967, S.15

Abb. 4: der Ort am Wasser, die Mühlenstandorte – ein Begriff von **Ort**schaft, als Vorstellung mitgebracht und hier realisiert in der Neuansiedlung durch Graf Zinzendorf, 1742 in Pennsylvania.
Graf Zinzendorf war Bischof der Herrnhuter Brüdergemeinde. Er betreute eine Gruppe von Siedlern, die aus ihrem kulturellen Kreis im mittleren Deutschland kommend in der „Neuen Welt" ein Gemeinwesen nach den für die geltenden Vorstellungen errichten wollten. Bethlehem blieb bis in die Gegenwart von ihrem Wirken geprägt.

Hannover

Zu dem bisher geltenden Ordnungssystem der mittelalterlichen Stadtstruktur mit eindeutiger West-Ost-Ausrichtung von Hauptstraßen und Wegen parallel zum Flusslauf der Leine wird nun kontrastierend eine neue Achse gesetzt, die für die bedeutenden Bauten von Marktkirche und königlicher Residenz mit Platzanlage gelten soll. Die Planungen werden durch weiträumig angelegte Promenaden bis hin zu den historischen Herrenhäuser Gärten erweitert.

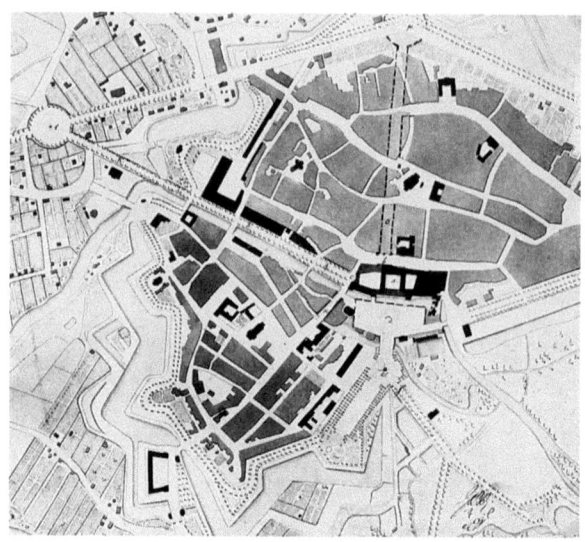

Abb. 5 : Die Umwandlung der Stadt zur Residenz: der **Ort** und seine Veränderung, seine Neudefinition, die Beziehungslinie zur Orientierung Hannover: Durchbruchsprojekt von Laves (Projekt von 1816, nicht ausgeführt), In: Rauda, Wolfgang: Raumprobleme im europäischen Städtebau, München 1956, S.60

Krobia, Wielko Polska

Abb. 6 und 7: der gegründete Marktort – im Anschluss an die dörfliche Ansiedlung – in Aufnahme, aber auch im Kontrast zu den bestehenden räumlichen Bedingungen; Beispiel einer Stadt aus der Kolonisationszeit des 12. und 13. Jh.s im östlichen Europa.

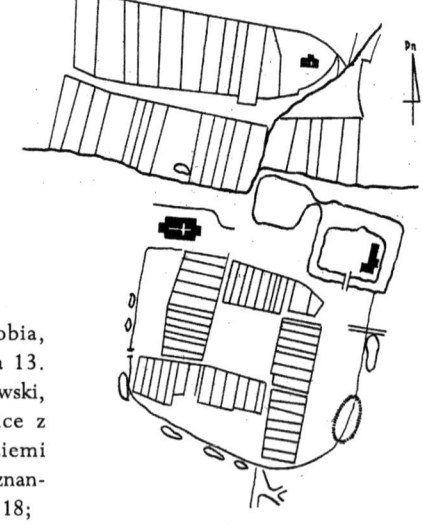

Abb. 6: Krobia, Wielko Polska 13. Jh., In: Mialkowski, Andrzej: Szkice z Dziejow ziemi Krobskiej, Poznan-Krobia 1986, S.18;

Im Anschluss an die aus vorangegangener Zeit überkommene Dorflage wird ein neuer Marktort gesetzt, für den mit der Anlage des quadratischen Marktplatzes eine städtische Grundform gewählt wird. Durch die Begründung von Marktbetrieb und Handel, mit der Ansiedlung von Handwerksbetrieben und Manufakturen soll die Infrastruktur des Landes gestärkt werden.

Der Ort in der Region

Für die Kirche des Ortes wird ein neuer Bauplatz gefunden. Wasserläufe und Niederungsbereiche werden berücksichtigt und geschont. In der Folgezeit wird der Ortsgrundriss von Krobia stark verändert und in seiner Grundform – insbesondere vom kreuzenden Automobilverkehr – verfälscht.

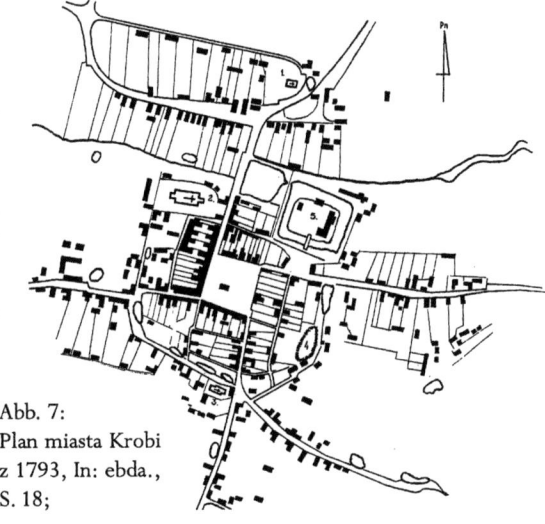

Abb. 7:
Plan miasta Krobi
z 1793, In: ebda.,
S. 18;

Wolow

Abbildung 8 zeigt den Marktplatz im Bestand – kaum verändert – nicht, wie bei vielen der Marktplätze gegründeter Städte (durch Verkehr / Bebauung / Teilabbruch).

Die Anlage zeigt den Platzraum mit den Gebäuden von Rathaus und Kirche. Der Marktplatz wird von durchlaufenden Verkehrswegen nicht berührt. Er bleibt als verfügbarer Freiraum in der Mitte des Ortes erhalten.

Abb. 8: Rynek Wolow 1, Skizze J.
Weber, 1990

Regensburg

Die Abbildungen 9 und 10 verdeutlichen die Stadt in historischer Kontinuität – in Aufnahme der generellen räumlichen Bedingungen – im Fortwirken gegebener Setzungen, Grenzlage / Verkehrslage – Übergang zum Landschaftsraum, Querung der Donau (Steinerne Brücke errichtet 1136 – 1146)

Abb. 9: Die steinerne Brücke in Regensburg, Skizze J. Weber, 1991

Der Ort ist geprägt von landschaftlicher Lagen und den Konturen der baulichen Verfestigung: Das castrum **Castra Regina** zeichnet sich im Grundriss ab (seit 179 n. Chr.); gegenwärtig bestehen neue wirksame Standorte mit Universität, Gewerbe und Industrie / Automobilfabrik.

Abb. 10: „Hinter der Grieb" in Regensburg, Skizze J. Weber 1991

Der Ort in der Region   193

4.2 Die Region als Ausweg?

Die schrumpfende Stadt Sangerhausen in Sachsen-Anhalt mit einer Verminderung der Einwohnerzahl – von 34.000 EinwohnerInnen 1990 auf gegenwärtig ca. 25.000 EinwohnerInnen – ist darum bemüht, ihre Beziehungen im Bereich der eigenen kleinen Region zu beleben und zu nutzen.

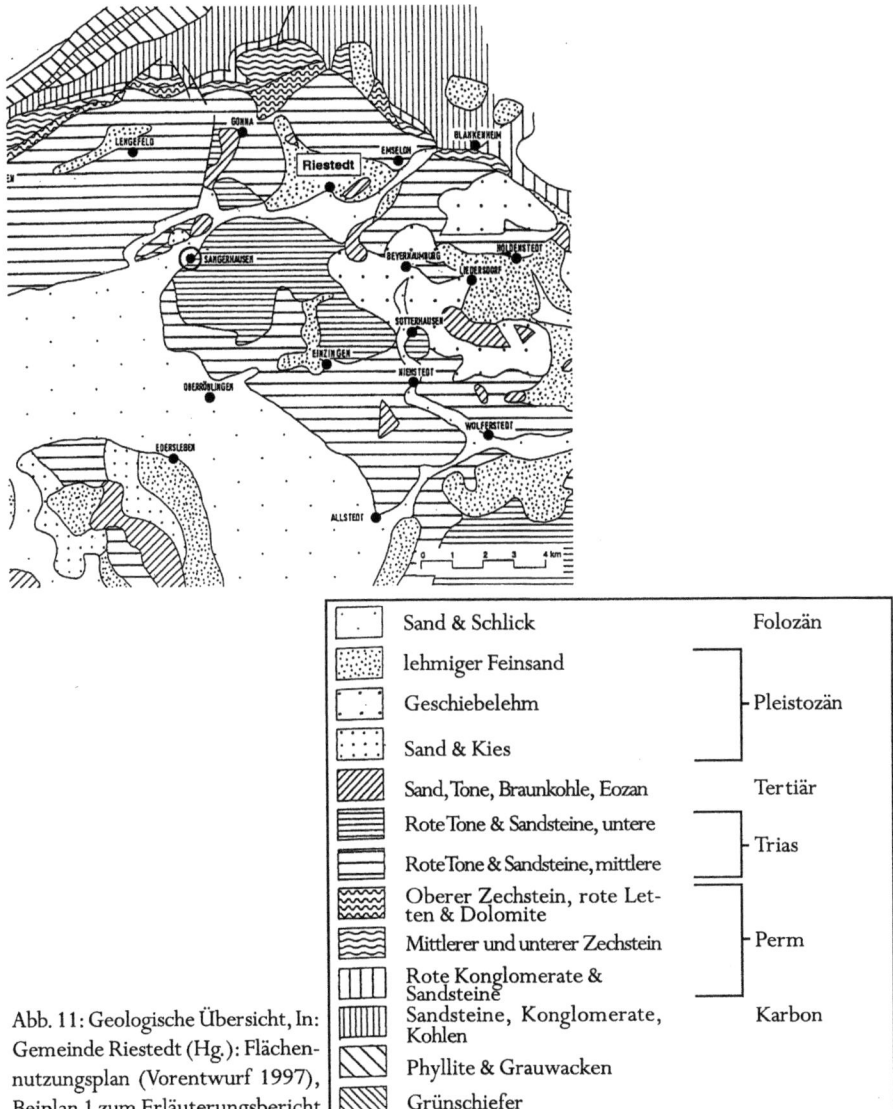

Abb. 11: Geologische Übersicht, In: Gemeinde Riestedt (Hg.): Flächennutzungsplan (Vorentwurf 1997), Beiplan 1 zum Erläuterungsbericht

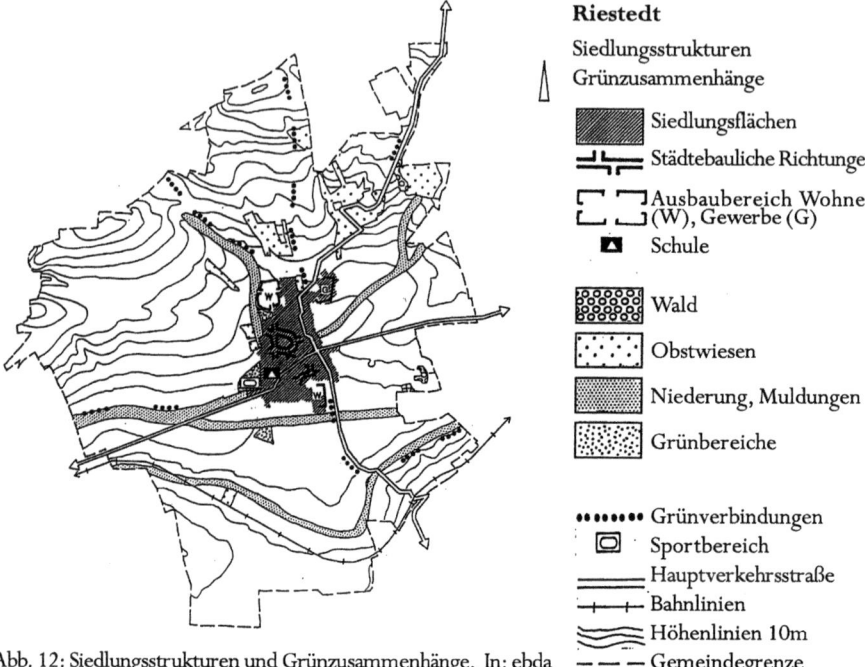

Abb. 12: Siedlungsstrukturen und Grünzusammenhänge, In: ebda

Riestedt
Siedlungsstrukturen
Grünzusammenhänge

- Siedlungsflächen
- Städtebauliche Richtungen
- Ausbaubereich Wohnen (W), Gewerbe (G)
- Schule
- Wald
- Obstwiesen
- Niederung, Muldungen
- Grünbereiche
- Grünverbindungen
- Sportbereich
- Hauptverkehrsstraße
- Bahnlinien
- Höhenlinien 10m
- Gemeindegrenze

Mit Nachbarorten wird über einen kommunalen Zusammenschluss verhandelt, mit Oberröblingen ist darüber bereits ein Vertrag geschlossen, den die Einwohnerschaft von Oberröblingen vorerst nicht bestätigte. Es liegt eine Chance darin, aus dem regionalen Raum heraus die Stabilität und Tragfähigkeit der Siedlungsstruktur zu sichern. Das Thema ist die Verbundenheit der Orte in der Region.

Einer der Nachbarorte der Stadt Sangerhausen ist die Gemeinde Riestedt (ca. 1.500 EW). Es mag gelingen, die Besonderheit dieses Ortes und seiner Wohnortqualität in der Region zur Wirkung zu bringen.

Abb. 13: Eselsgasse in Riestedt, LK Sangerhausen, Skizze Jürgen Weber, 1997

Der Ort in der Region

5 Die Region als Chance – und die „Region der Orte"

Unausweichlich verbunden erscheint die Betrachtung von Orten mit ihrer Region als eine Gesamtheit: der Ort in seiner Region und die Region der Orte. Die Begriffe der Planungstheorie finden dort wesentlichen Gehalt.
Fragen bleiben offen, die aktuell diskutiert werden:

- Müssen die Bemühungen um Integration zu Überfremdung führen?
- Kann eine – beliebige – Architektur zur Sicherung wohnlicher Orte beitragen?
- Ist der Verlust von angestammten Orten unaufhaltsam?

Dazu als Anschauung: Die Abbildungen 14 und 15 zeigen eine gebaute Vision in Qingdao und Verlust von Identität in Chongqing, China

Abb. 14: Qingdao, China, Skizze Jürgen Weber, 1995

Abb. 15: Chongqing, China, Skizze Jürgen Weber, 1995

Ausgehend von den Leitbegriffen aus den Raumordnungsprogrammen, die von den Bundesländern an die Gemeinden und Fachbehörden zur Ausführung weitergegeben werden, ist zu fragen, wie diese Anforderungen erfüllt werden können. Gefordert sind vor allem die Gemeinden; es werden Ansprüche an die örtlichen Möglichkeiten gestellt. Für ihre Orte sind die Gemeinden planerisch verantwortlich. Der „Ort" wirkt als tragender Begriff der „Region". Und es sind bestimmte, identifizierbare Orte, die wie in der Stadt auch im ländlichen Raum in die Betrachtung einbezogen werden müssen. Orte erscheinen als Festpunkte in dem sich fortsetzenden Prozeß der Dezentralisation.

In den Städten ist gegenwärtig der Stadtumbau ein aktuelles Thema, im ländlichen Raum sind es die Dorferneuerung und die Wirksamkeit vieler Einzelmaßnahmen, zum Beispiel „pro land".

Im Zusammenwirken der beteiligten Institutionen eröffnet sich ein vielschichtig angelegtes und weitreichendes Beurteilungs- und Entscheidungsfeld zu umfassender Einflussnahme. Von den Beteiligten werden Informationsaustausch und verantwortliche Festlegung des planerischen Vorgehens erwartet – in Realisierung dessen, was unter Region verstanden werden kann.

- Wird die Region nun zum Feld der Gestaltung?
- Werden aus der Region heraus Beiträge zur Beantwortung drängender Fragen geleistet werden können?

Dazu drei Thesen:

Erstens:	Die genaue Kenntnis des Siedlungsgefüges der Orte und seiner Regelhaftigkeit bietet die Voraussetzung für eine wirkungsvolle Anwendung des Prinzips der **Nachhaltigkeit** bei der Entwicklung der Orte in der Region.
Zweitens:	Die Erörterungen und der Austausch zum Prozess der **Globalisierung** und dadurch verursachte Veränderungen werden aus der Position des gesicherten Ortes eigener Prägung heraus geführt und durchgehalten werden können.
Drittens:	Der vielschichtige Begriff der **Region** wird aus der Beschaffenheit und Eigenart seiner **Orte** bestimmt. Die Orte tragen ihre besondere, regionale Bedeutung und geben der Region die für sie typische, spezifische Substanz – als **Region der Orte**.

Literaturverzeichnis

BRAUNFELS, WOLFGANG: Abendländische Stadtbaukunst, Köln 1987

DEUTSCHER VERBAND FÜR WOHNUNGSWESEN, STÄDTEBAU UND RAUMORDNUNG E.V.: Zukunftsforum Raum-Planung 2001, Berlin 2002

DEUTSCH-POLNISCHES ARBEITSSEMINAR REGENSBURG: Die Inseln im Strom, Institut für Städtebau, Wohnungswesen und Landesplanung der Universität Hannover mit Politechnika Poznanska, Poznan 1991

GEMEINDE RIESTEDT LK SANGERHAUSEN: Flächennutzungsplan (Vorentwurf 1997)

LAND SACHSEN-ANHALT (HG.): Landesentwicklungsplan Sachsen-Anhalt 1999

LANDKREIS HOLZMINDEN: Regionales Raumordnungsprogramm 2000

MIALKOWSKI, ANDRZEJ: Szkice z Dziejow ziemi Krobskiej, Poznan-Krobia 1986

MURTAGH, WILLIAM J.: Moravian Architecture and Town Planning, Chapel Hill 1967

RAUDA, WOLFGANG: Raumprobleme im europäischen Städtebau, München 1956

WEBER, JÜRGEN: Skizzen (1990 - 95)

Abbildungsverzeichnis

Abb. 1	Hildesheim im 13. Jh.	S. 187
Abb. 2	Machtsum 2002	S. 188
Abb. 3	Machtsum 1856	S. 188
Abb. 4	Bethlehem in Pennsylvania, 1766	S. 189
Abb. 5	Hannover: Durchbruchsprojekt von Laves	S. 190
Abb. 6	Krobia, Wielko Polska, 13. Jh.;	S. 190
Abb. 7	Plan miasta Krobi z 1793	S. 191
Abb. 8	Skizze Jürgen Weber: Rynek Wolow 1, 1990	S. 191
Abb. 9	Skizze Jürgen Weber: Steinerne Brücke Regensburg, 1991	S. 192
Abb. 10	Skizze Jürgen Weber: „Hinter der Grieb" Regensburg, 1991	S. 192
Abb. 11	Riestedt, Geologische Übersicht	S. 193
Abb. 12	Riestedt, Siedlungsstrukturen und Grünzusammenhänge	S. 194
Abb. 13	Skizze Jürgen Weber: Eselsgasse in Riestedt, 1997	S. 194
Abb. 14	Skizze Jürgen Weber: Chingdao, 1995	S. 195
Abb. 15	Skizze Jürgen Weber: Chongqing, 1995	S. 195

(Zu Abb. 1: Wolfgang Braunfels: Abendländische Stadtbaukunst, Köln 1987, S.32.Mit freundlicher Genehmigung desDuMont-Verlages. Der Urheber H. Pothorn konnte nicht ausfindig gemacht werden. Zu Abb. 2: Grundlage: Deutsche Grundkarte M=1:5.000, vervielfältigt mit der Erlaubnis d. Hg.: Katasteramt Hildesheim, 12/2002. Zu Abb. 4: Um Genehmigung wird nachgesucht. Zu Abb.5: Rauda, Wolfgang: Raumprobleme im europäischen Städtebau, München 1956, S.60. Mit freundlicher Genehmigung des Callwey-Verlages. Zu Abb. 6 & 7: Mialkowski, Andrzej: Szkice z Dziejow ziemi Krobskiej, Poznan-Krobia 1986, S.18. Mit freundlicher Genehmigung von Jürgen Weber. Zu Abb. 11 & 12: Entwurf Flächennutzungsplan Riestedt 1997. Mit freundlicher Genehmigung von Jürgen Weber.)

Hille von Seggern

Gestaltung urbaner Landschaft – oder zur Qualifikation urbaner Landschaft
Infrastruktur in Zeiten von Schrumpfen und Wachsen.

Beispiel: Abwasser

Im gegenwärtigen Transformationsprozess urbaner Siedlungsräume bekommt die infrastrukturelle Versorgung elementare Bedeutung. Ein wesentliches Infrastrukturelement ist dabei das Wasser. Im Folgenden wird aufgezeigt, wie dezentrale Abwasserreinigung und -ableitung in strategisch-gestalterischem Zusammenhang mit Freiraum- und Siedlungsentwicklung ein Entwicklungsimpuls zur Qualifizierung urbaner Landschaften sein kann. Dazu muss das gegenwärtige Abwassersystem auf den Prüfstand gestellt werden und die Eignung dezentraler Systeme, hier so genannte „naturnahe", nachgewiesen sein.

Grundlage des folgenden Beitrages sind zwei Forschungsprojekte:

1. Abwasser als Bestandteil von Stadtlandschaft (Hannover, 2001)
2. Abwasser in verstädterten Orten (Hannover, seit 2001)

1 Ausgangssituation

- Die fortschreitende Urbanisierung und die in großen Teilen spezialisierte, isolierte Entwicklung im Raum führt nach wie vor zu ausgeprägten und weiträumigen Peripheriebildungen (Zwischenstadt) einerseits. Andererseits sind andernorts und nebeneinander weite Teile Europas von Schrumpfungsprozessen, genauer von sinkenden Einwohnerzahlen und oft gleichzeitig von Arbeitsplatzrückgängen, betroffen. In Verbindung mit weiteren Veränderungen wie Altersstruktur, ökonomische Situation oder auch Naturverständnis bedeutet dies einen historischen Umbruch[1].

- In der stattfindenden Transformation in Städten und Regionen in Europa ist also offenkundig, dass ‚Wachsen und Schrumpfen' auch beim Siedeln zusammengehören. Vielleicht müssen wir uns derzeit mehr dem „Schrumpfen" zuwenden, aber vor allem geht es um Balancen: Der Verstädterungsprozess ist keine reine Wachstumsgeschichte, vor allem nicht überall, jederzeit und in jeder Hinsicht. (Was Viele nicht hindert, nunmehr wiederum nur den einen Pol, nämlich das Schrumpfen, zu thematisieren oder, fast trotzig, nur das Wachsen.)
  Für diesen gegenwärtig ablaufenden Prozess haben die raumplanenden Disziplinen bisher kaum Konzepte, Gestaltvorstellungen und Haltungen entwickelt.
- Die räumlichen Siedlungsstrukturen, die entstehen, lassen sich nicht mit dem Begriff der europäischen Stadt und dem polar dazugehörigen Landschaftsraum und/oder ländlichen Raum außerhalb der Städte fassen. Deshalb ist hier von „urbanen Landschaften" die Rede, die sowohl die Städte als auch die Räume meinen, die durch städtische Lebensweisen gekennzeichnet sind (Suburbia, Peripherie, Stadtlandschaft, Zwischenstadt bis ins Ländliche).
- Allgemeine These der folgenden Darstellung ist, dass Chancen und Notwendigkeiten darin bestehen, erneut grundlegend über Aspekte des Siedelns nachzudenken: sich niederlassen, in Bewegung sein – Wohnen, Arbeiten, freie Zeit verbringen, Kinder aufziehen – im 21. Jahrhundert.
- Dieses ‚Grundlegende' bringt „alte" Themen neu auf die Tagesordnung – sie müssen neu gesehen, gedacht, konzipiert und gestaltet werden.
- Eines dieser Themen heißt Infrastruktur: Ver- und Entsorgungsstrukturen im Zusammenhang mit dem Siedeln als Voraussetzungen, Begleiterscheinungen oder Motor.
- Innerhalb des Infrastrukturthemas ist das Wasser – Trinken, Kochen, Reinigen, Transportieren – ein Wesentliches.
- Beispielhaft soll ein „neuer Blick" auf gebrauchtes Wasser (Abwasser, 130 l / E/Tag derzeit in Deutschland) in Zusammenhang mit urbanem Siedeln geworfen werden.

Auf welchen Umgang mit Abwasser und Siedeln trifft dies?

---

[1] vgl. dazu unter anderem die Diskussion um die Zwischenstadt beispielsweise in: Sieverts 2000

1.1 Wasser und Siedeln

Man könnte meinen, Wasser und Siedeln sei ein selbstverständlicher Zusammenhang: Hat nicht Siedeln unter anderem (fast) immer am Wasser stattgefunden? Haben sich nicht mit den Errungenschaften der Trinkwasserversorgung und der Schwemmkanalisation überhaupt erst urbane Siedlungsformen heutiger Ausprägung entwickeln können?

Tatsächlich ist die Verknüpfung so selbstverständlich geworden, dass die Frage der Produktion von Abwasser und seiner Entsorgung (fast) ganz eine Aufgabe der (harten) Ingenieurwissenschaften in Zusammenarbeit mit Chemikern und Biologen wurde. Häuser bauen und Freiraum gestalten geht fast selbstverständlich von einem „irgendwie" brauchbaren Anschluss an eine Ver- und Entsorgung aus. Ansonsten interessiert am Wasser: Wohnen am Wasser, Häfen und ehemalige Häfen, Freizeitnutzungen, Wasser als Gestaltungselement mit großer Anziehungskraft und vielfältigen mythologischen Bedeutungen. Kraft und Gefährdungspotenzial werden nur noch plötzlich bei Katastrophen existentiell wahrgenommen.

Fast in Vergessenheit geraten dagegen sind die riesigen urbanen Impulse der Flusskanalisationen, der Trinkwasserversorgung, Drainageleistungen oder der Schwemmkanalisation .

Insbesondere das gebrauchte, verunreinigte Wasser wird meistens ausgeblendet. Schon 1890 kann Josef Stübben bei der Behandlung der Entwässerungsanlagen in seinem Buch „Der Städtebau" ganz auf irgendeine Begründung für die Notwendigkeit der Einrichtung der Schwemmkanalisation verzichten (Rodenstein 1988). Damit war diese Städtetechnik/Reinigung aus der eigentlichen Stadtplanung/Städtebau/Freiraumgestaltung ausgeblendet.

Heute hat die bestehende, zentralisierte Abwasserwirtschaft jedoch zunehmend Probleme und zwar sowohl unter Wachstumsbedingungen als auch bei Schrumpfung und im Kontext disperser Siedlungsentwicklung.

Um sie erneut in den notwendigen Zusammenhangsblick zu nehmen, ist eine vergleichende Darstellung der Grundvorgänge und Merkmale der Abwasserreinigung in zentralen und in dezentralen, naturnahen Systemen notwendig.

Aus dem Abwasser werden zunächst grobe, absetzbare Stoffe mit Sieben oder Rechen aus dem Abwasser entfernt. Die daran anschließende Reinigung beruht im Wesentlichen auf der Umsetzungsleistung von Mikroorganismen. Während in einer Pflanzenkläranlage dieser Abbauvorgang innerhalb eines sich weitgehend selbst organisierenden Prozesses verläuft und damit kein überflüssiger Schlamm anfällt, greifen in einer technisch-biologischen Kläranlage biologische und technische Prozesse eng ineinander und der Umsetzungsprozess wird vollständig gesteuert. Ziel ist die Beschleunigung der mikrobiellen Stoffwechselvorgänge,

Flächeneinsparung und Kontrolle. Als Folge dieser Intensivierung fallen große Mengen Klärschlamm an (unter anderem Winter 1995).

1.2 Systeme der Abwasserbehandlung im Vergleich

Typische Merkmale zentral organisierter Abwasserreinigung:

- Die Abwasserbehandlung erfolgt in Großkläranlagen in mechanischen, chemischen und biologischen Prozessen. Zugrunde liegt ihnen die Umsetzung der Selbstreinigungsfähigkeit von Wasser und Erde in gesteuerte, kontrollierte technisch/biologisch/chemische Vorgänge.
- Das Abwasser wird über unterirdische Kanäle gesammelt und abgeleitet. Je nach topographischen Bedingungen kann es im freien Gefälle zur Kläranlage fließen oder muss in Druckrohrleitungen gepumpt werden. Über ein meistens sehr weit verzweigtes Kanalnetz gelangen alle Abwässer schließlich in einen Hauptkanal, der direkt zur Kläranlage führt.
- Etwa zwei Drittel aller Systeme in Deutschland sind „Mischsysteme", das heißt, Schmutz- und Regenwasser werden in einer Leitung transportiert; ein Drittel sind „Trennsysteme", also Regen- und Schmutzwasser in getrennten Leitungen.
- Traditionsbedingt übernimmt dieses unterirdische Kanalsystem auch eine gewisse Drainagefunktion, damit Wohnen „auf dem Trockenen" stattfindet.
- Zentrale Kläranlagen mit biologischer Reinigungsstufe sind in der Lage, organische Verschmutzungen, insbesondere Kohlenstoffe, bis zu 99% aus dem Abwasser zu entfernen. Gleichzeitig ist allerdings die dritte Reinigungsstufe, in der Phosphat ausgefällt wird, sogar in den industrialisierten Ländern noch nicht sehr weit verbreitet.
- Zentrale Kläranlagen liegen an von Wohnbebauung abgelegenen Standorten am Stadtrand, meistens in Industriegebieten.

Typische Schwierigkeiten zentraler Abwasserreinigung:

- Grundsätzlich kann die Art des Umgangs mit Wasser als Träger von Verunreinigung als Missmanagement gigantischen Ausmaßes bezeichnet werden, indem pro Person und Tag 120 bis 150 Liter Trinkwasser benutzt und durch die Kanäle geschleust werden, und zwar noch gemischt mit Regen- und Drainagewasser. Dabei geht es weniger um den Gebrauch von Trinkwasser an sich in einem wasserreichen Land, sondern um die unsinnige Verschmutzung von riesigen Wassermengen, die zum Teil bis ins Grundwasser gelangen, und um den Aufwand der Ableitung und Reinigung.

- Es wird von nicht einschätzbaren Schäden am – in weiten Teilen alten – Kanalnetz ausgegangen, so dass verschmutztes Wasser in das Grundwasser gerät (unter anderem bei Hiessl/Toussaint 1998).
- Bei Neuanlagen betreffen 80% aller Kosten Sammlung und Ableitung, nur weniger als 20% die eigentliche Reinigung (unter anderem Hiessl/Herbst 2001).
- Es bleiben schwer abbaubare Verunreinigungen zurück (zum Beispiel Chemikalien, Phosphat-Ersatzstoffe aus Waschmitteln, Medikamente, Hormone); auch für geringe Verschmutzungen muss das gesamte Wasser gereinigt werden.
- In dem verbreiteten System der zentralen Kläranlagen (Belebungsverfahren) wird zu viel Belebtschlamm produziert, der nur noch begrenzt landwirtschaftlich nutzbar ist, umfangreich behandelt werden muss, bevor er in den modernsten Anlagen energetisch und auch nur zum Teil als Baumaterial verwendbar ist. Der Rest muss deponiert werden.
- Die Kläranlagen sind notwendig auf Zuwachs dimensioniert; bei geringerem Wasseranfall wird ihre Funktionsfähigkeit gefährdet (stehendes Abwasser in den Leitungen, Gift und Geruch, Spülungen mit Trinkwasser werden notwendig). Geringerer Wasserverbrauch entsteht durch Wassersparen, durch Bevölkerungsrückgang und weil sich Industriebetriebe zunehmend abkoppeln und eigene Wasserkreisläufe und Reinigungen installieren.
- Aufgrund ihrer Größe und Funktionsweise sind die Anlagen unflexibel.
- Durch den Einsatz technischer Hilfsmittel wie Pumpen, Förderbänder, Gebläse ist die Lärm- und Geruchsbelästigung hoch.
- Es entstehen hohe Betriebs- und Wartungskosten.
- Schätzungen gehen von jährlichen Investitionen für Modernisierungen von etwa 7 Milliarden Euro für die nächsten 15 Jahre und 6 Milliarden für Instandhaltung aus, ohne Berücksichtigung der erhöhten Anforderungen durch die Europäische Wasserrahmenrichtlinie und ohne Erweiterungen (Dohmann/Ewringmann1995). Die Schweiz rechnet mit 150 Milliarden Franken in den nächsten 30 bis 40 Jahren (Steiger 2001).

Es ist leicht nachvollziehbar, dass sich diese Problematik bei Bevölkerungsrückgang und entsprechend noch weniger Wasserverbrauch verschärft. Ebenso liegt auf der Hand, dass sie sich gleichermaßen in dem Suburbanisierungsprozess mit notwendig immer längeren Leitungen und also steigenden Kosten verschärft. Damit ist inzwischen klar, dass angesichts der Entwicklung die bisherige Vorstellung, nach und nach alle Gegenden an zentrale Kläranlagen anzuschließen, obsolet geworden ist.

Gleichzeitig steigen die Anforderungen an Nachhaltigkeit. Insgesamt besteht ein enormer Veränderungsdruck auf das derzeitig praktizierte Abwassersystem – als Teil des Wassermanagements.

Dies führt nun (endlich) dazu, anderen Möglichkeiten in Praxis und Forschung mehr Aufmerksamkeit zu schenken, bei denen Wasser kaum als Transportmittel gebraucht wird und bei denen Abwasserströme von vornherein getrennt werden und möglichst nah an der Quelle gereinigt werden, so dass zielgenauere Behandlungen möglich sind.

1.3 Gängige Argumente gegen dezentrale Verfahren

Was sprach bisher gegen dezentrale Verfahren, die sich in anderer Weise die Selbstreinigungsfähigkeit von Wasser und Erde zunutze machen, wie beispielsweise das von uns beforschte System der Pflanzenkläranlagen?

Alle nicht zentralen Verfahren wurden als Auslaufmodelle, als Unsinn und nur für Dörfer und extreme Rand- und Einzelsituationen geeignet betrachtet und die Zukunft in der flächendeckenden zentralen Reinigung gesehen.

Zwar werden folgende Vorteile (fast ohne Zweifel) gesehen:

- geringere Kosten,
- flexibler einsetzbar,
- leichter zu unterhalten,
- keine Geräusche.

Aber vor allem die folgenden drei Aspekte werden dezentralen Lösungen entgegen gehalten:

- Die Leistungsfähigkeit wird bezweifelt.
- Der Flächenbedarf wird als zu hoch für städtische Siedlungsformen erachtet.
- Die Akzeptanz anderer Verfahren in der Bevölkerung wird bezweifelt.

Diese Aspekte stehen im Mittelpunkt der beiden Forschungsprojekte: Wie leistungsfähig sind dezentrale, naturnahe Verfahren? Inwieweit kann man das derzeitige Abwassersystem umbauen und durch dezentrale und semidezentrale naturnahe Verfahren ersetzen? Was bedeutet dieses für vorhandene und neue Siedlungsstrukturen? Wie ist die Akzeptanz tatsächlich zu beurteilen?

2 Umbauszenario für die Stadt Salzgitter

Gearbeitet haben wir im ersten Forschungsprojekt „Abwasser als Bestandteil von Stadtlandschaft" mit einem Umbauszenario für die Stadt Salzgitter mit folgenden Grundlagen:

2.1 Leistungsfähigkeit dezentraler naturnaher Systeme

Die den zentralen Abwassersystemen vergleichbare Leistungsfähigkeit wurde nachgewiesen (nicht im einzelnen Gegenstand dieses Beitrags).
Die internationale Diskussion und die entsprechenden Specialised Conferences der International Water Association (IWA) belegen inzwischen zusätzlich die vergleichbare Leistungsfähigkeit dezentraler Systeme.
Nach vorliegenden Erfahrungen wurde in dem Szenario für Salzgitter davon ausgegangen, dass Pflanzenkläranlagen für häusliche Abwässer für 3.000 Einwohner (EW) gut funktionieren.

2.2 Flächenbedarf

Zentrale Kläranlagen benötigen etwa 0,4 qm/EW an Fläche.
Will man mit sogenannten ‚naturnahen Verfahren' das gesamte häusliche Abwasser einschließlich des Toilettenwassers reinigen, benötigte man 2,5 bis 6 qm/EW.
Der Haupterzeuger von Abwasser ist unser Toilettensystem. Für die Reinigung des häuslichen Abwassers wäre eine Trennung der Fäkalien vom Grauwasser aus Bad und Küche anzustreben. Wir sind in dem Salzgitter-Szenario davon ausgegangen, dass alle Einfamilienhäuser mit Komposttoiletten und alle Geschosswohnungen mit Vakuumtoiletten ausgestattet werden. (Beide Systeme können auch als so genannte „Trennsysteme" gebaut werden. Im Urin sind sowohl die wertvollen, aber in der Abwasserbehandlung problematischen Nährstoffe als auch Rückstände aus Arzneien (zum Beispiel Steiger 2001) enthalten. Dies ist in der Regel unter Benutzung vorhandener Leitungssysteme machbar (die technischen Einzelheiten sind hier nicht Thema). Der entstehende Dünger könnte je nach Einzugsbereich in Gärten und in der Landwirtschaft genutzt werden. Damit ist nur die Reinigung des in Küche und Bad benutzten Wassers, des so genannten „Grauwassers", erforderlich.
Dies bedeutet einen Flächenbedarf von 1 qm/EW.

2.3 Das Beispiel Salzgitter – unser Planungsraum

Als Beispielort für unser Szenario haben wir Salzgitter gewählt, vor allem weil es die eingangs skizzierten Merkmale der sich entwickelnden Stadtlandschaft in hohem Maße besitzt.

> **Salzgitter**
> 120.000 Einwohner
> 31 Orts(teile) zwischen 30.0000 EW
> und weniger als 500 EW
> 224 qkm Stadtfläche
> 52% der Stadtfläche landwirtschaftlich
> genutzt.

- Salzgitter – südöstlich von Hannover mit 120.000 EW Großstadt, aber vom Charakter eher Region/Zwischenstadt als Stadt;
- Wohn-/Mischgebiete, industriell geprägter Norden (ehemalige Erzlagerstätten, Stahlproduktion, VW) und Wohnen sowie mit Salzgitter-Bad eine Kurortgegend (fast Vergangenheit), im übrigen landwirtschaftliche Nutzung;
- überwiegend eine flachwellige Bördelandschaft, Übergangsbereich vom Weser- und Leinebergland zum Harzvorland mit dem Salzgitter Höhenzug (bis zu 260 m);
- mit einem Gewässersystem, bestehend aus Teilen der Flußsysteme Oker, Innerste, Fuhse, Aue, Bächen, dem Stichkanal zum Mittellandkanal, dem Salzgitter-See (75 ha) und Teichen.

Salzgitter ist heute in weiten Teilen eine typische zersiedelte Landschaft mit entsprechenden Merkmalen: Straßen, Autobahnen, Überlandleitungen, Eisenbahnen, ausgeräumter Agrarlandschaft, Orten unterschiedlicher Qualität, Konglomerat aus Industrie, ehemaliger Industrie, städtischen Siedlungen, Dörfern, ab und zu schöner Landschaft und im Süden, im Raum Salzgitter-Bad, ausgesprochen reizvoller Vorharzlandschaft. Salzgitter ist Teil einer Region, die zum Teil Einwohner verliert, mit Orten, die Einwohner und Arbeitsplätze verlieren, anderen, die Einwohner gewinnen – also Umverteilungsprozessen in der Region. Salzgitter hat ein typisches, zentral organisiertes Abwassersystem mit den genannten Merkmalen und Schwierigkeiten:

- eine mechanisch/biologische Großkläranlage, zwei kleine sowie zwei Abwasserteichsysteme;
- kilometerlange Kanäle (der Zentralsammler 25 km), im wesentlichen entlang der Flüsse, und etliche Pumpstationen und Druckrohrleitungen, um Höhen zu überwinden;
- Wie insgesamt bei zwei Dritteln der in Deutschland vorhandenen Kanalisationen ist dies zum Teil ein so genanntes „Mischwassersystem", also verschmutztes Wasser und Regenwasser zusammen, zum Teil Trennsystem, also Regen- und Schmutzwasser getrennt.

2.4 Das „Denkmodell" oder Szenario zum Umbau der gesamten Abwasserableitung und Reinigung zu einem dezentralen, naturnahen System

- Die bestehende, zentral organisierte Kanalisation wird so in Teilsysteme zerlegt, dass insgesamt unter Benutzung des vorhandenen Systems jeweils 3.000 EW an eine Pflanzenkläranlage angeschlossen sind.
- Es werden 64 Pflanzenkläranlagen an den Tiefpunkten, in vorhandene Frei-/Grünräume, passend zum vorhandenen Netz, platziert. Für kleine Orte sind das ein bis zwei Anlagen, für Lebenstedt zum Beispiel 15.
- In diesen Pflanzenkläranlagen wird häusliches Grauwasser gereinigt (Küche, Duschen), kein Toilettenwasser. Industriewasser wird in eigenen Kreisläufen behandelt.
- Das Grauwasser läuft in den vorhandenen Leitungen unterirdisch zu einer Vorklärung (dies kann mit Regenwasser gekoppelt werden) und dann in das Pflanzenbeet in die oberste Kiesschicht. Dies schließt Geruchsbelästigungen aus. Nach der Reinigung läuft das saubere, geruchsfreie Wasser, das Badewasserqualität hat, in das im Forschungsprojekt entwickelte ergänzte Wassersystem.
- Die zur Zeit verrohrten Gewässerläufe werden so weit wie möglich wieder geöffnet, ihre Querschnitte und Verläufe so verbessert, dass die Selbstreinigung wieder funktioniert und sie für das gereinigte Abwasser und auch für eine offene Regenwasserableitung geeignet sind. Die Gewässer werden mit einem Gewässerschutzstreifen versehen, der einen Beitrag zur Verringerung der Verschmutzung durch die diffusen Einträge der landwirtschaftlichen Nutzung leistet.
(Außerdem können hier wieder Regenrückhalte- und Überschwemmungsbereiche integriert werden, wenn das Regenwasser getrennt behandelt wird. Das gesamte System lässt sich gut mit Regenwasserrückhaltung, -ableitung und -versickerung verbinden.)
Das heißt, das vorhandene Gewässersystem wird ergänzt durch topografisch und kontextbezogen sinnvoll eingefügte Gewässerläufe; es wird ein **Wassergestaltungskonzept entworfen.**
- Die Gewässer selber und die Gewässerrandstreifen können nun in unterschiedlicher Weise gestaltet werden – breiter, schmaler, mit Wegen, mit Baumreihen, mit Strand ähnlichem Ufer, mit Stufen, Becken oder lieblich schlängelnd: Es entsteht ein durchgehendes Wege- und Freiraumsystem, das mit dem nicht Gewässer bezogenen vernetzt wird.

Der Entwurf des Szenarios zur Abwasserreinigung kann so zum Impuls zur Qualifizierung des suburbanen Raumes – in Verbindung mit Naturschutz, Siedlungsbau, Agrarwende, Wasserrahmenrichtlinie – genutzt werden. Der gesamte Raum verfügt über eine neue, durch Gewässer, Grün und Wege gebildete Raumstruktur von hoher gestalterisch-ökologisch-funktionaler Qualität.

An der in Abbildung 1 dargestellten Montage von Gewässer, Grünstreifen mit Bäumen, Wegen und Feldstruktur ist erkennbar, wie eine ausgeräumte Agrarlandschaft gestalterisch, ökologisch und für Freizeit- und Verbindungsnutzungen neu strukturiert werden könnte.

Abb. 1: Gewässerbegleitendes Grün- und Freiraumsystem: Strukturierung von Agrarlandschaft mit Gewässer, Grün, Wegen (eigene Collage)

> mit nur 1 qm/EW (konventionell zentral 0,4 qm/EW) werden insgesamt 12 ha von 22.400 ha, das heißt ~0,05% der Gesamtfläche benötigt
> 3.000 qm je Pflanzenkläranlage zuzüglich Zufahrt, Abgrenzung bei 3000 EW Einzugsbereichen

Nachgewiesen wurde damit:

1. In einer Siedlungsstruktur, wie sie Salzgitter aufweist, sind Pflanzenkläranlagen unterzubringen – in öffentlichen Grünräumen, in Randbereichen von Sportanlagen, im Straßenbegleitgrün, auf Brachen und selten auf privatem Grund.
2. Da Pflanzenkläranlagen in ihrer Form flexibel sind, grundsätzlich ohne Geruch, ohne Geräusch, ohne Gefahr und durch die Bepflanzung mit Schilf und vielen anderen Arten ein angenehmes Äußeres haben, sie ohne weiteres integrierbar sind. Sie benötigen eine Abgrenzung, um sie vor dem Betreten und dadurch vor Zerstörung zu schützen. Diese kann unterschiedlich als Hecke, Zaun oder Wassergraben gestaltet werden.

Genauer haben wir die Flächenverfügbarkeit, Integrationsfähigkeit und Gestaltbarkeit für zwei städtische Knoten in Salzgitter durchgearbeitet, für Salzgitter-Lebenstedt und Salzgitter-Bad, die eine unterschiedliche topografische Situation, unterschiedliche bauliche Dichten und Strukturen aufweisen. Lebenstedt (30.000 EW) ist bestimmt durch 1950er/60er Bau- und Freiraumstrukturen und entsprechend mäßiger Dichte, während Salzgitter Bad im Kern eine dichte, kleinstädtische Struktur aufweist (25.000 EW).
Ausgehend von bestehenden Gewässern, Topografie, Bodenverhältnissen, Bebauungs- und Freiraumstruktur wurde ein Gewässergestaltungskonzept entwickelt für die Ableitung des gereinigten häuslichen Abwassers und des Regenwassers, das in 4 Schritten verfeinerbar ist: Abbildung 2 (a,b,c,d) zeigt die möglichen Schritte von den vorhandenen Gewässern, dem Öffnen der natürlichen Gewässer, ergänzt um Regenrückhaltebecken, soweit das Regenwasser nicht auf Grundstücken versickert, ergänzt um Haupt- und Nebengräben.
Da Salzgitter-Lebenstedt fast eben ist, entsteht als **Wasserprinzip ein Netz.**

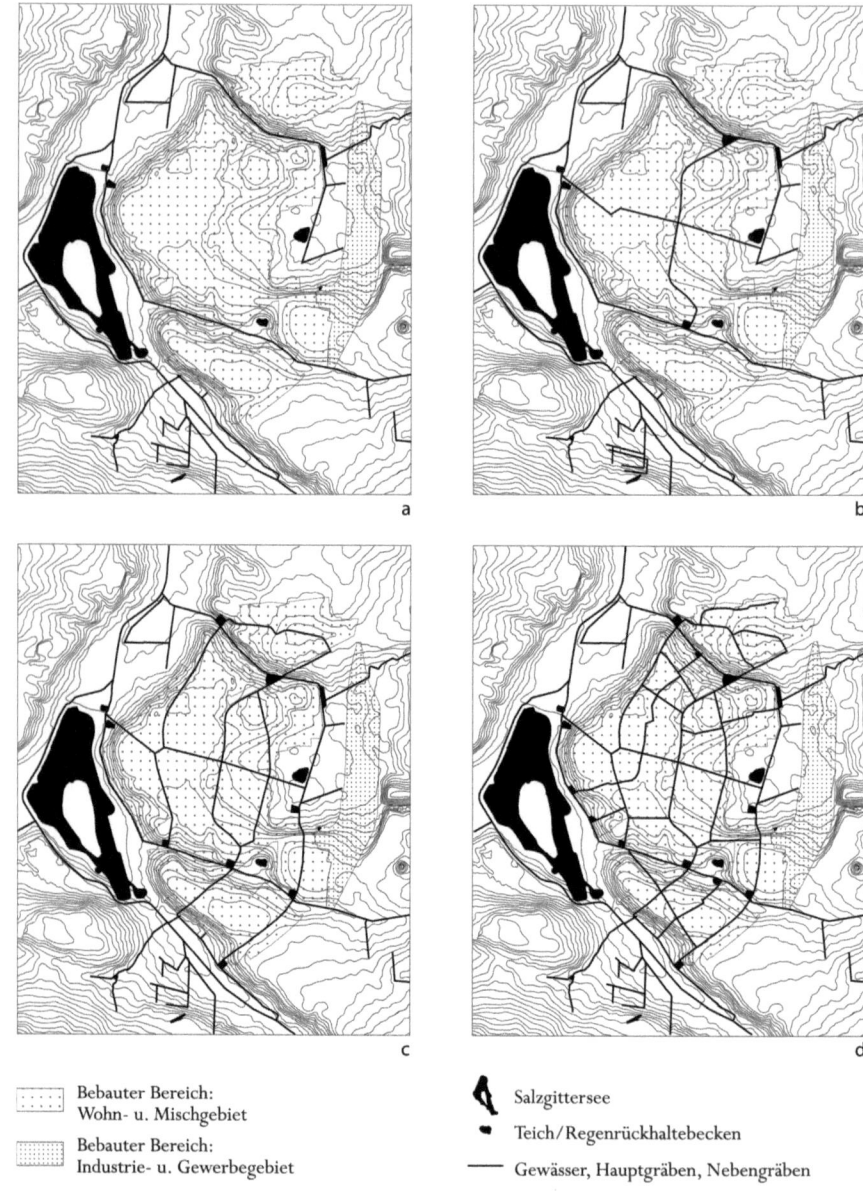

⠂⠂⠂ Bebauter Bereich: Wohn- u. Mischgebiet	♠ Salzgittersee
▓▓ Bebauter Bereich: Industrie- u. Gewerbegebiet	● Teich/Regenrückhaltebecken
	── Gewässer, Hauptgräben, Nebengräben

Abb. 2: a,b,c,d Gewässergestaltungsprinzip (schrittweise)
a: Gewässer Bestand;　　　　　　　　b: Schritt 1: Öffnen der natürlichen Gewässer;
c: Schritt 2: Öffnen der Hauptgräben;　　d: Schritt 3: Öffnen der Nebengräben
(Originalmaßstab a bis d: 1: 10000), nach eigener Darstellung In: Beneke, v. Seggern, Kunst 2001

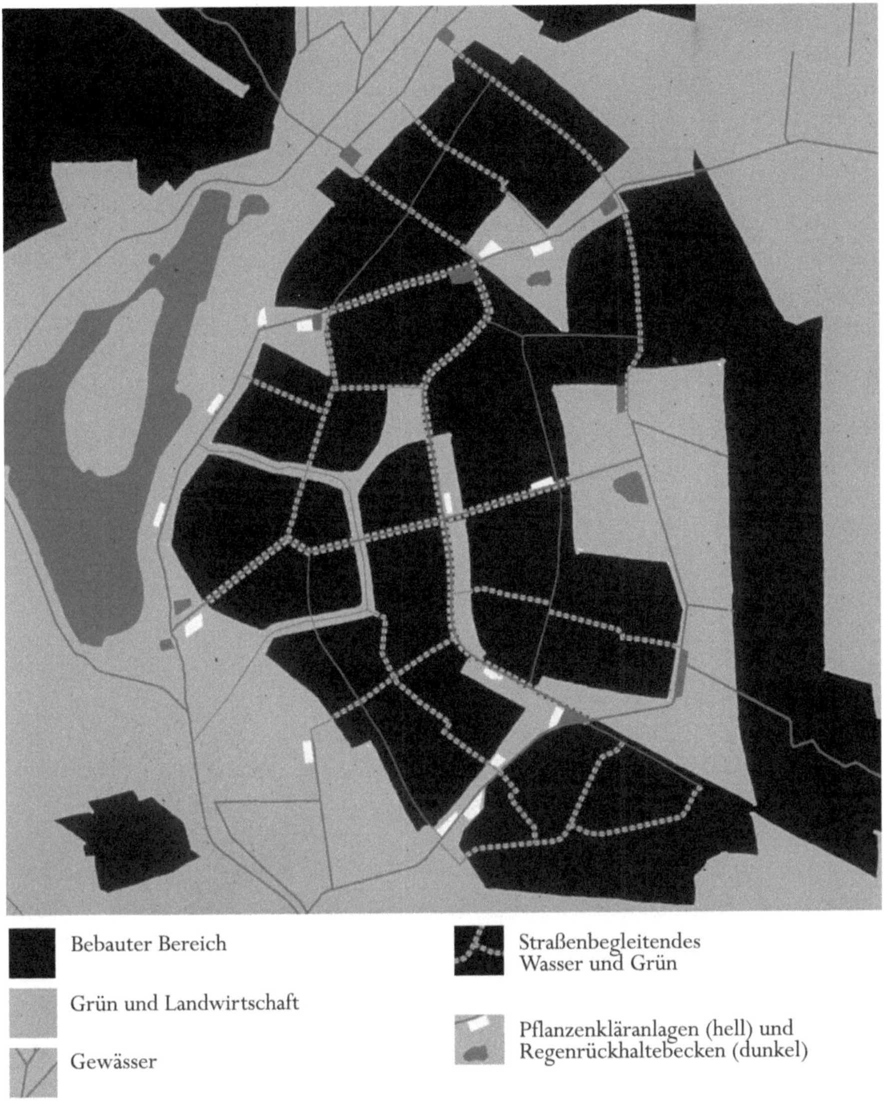

Gestaltung urbaner Landschaft - Beispiel Abwasser 211

 Bebauter Bereich

 Grün und Landwirtschaft

 Gewässer

 Straßenbegleitendes Wasser und Grün

 Pflanzenkläranlagen (hell) und Regenrückhaltebecken (dunkel)

Abb. 3: Grünsystem Lebenstedt
Gewässer- und Freiraumsystem Salzgitter-Lebenstedt
(Originalmaßstab 1:5000), eigene Darstellung

Dieses Wassersystem ist in das vorhandene Grün-/Freiraumsystem des Ortsteils integriert beziehungsweise wird es erweitert zu einem Freiraumsystem, das den ziemlich langweiligen 50er/60er-Jahre-Stadtteil (siehe Abbildung 3) zu einem ortstypischen neuen Gesicht qualifizieren könnte. Das Freiraumsystem ist durchgängig nutzbar für Menschen, Tiere, Pflanzen, Wind usw. und bietet viele Gestaltungschancen.

Für das häusliche Abwasser wie für das Regenwasser wird dabei bis zur Übergabe an die Pflanzenkläranlage beziehungsweise Versickerungsmulden die vorhandene Kanalisation genutzt.

Das gleiche durchgespielt an dem dichter bebauten, gewachsenen Ortsteil Salzgitter Bad mit einer stärker ausgeprägten Tallage und steileren Höhenunterschieden ergibt das **Prinzip eines auf die Mitte orientiertes verzweigtes Systems**. Neue Wassergestaltungskonzepte können so ortsspezifische Eigenarten betonen.

Insgesamt zeigt sich, dass in Siedlungsstrukturen, wie sie in Salzgitter vorhanden sind, das in der Diskussion als große Schwierigkeit benannte Flächenproblem kaum eines ist und die jeweilige Unterbringung der Anlagen an den funktional richtigen Stellen gut möglich ist. Für weite Teile vorhandener und neuer städtischer Siedlungsbereiche sind solche naturnahen, dezentralen Abwassersysteme einsetzbar, verfügen über Vorteile im Vergleich zu den vorhandenen, sind eindeutig nachhaltiger und lassen sich vor allem in urbanen Landschaften und deren Umbau als Entwicklungs- und Gestaltimpuls – oder anders ausgedrückt: als Qualifizierung – nutzen.

Geht man von schrumpfenden Städten aus, in denen die Funktionsfähigkeit der zentralen Abwasseranlagen durchaus ein Problem ist, dürfte die Flächenverfügbarkeit noch weniger problematisch sein, so dass differenzierte Umbaustrategien denkbar sind: eine Problemlösungsoption, ein Gestaltimpuls und im Zusammenhang „neuer", innerstädtischer urbaner Landschaften zu diskutieren. Was ist jedoch mit dem gravierenden Einwand, solcherart Abwasserlösungen würden von der Bevölkerung nicht akzeptiert?

3 Zur Akzeptanz in Bevölkerung und Fachwelt

Wir haben drei Dinge gemacht:

1. Im Rahmen des ersten Forschungsprojektes zunächst eine Umfrage zu Hygienevorstellungen,

2. dann einen Workshop mit Fachleuten der verschiedenen beteiligten Disziplinen, um deren Wahrnehmung der Vor- und Nachteile der Systeme, Leistungsfähigkeit, Flächenbedarf, Integrierbarkeit, Akzeptanz des entworfenen Szenarios und Annahmen zur Bevölkerungsakzeptanz zu erfahren.
3. Im Rahmen des zweiten Forschungsprojektes fanden zwei Planungs-/ Entwurfsworkshops mit der Bevölkerung statt.

Zum ersten schwierigen Thema „Sind andere Toilettensysteme akzeptabel?" lässt sich sagen: Es schlummert ein Umdenkungspotenzial: Ein Umdenken ist für Bevölkerung offenbar weniger schwierig, als Fachleute denken (nicht Thema dieses Beitrags, vgl. Beneke, v. Seggern, Kunst 2001)).
Bei den Fachleuten ist vielleicht das Wichtigste, dass die mit dem Szenario intendierte praxisbezogene, fruchtbare Diskussion tatsächlich „entbrannte".
Gegen die Umsetzung dezentraler, naturnaher Systeme sind in der Fachwelt viele Vorurteile vorhanden. Dies sind insbesondere die genannten (Leistungsfähigkeit, Flächenverfügbarkeit, Akzeptanz). Massive Interessen sprechen für zentralisierende, hochtechnisierte Systeme, auch Gewohnheit und traditionelles ingenieurmäßiges Denken. Aber auch dort gibt es ein beträchtliches Umdenkungspotenzial und der Druck bringt Bewegung.
Die Arbeit mit der Bevölkerung betraf einen speziellen Fall der dezentralen, naturnahen Abwasserreinigung in Salzgitter: Abwasserteiche, die das gesamte Abwasser, also häusliches Grauwasser, Fäkalabwasser und Regenwasser im dörflichen Ortsteil Salzgitter-Groß Mahner reinigen. Dafür benötigt man viel Platz, nämlich 10 bis 15 qm je Einwohner.
Auch das Prinzip Abwasserteiche wurde in den vergangenen Jahren vernachlässigt, weil man es für ein Auslaufmodell hielt. Nun allerdings lässt sich feststellen, dass sich diese Anlagen relativ gut „ertüchtigen" lassen, das heißt, dass die Reinigungsleistungen verbessert werden können, so dass sie heutigen Anforderungen entsprechen, und dass sie nicht mehr geruchsbelästigend sein müssen. Dieser Typus einer naturnahen, dezentralen Anlage kann mit seinen großen Wasserflächen besonders leicht gestalterisch, ökologisch und funktional Teil eines Freiraumsystems sein. Von der Größe und Leistungsfähigkeit hängt die jeweils mögliche Einwohnerzahl ab. (Abwasserteiche sind in Deutschland weit verbreitet und in Teilen des europäischen Auslandes in hohem Maße[2].)
Wir haben drei verschiedene Entwicklungen am Beispiel Groß Mahner in Szenarien gedanklich und entwurflich durchgespielt: Wie könnte die Anlage „er-

---

2 vgl. Internationaler Workshop zu Abwasserteichen, 2001, im Rahmen des Projektes „Abwasserreinigung in verstädterten Orten".

tüchtigt" werden, wie aussehen und mit welchen Ortsentwicklungen könnte dies gekoppelt sein? Diese drei Szenarien haben wir mit der Bevölkerung vor Ort in zwei jeweils eineinhalbtägigen Workshops bearbeitet. Methodisch erfolgte dies etwa in Anlehnung an das Verfahren Bürgergutachten.

Die jeweils 20 Bürger, einmal Männer und einmal Frauen, wurden fachlich informiert, machten eine Ortsbegehung zur zentralen Kläranlage in Salzgitter-Bad und zu den Abwassserteichen. Danach erläuterten wir ihnen die drei von uns entwickelten Szenarien einer Entwicklung/Verbesserung ihrer Abwasserreinigung mit entsprechenden Ortsentwicklungen. Anschließend erarbeiteten sie in fachlich betreuten Kleingruppen ihre eigenen Szenarien. Ziel war herauszufinden, ob das Thema überhaupt Gegenstand von Beteiligung sein kann, inwieweit solche Abwasserlösungen von der Bevölkerung akzeptiert werden, welche Präferenzen bestehen, ob und wie sich die Verbindung von Klären de Wassers und Freiraum, Freizeitnutzung, Ökologie und Ortsentwicklung thematisieren lassen und eigene Vorstellungen entwickelt werden.

Die Szenarien reichen vom pragmatischen, minimalen Umbau über die visionäre „neue Landschaft" mit Einbettung in einen Wasserpark und im Zuge von Gewässerrenaturierung gegründeten ökologisch optimierten neuen Orten im Grünen bis zum Anschluss von Kläranlage und Ort an Salzgitter-Bad, das über eine zentrale Kläranlage verfügt.

- Das angeblich nicht kommunizierbare Thema „Abwasser" ließ sich in der angewandten Form moderner Bürgerbeteiligung hervorragend kommunizieren. Das bestätigten alle Teilnehmenden.
- Grundsätzlich war die naturnahe Lösung akzeptiert. Ein sehr viel pragmatischeres bis selbstverständlicheres Verhältnis zur Reinigung gebrauchten Wassers, als von Fachleuten vermutet, herrschte vor.
- Abwasser als Teil eines Parkes oder Teil des Wohnumfeldes zu denken, fiel leicht. Sogar in räumlicher Nähe einen der Teiche zu einem Badeteich umzubauen, konnten sich die meisten vorstellen.
- Das Verständnis dafür, wie verschiedene Lösungen verschiedene siedlungs strukturelle Zusammenhänge „nach sich ziehen", war gut herstellbar. Hier bei wurde der ausgeprägte Wunsch, „ein Gebilde" für sich zu sein oder zu bleiben, deutlich. Gleichzeitig war eine Faszination für „neue Landschaften" vorhanden, als Perspektive, etwas anderes zu denken.
- Leicht zu vermitteln war und von sehr vielen mit Vergnügen aufgegriffen, dass es sich im Großen wie im Kleinen um eine Gestaltungsaufgabe handelt.

4 Fazit

Ein neuer Blick auf Abwasser zeigt, dass ein dezentraler, „naturnaher" Umgang mit gebrauchtem Wasser erlaubt, sehr selbstverständlich gestaltend in den gegenwärtigen Transformationsprozess von „Städten" und „Landschaften" einzugreifen: Abwasser kann zu einem Impuls zur Gestaltung – oder Qualifizierung – urbaner Landschaften werden.

Im weiten Feld der Vororte, des Stadtrandes, das heißt in grob geschätzt sicher 50% der städtischen Siedlungsräume, der Zwischenstadt, in „Schrumpfungszonen der Stadt" und ohnehin im durch urbane Lebensweisen geprägten „ländlichen" Raum lassen sich dezentrale oder semidezentrale, vor allem naturnahe Lösungen gut einsetzen. Sie können die gleiche Leistungsfähigkeit wie konventionelle Anlagen aufweisen, sind dabei aber flexibler, kostengünstiger, nachhaltiger, Betrieb und Pflege sind leichter. Einer der größten Vorteile dieser Systeme ist dabei, dass sie einen Beitrag zur Qualität von Freiraum, von Grün leisten können, dass sie damit dem Wunsch sehr vieler Menschen, im „Grünen", mit „mehr Grün" zu leben, entsprechen können. Im Rahmen der konkurrierenden Bemühungen um Landschafts-Qualifizierung, Standortbildung, Angeboten unterschiedlicher Wohnmilieus sind dezentrale Abwassersysteme sehr gut brauchbar. In Teilen hoch verdichteter Stadt und für gewerbliche und industrielle wie für Sonderfälle bleiben die vorhandenen Anlagen sinnvoll.

Natürlich ist das dargestellte komplette Umbauszenario ein methodischer „Kunstgriff", um die funktionale, planerische und gestalterische Machbarkeit nachzuweisen und die Diskussion anzuregen. Das Umbauszenario ist nicht in dem Sinne umfassend, als es auch finanziell, rechtlich und organisatorisch wie planerisch alle Facetten einer Anwendung behandelt. Dies wäre ein nächster Schritt. Da allerdings die dezentralen, naturnahen Systeme flexibel sind, lassen sie sich jederzeit auch für Teilräume realisieren. Gedacht werden sollten sie jedoch auch als großräumige Systeme, um keine unsinnigen Insellösungen zu erzeugen.

Topografische Bedingungen, offene Gewässer, die Grundwasserlage und die Bodenverhältnisse bis zum Bewuchs – insbesondere wenn das Regenwasser mit hinzukommt – werden wesentlicher im Konzert der komplexen Entwicklungsgestaltung von Raum. Grundbedingungen wie naturräumliche Gegebenheiten gewinnen an Bedeutung. Genau dieses fördert wiederum die gewünschten spezifischen ortsbezogenen Identitäten.

Die Abwasserfrage in dieser Weise als Teil des Wasserkreislaufes zu behandeln, ist eine grundlegende Frage der Entwicklung von urbanen Landschaften. Es ist eine große, faszinierende strategische Gestaltungsaufgabe für die raumplanenden Disziplinen Stadt-, Regional- und Landschaftsplanung (in Kooperation mit Bauingenieuren, Biologen und anderen), mindestens genauso groß wie seinerzeit die umgekehrte, mit riesigem Engagement betriebene zentralisierende Aufgabe.

Neben der Zielperspektive – vor allem unter strategischen Nachhaltigkeitsgesichtspunkten argumentiert – der kompakten europäischen Stadt und der auf Konzentration und Vermeidung von Dispersion ausgerichteten regionalen Leitbilder muss dabei allerdings Platz sein für andere, zukunftsfähige, urbane Strukturen – insbesondere bei rückläufigen Bevölkerungszahlen und expandierendem Flächenbedarf: **für urbane Landschaften.**

Dass die beschriebene Art der Abwasserbehandlung für schnell wachsende, sich in unterschiedlicher Entwicklung befindliche Länder hervorragend geeignet wäre, muss nicht erwähnt werden. Dem Export stehen vor allem wirtschaftliche Interessen entgegen.

Dem Beitrag zu Grunde liegende Forschungsprojekte:
„Abwasser als Bestandteil von Stadtlandschaft"
gefördert durch den Niedersächsischen Forschungsverbund für Frauen- und Geschlechterforschung in Naturwissenschaften, Technik und Medizin (NFFG)
Bearbeitung: Institut für Freiraumentwicklung und Planungsbezogene Soziologie (IFPS), Universität Hannover
Prof. Dr.-Ing. Hille von Seggern, Dipl.-Ing. M.A. Gudrun Beneke, Dipl.-Ing. Antje Stokman
Institut für Siedlungswasserwirtschaft und Abfalltechnik, Universität Hannover (ISAH)
Prof. Dr. phil. Dr.-Ing. Sabine Kunst, Dipl.- Biol. Ulrike Brüdern
Institut für Landschaftspflege und Naturschutz, Universität Hannover (ILN)
Prof. Dr. rer. nat. Eva Hacker, Dipl.-Ing. Barbara von Kügelgen
Hannover, 2001.

„Abwasserreinigung in verstädterten Orten"
gefördert durch die VW Stiftung
Bearbeitung: Institut für Freiraumentwicklung und Planungsbezogene Soziologie (IFPS) und Institut für Sieddlungswasserwirtschaft und Abfalltechnik (ISAH), beide Universität Hannover, Prof. Dr.-Ing. Hille von Seggern (IFPS), Prof. Dr. Dr. Sabine Kunst (ISAH),
Dipl.-Ing. M.A. Gudrun Beneke, Dipl.-Ing. Daniela Karow, Dipl.-Ing. Andrea Burmester, Dipl.-Biol. Ulrike Brüdern
in Bearbeitung.

Literaturverzeichnis:

BENEKE, GUDRUN; SEGGERN, HILLE VON (HG.); KUNST, SABINE: Abwasser als Bestandteil von Abwasser, Beiträge zur räumlichen Planung, Schriftenreihe des Fachbereichs Landschaftsarchitektur und Umweltentwicklung Heft 61, Hannover 2001

HIESSL, HARALD; HERBST H.: Umgestaltung kommunaler Abwasserentsorgungskonzepte. In: Tagungsband zur 34. Essener Tagung für Wasser- und Abfallwirtschaft vom 14.3.-16.3. 2001 in Aachen, Aachen 2001

HIESSL, HARALD; TOUSSAINT, DOMINIK: Szenarien für Stadtentwässerungssysteme. In: Hiessl, Harald; Stein, Dietrich (Hg.): Umgestaltung und Modernisierung kommunaler Abwasserversorgungssysteme. Tagungsband zum Workshop der West LB-Stiftung am 16.März 1998 im Institut für Kanalisationstechnik (IKT) in Gelsenkirchen. Eigenverlag. Fraunhofer Institut für Systemtechnik und Innovationsforschung. Karlsruhe 1998

RODENSTEIN, MARIANNE: Mehr Licht, Mehr Luft. Gesundheitskonzepte im Städtebau seit 1750, Frankfurt am Main 1988

SIEVERTS, THOMAS: Die neuen Aufgaben jenseits von IBA und Zwischenstadt. Die Gestaltung der Stadtlandschaft und die Neubestimmung des Örtlichen. In: Sieverts, Thomas: Fünfzig Jahre Städtebau, Stuttgart/Leipzig 2001

SIEVERTS, THOMAS: Zwischenstadt. Zum Stand der Dinge. In: Archithese. Sondernummer Stadt – Landschaft oder Landschafts-Stadt Schweiz, Zürich 2000

STEIGER, URS: Das WC vor der Revolution. In: „du", Heft Nr. 714: Wasser. Das Thema des Jahrhunderts, Zürich 2001

WINTER, MARGARITA: Ökotechnik, was ist das? Naturnahe Technik am Beispiel von Pflanzenkläranlagen. In: Koryhphäe. Medium für feministische Naturwissenschaft und Technik. Nr. 17, S. 27-31, 1995.

Abbildungsverzeichnis:

Abb. 1	Gewässerbegleitendes Grün- und Freiraumsystem: Strukturierung von Agrarlandschaft mit Gewässer, Grün, Wegen	S. 208
Abb. 2	Gewässergestaltungsprinzip (schrittweise)	S. 210
Abb. 3	Gewässer- und Freiraumsystem Salzgitter-Lebenstedt	S. 211

Michael Braum

Ist weniger mehr?
Städtebau und Stadtplanung unter veränderten Vorzeichen

Während sich in den Entwicklungsländern Megastädte herausbilden, stagnieren die Stadtgesellschaften in den Industrieländern. In einigen Regionen Europas, so auch in Ostdeutschland, sind sie sogar rückläufig. Hier stehen ungefähr eine Million Wohnungen mit zunehmender Tendenz leer. Die ersten Wohnungsbaugesellschaften brechen zusammen. „Kommt es zu keiner wirklich drastischen Veränderung der politischen Rahmenbedingungen und zu keiner Umsteuerung, dann kann der Leerstand in 20 Jahren auf 2 Millionen ansteigen", so die Expertenkommission der Bundesregierung in ihrem Bericht aus dem vergangenen Jahr. Sie beziffert den gegenwärtig notwendigen Abriss im Osten Deutschlands auf ca. 400.000 Wohnungen.

1 Transformationsprozesse im Osten Deutschlands

Schrumpfung ist für die Industrienationen nichts grundsätzlich Neues, denken wir beispielsweise an die Krise der Montanindustrie in England, in Ostfrankreich, in Luxemburg, Belgien oder dem Ruhrgebiet und deren raumstrukturelle Folgen. Neu ist nur die Bandbreite der „Überflüssigkeit". Musste im Osten Deutschlands nicht zwangsläufig als notwendige Konsequenz der Vereinigung beider deutscher Staaten das gesamte Erwerbsspektrum einer Industriegesellschaft zur Disposition gestellt werden?

Die Entwicklung der vergangenen 10 Jahre ist paradox: Verringerte sich einerseits die Bevölkerung beispielsweise in Leipzig durch den Rückgang der natürlichen Bevölkerungszahl, die Umlandwanderung sowie die Abwanderung in den

Abb. 1:
Der Leipziger Osten
Quelle: eigenes Photo, 2001

Westen Deutschlands, dorthin wo Arbeitsplätze zu finden waren, um 12%, so wurden gleichzeitig ca. 30.000 Wohnungen neu in der Stadt gebaut. Der Leerstand von ca. 35.000 Wohnungen 1995[1] verdoppelte sich nahezu in 6 Jahren auf ca. 63.000 Wohnungen 2001. Das entspricht etwa 20% des Gesamtbestandes. Nahm er zunächst in den gründerzeitlichen Altbauquartieren dramatisch zu und schienen die Siedlungen in der industrialisierten Bauweise, die so genannten „Plattenbaugebiete", davon weniger betroffen zu sein, zeichnet sich seit Ende der 90er Jahre eine Trendänderung ab.

Die Leerstände stabilisieren sich in den sanierten gründerzeitlichen Altbauquartieren[2] zuungunsten eines zunehmenden Leerstandes in den „Plattenbaugebieten". Die Wohnungen sind hier unter anderem deswegen noch bewohnt, weil sie zu konkurrenzlos niedrigen Mieten angeboten werden, die deutlich un-

---

1   ca. die Hälfte davon standen bereits 1990 leer
2   Davon ausgenommen sind die nicht sanierten Altbauquartiere. Hier sind Leerstandsquoten von bis zu 80% in ausgewählten Stadträumen zu konstatieren.

ter denen des sanierten Altbaus liegen, und weil sich die Bewohner/-innen keine höheren Mieten leisten wollen beziehungsweise können.

In Dresden ist die Situation ähnlich. Der Einbruch der Beschäftigtenzahlen im produzierenden Gewerbe von ca. 63% seit 1990 geht einher mit einem Bevölkerungsrückgang um 28.000 Einwohner. Dieser Schrumpfungsprozess wird begleitet von einer beträchtlichen Zunahme an Wohnungen um ca. 43.000 seit 1990 bei einem gleichzeitigen Wohnungsleerstand von ca. 48.000 in 2001.
Die stadtstrukturellen Auswirkungen dieser Entwicklungen sind problematisch: In der „Inneren Stadt" bekommen die Gründerzeitquartiere Risse. Neben modernisierten und aufgewerteten Kernbereichen verfestigen sich an den Rändern Zonen mit hohen Leerständen, niedrigen Mieten und geringer Investitionstätigkeit. Das fraktale Bild der Peripherie prägt zunehmend auch das Bild der historischen Stadt. Die bauliche Fragmentierung ist ein Spiegelbild der sozialen Segregation.

In der Provinz ist die Situation noch dramatischer, so beispielsweise in Wittenberge, einer wunderschönen Stadt an der Elbe.
Der Verlust der industriellen Arbeitsplätze liegt hier bei 90%, der Bevölkerungsrückgang bei 40%. Der Wohnungsleerstand beläuft sich in den gründerzeitlichen Quartieren auf im Mittel 46%, in Teilbereichen auf über 90%.
Auch in den „Produkten" des realsozialistischen Städtebaus im Arbeiter- und Bauernstaat, so in Hoyerswerda, Eisenhüttenstadt oder Schwedt, um nur einige zu nennen, ist die Situation gleichermaßen drastisch.

Die in Brigitte Reimanns Roman „Franziska Linkerhand" anklingende Skepsis ist heute bereits Realität: „... und zum ersten Mal dachte Franziska an die Vergänglichkeit dieser Siedlung, ihr Leben, das kurz sein wird wie das einer Goldgräberstadt: wenn Bagger ihre Zähne in die Eingeweide dieser Straße schlagen und die Blöcke in Rauch und Staub zusammenstürzen...."
Inzwischen hat Hoyerswerda gerade einmal 50.000 Einwohner, eine Abnahme von fast 30% seit 1990 und das Ende ist bei weitem noch nicht abzusehen. Heute wird das abgebaut, was einst nach ausgeklügelten Systemen aufgebaut wurde. Abrisse stehen an, wenn auch nicht mit der gelassenen Routine des dem „Diktat der Kranbahnen" geschuldeten Neubaus.
Im Eiltempo wurden im Osten die Privatisierung der Städte, die Zersiedelung der Landschaft und die Segregation der sozialen Milieus nachgeholt. Nur zu oft werden die negativen stadtstrukturellen Auswirkungen, wie wir sie im Westen der Republik kennen, weit übertroffen.

Der erwartete wirtschaftliche Aufschwung bleibt im Osten Deutschlands aus. Die Abwanderung in stabile beziehungsweise prosperierende Regionen im Süden Deutschlands hält an. Es scheint nicht um eine Deindustrialisierung, sondern um eine Deökonomisierung Ostdeutschlands zu gehen, wie es Wolfgang Kil (vgl. Kil 2001) formuliert. Wenn erst die traditionelle Industrie verschwunden ist, zudem die Landwirtschaft überflüssig wird, wenn Bahnhöfe, Sparkassen und Schulen geschlossen werden und die medizinische Versorgung ausdünnt, was hält dann noch die Bevölkerung?
Die meisten, die irgend etwas bewegen können, gehen; diejenigen, die dazu nicht mehr in der Lage sind, bleiben. Irgendwann einmal leben in Ostdeutschland möglicherweise nur noch Rentner und Rentnerinnen, die möglicherweise nichts weiter wollen als ihre Ruhe. Für 2015 werden Bevölkerungszahlen prognostiziert, die weit unter den Reserven der genehmigten Flächennutzungspläne liegen.
Die Überlagerung des andauernden Schrumpfungsprozesses von der zunehmenden Überalterung hat eklatante Auswirkungen auch auf das Angebot sozialer Infrastruktur. So sind erhebliche Überkapazitäten im Bereich der Schulen und Kindertagesstätten mit der Folge der Schließung zahlloser Einrichtungen zu konstatieren.

Was plant man denn, wenn man nichts braucht, außer Arbeitsplätzen, und diese nur bedingt planbar sind?

2 Erste Strategien zum Umgang mit dem „Umbruch"

In zahlreichen Städten das gleiche Bild: Das Heute ist nicht besser als das Gestern und ein Morgen kann man sich häufig nur schwer vorstellen.

Es ist ein sozialer und ökonomischer Veränderungsprozess festzustellen, der mit den bisher bekannten „Lösungen" nicht zu bewältigen sein wird. Diese scheinen für sich genommen für die gegenwärtige Situation nicht ausreichend zu sein; denken wir beispielsweise an die Strategien der Qualifizierung des Bestandes, der Aufwertung wertvoller Substanz und der öffentlichen Räume sowie der Initiierung von Nutzungsmischung etc. Es sind weitergehende Lösungen gefragt, die sich von gewohnten Lösungsmustern unterscheiden.
Im Rahmen des Programms „Stadtumbau Ost" entwickeln die Städte, unterstützt von Bund und Ländern, Sanierungs- und Stadtumbaukonzepte, mit Hilfe derer ein Interessenausgleich zwischen „preiswerten Mieten", erhaltenswerter

Ist weniger mehr?

Substanz, Sicherung und Schaffung von Arbeitsplätzen, Auslastung vorhandener Infrastruktur beziehungsweise deren Aufwertung geleistet werden soll. Die Konzepte, die im Spätsommer 2002 prämiert wurden, liegen irgendwo zwischen städtebaulicher Qualifizierung, ökonomischer Machbarkeit und politischer Konsensfähigkeit.

Zwei Beispiele aus eigener Erfahrung sollen „neue Wege" aufzeigen, sich mit dem Phänomen der „Schrumpfung" auseinanderzusetzen, wobei insbesondere das Beispiel aus Leipzig einen Ansatz zur Diskussion stellt, der in seiner Unkonventionalität überzeugt.

2.1 Komplexe Heterogenität in Leipzig

In dem 2001 für den Leipziger Osten durchgeführten Gutachterverfahren[3], an dem ich als Obergutachter mitwirkte, konnte die Idee des Berliner Landschaftsplanungsbüros bgmr, Carlo Becker, Undine Giseke, Bea Mohren und Winfrid Richard, überzeugen. Sie stellten mit ihrer Arbeit eine Strategie für einen langfristigen Stadtumbau zur Diskussion.

Diese baut auf dem Gedanken auf, brüchige Strukturen zu organisieren, diese zu überdauern und zu gestalten. Dabei stellte sich die Kernfrage, wie es gelingen kann, intakte und zu erhaltende Kerne und Stadtfelder zu identifizieren und zu stabilisieren, die eine langfristig tragfähige und zu erhaltende räumliche Struktur bilden.

Der Handlungsansatz zielt darauf ab, das den Stadtteil charakterisierende Grundgerüst der öffentlichen Räume zu sichern und an wichtigen, Identität und Orientierung gebenden Knoten baulich zu stabilisieren. Dabei wird unterschieden zwischen:

· Geduldsfelder,
 die aufgrund ihrer stadtstrukturell vergleichsweise guten Lage „geduldig" auf eine Adressenbildung warten können, ohne dass wesentliche städtebauliche Interventionen erforderlich sind,
· Konsolidierungsfelder,
 das heißt Quartieren, die aufgrund ihrer einfachen, aber soliden Grundsubstanz durch eine behutsame Stadterneuerung stabilisiert werden sollen,

---

3 Beteiligt waren in dem kooperativen Verfahren verschiedene Disziplinen und Beteiligte; neben dem Landschaftsplanungsbüro bgmr Becker Giseke Mohren Richard aus Berlin, das Stadtplanungsbüro Dubach / Kohlbrenner, ebenfalls aus Berlin, der Zusammenschluss Leipziger Architekten „L 21", eine Gruppe interessierter Bürger/-innen und die Wohnungsbaugesellschaften.

- Umbaufelder,
  das heißt Stadträumen, die unter Berücksichtigung der vorhandenen Struktur neuen Anforderungen angepasst werden müssen und
- Transformationsfelder,
  das heißt Stadträumen, in denen die vorhandene Stadt „abgebaut" wird. Hier entstehen neue Stadt- und Landschaftsräume. Diese sind funktional und gestalterisch Ausdruck der sich unter den Bedingungen der Schrumpfung verändernden Stadtstruktur. Sie werden zum Ausdruck des doppelt Abwesenden. Hier ist Stadt nicht ausschließlich Stadt und Natur nicht ausschließlich Natur.

Das innovative Element des Leipziger Ansatzes liegt in der Idee, den Umstrukturierungsdruck von der Peripherie in die Stadt zu holen, um in dem durch vorhandene Leerstände sowie städtebauliche Missstände geprägten „Transformationsfeld" – der „Zone" – über „neue" Stadt- und Landschaftsstrukturen nachdenken zu können. Dabei geht es weniger um die direkte Umsetzung der formulierten Vorschläge als vielmehr um den strategischen Aspekt des Beitrages, durch möglicherweise unkonventionelle Vorschläge zum grundsätzlichen Nachdenken über die Zukunft der europäischen Stadt anzuregen.

2.2 Kritische Rekonstruktion in Forst

Forst, eine Stadt mit ca. 24.000 Einwohnern an der polnischen Grenze, sieht sich bereits seit 1945 mit dem Problem der „Schrumpfung" konfrontiert. Aufgrund der Randlage und der vergleichsweise schlechten infrastrukturellen Anbindung war Forst nie ein nennenswerter Industriestandort wie beispielsweise das eingangs angeführte Wittenberge.

Kriegszerstörungen und falsch verstandene Wiederaufbauplanungen hinterließen ein ubiquitäres Stadtzentrum, in dem nur noch die alte Kirche an die Qualitäten des ehemaligen Stadtgrundrisses erinnerte. „Plattenbauten" prägen in ihrer Uniformität und Austauschbarkeit das Bild der Stadt auch im Zentrum.
Dies nahm Forst zum Anlass, im Rahmen des Programms Stadtumbau Ost einen städtebaulichen Ideenwettbewerb zur gestalterischen und funktionalen Aufwertung des Stadtzentrums auszuloben.

Ist weniger mehr?

In der Ideenkonkurrenz konnte der Beitrag des Cottbusser Architekten Franke überzeugen. Seine Arbeit zeichnet sich durch die kritische Rekonstruktion des historischen Stadtgrundrisses aus, wobei durch die Verkehrung von Bestand und Planung in einer vergleichsweise subtilen Art an die Struktur der Plattenbauten erinnert wird, ohne diese jedoch zu erhalten.

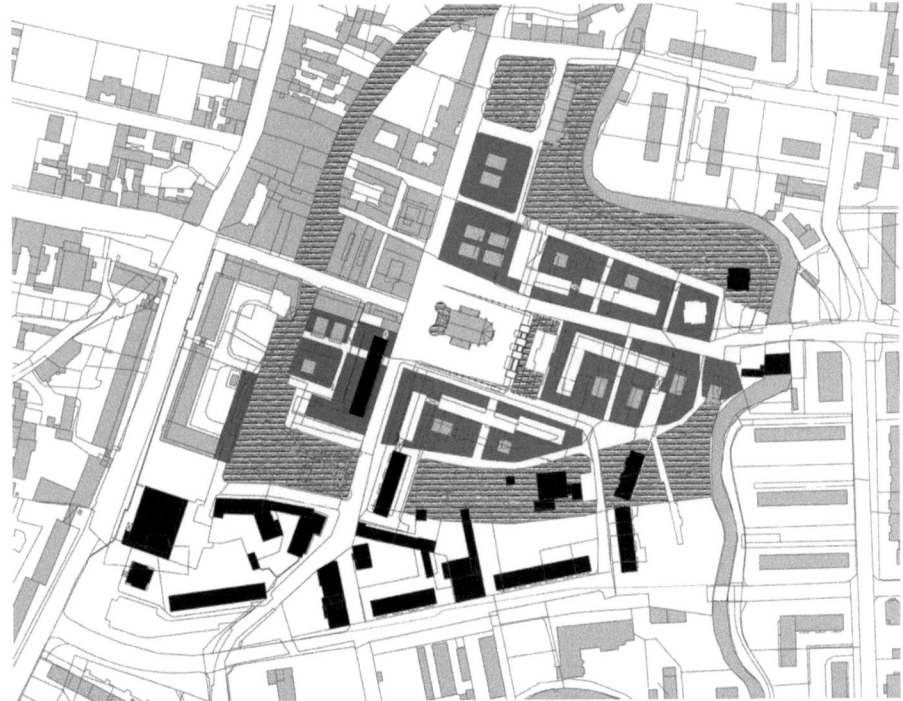

Abb. 2: Städtebauliches Konzept, Dr. Franke, Cottbus (Quelle: Dr. Franke, Cottbus)

Den 2. Preis erhielt das Berliner Büro „Stadt Land Fluss". Im Gegensatz zum Beitrag des ersten Preisträgers wurde hier versucht, das Zentrum der Stadt „neu zu denken". Interessant bei dieser Idee sind die Angebote neuer, auch eigentumsfähiger Haustypologien und „andersartiger" Freiräume, die einen auch nur temporären Charakter haben.

Abb. 3: Städtebauliches Konzept Stadt_Land_Fluss, Berlin (Quelle: Stadt_Land_Fluss, Berlin)

Das Forster Beispiel überzeugt durch die vergleichsweise offensive Auseinandersetzung mit dem Phänomen der Schrumpfung, wobei sich der Beitrag des ersten Preisträgers durch die sensible Interpretation sowohl mit dem historischen Stadtgrundriss als auch mit der Nachkriegsmoderne auszeichnet. Der Beitrag steht im Kontext der kritischen Rekonstruktion der Stadt.

3 Resumee

Da sich die aktuelle Entwicklung weder gegenüber den Betroffenen noch gegenüber den Investierenden bagatellisieren lässt, muss das Thema offensiv angegangen werden. Wie das geschehen kann, zeigen die Beispiele. Dabei geht es insbesondere darum notwendige Umstrukturierungen auf einem hohen gestalterischen Niveau zu initiieren.

1. Wir brauchen Strategien neben fertigen Plänen.
   Das Handeln muss sich verändernden Situationen immer wieder anpassen können, „Alles ist im Fluss". Es ist eingebunden in ein komplexes System von sich kontinuierlich ändernden Rahmenbedingungen (vgl. Dörner 1997). Dieser Situation müssen die vorgeschlagenen „Lösungen" Rechnung tragen.

2. Wir brauchen Netzwerke statt Einzelpersonen.
   Die interdisziplinäre Zusammenarbeit der am Planungsprozess Beteiligten ist von einer nach wie vor zunehmenden Bedeutung. Eine Lösungsvorschlag ist nur so gut, wie das „Netzwerk" in das er eingebunden ist.

3. Wir brauchen kulturelle Ansätze.
   Um das erforderliche „Transformationsmanagement" einzuleiten, sind neben den traditionellen Stadtumbaustrategien kulturelle Strategien gefordert. In diesem Zusammenhang wird ein mentaler Wandel, auch bei den Betroffenen, notwendig sein. Dort wo abgerissen wird, muss etwas Neues entstehen, die daraus resultierenden Chancen müssen vermittelbar sein.

4. Wir brauchen kreative Lösungen für die Freiräume.
   Neben Maßnahmen zur Stabilisierung des Wohnungsmarktes treten Strategien zum Umgang mit den vorhandenen und im Zuge des Stadtumbaus entstehenden Grün- und Freiräumen. Dabei wird uns in erster Linie die Frage beschäftigen, durch welche gestalterischen Maßnahmen diese in die Stadtstruktur zu integrieren sind, wie sie genutzt werden und auf welche Dauer sie angelegt sein sollten.

5. Wir brauchen eine Öffnung in die Region.
   Im Sinne einer reflexiven Modernisierung der Stadt müssen sich die Akteure neu orientieren. Neben dem Blick auf Teile der Stadt beziehungsweise der Gesamtstadt muss sich der Blick auf die Region öffnen. Nur in diesem Kontext sind aktuelle und zukünftige Entwicklungen steuerbar.[4]

---

4 So geht der Bevölkerungsrückgang in den Kernstädten Ostdeutschlands inzwischen bis zu 60% auf die Abwanderung in das Umland zurück.

Gemessen an den fundamentalen Umbrüchen zu Beginn der Industriegesellschaft darf an dessen Ende, an dem wir uns gerade befinden, ein neuerliches Infragestellen der Werte nicht verwundern. Die Krise muss als Chance genutzt werden, die Situation zum Anlass zu nehmen, über die Zukunftsaussichten der gesamten herkömmlichen Arbeitsgesellschaft nachzudenken.

Somit lässt sich die Ausgangsfrage „Ist weniger mehr ?" im Grundsatz positiv beantworten.

Die Stadtstruktur muss auf schrumpfende Bevölkerungszahlen reagieren. Auch wenn immer noch Vorbehalte bestehen: Abrisse sind eine wesentliche Voraussetzung für einen erfolgreichen Stadtumbau. Sie beinhalten die Chance, die Stadt in städtebaulich und wohnungswirtschaftlich problematischen Teilräumen „neu zu denken". In diesem Zusammenhang muss das „Wegnehmen" immer etwas mit dem „Hinzufügen" zu tun haben; dort wo abgerissen wird, entstehen neue Stadträume mit neuen, möglicherweise anderen, vielleicht ungewohnten Qualitäten.

Literaturverzeichnis:

DÖRNER, DIETRICH: Die Logik des Mißlingens, Strategisches Denken in komplexen Situationen, Hamburg 1997

KIL, WOLFGANG: Vineta ohne Glocke. In: Stadtbauwelt 150, S. 20 ff., Berlin 2001

OSWALDT, PHILIPP; OVERMEYER, KLAUS: Weniger ist mehr. Experimenteller Stadtumbau in Ostdeutschland. Eine Studie der Stiftung Bauhaus, Dessau 2001

Abbildungsverzeichnis:

Abb. 1	Der Leipziger Osten	S. 220
Abb. 2	Städtebauliches Konzept, Dr. Franke, Cottbus	S. 225
Abb. 3	Städtebauliches Konzept Stadt_Land_Fluss, Berlin	S. 226

Schlusswort

Schlusswort der Herausgeberin
Rückblick und Ausblick:
Raum zwischen Stadt – Region – Kultur – Landschaft[1]

1 Zum Ertrag der Vorlesungsreihe

Die Ringvorlesung war die erste öffentliche Veranstaltung, die gemeinsam von der Arbeitsgruppe Raumplanung + Regionentwicklung (AG Raum + Region) und dem Kompetenzzentrum für Raumforschung und Regionalentwicklung durchgeführt wurde. AdressatInnen waren nicht nur Interessierte aus der universitären und regionalen Fachöffentlichkeit, sondern auch die Mitglieder der veranstaltenden Einrichtungen selbst, die mit dem Instrument der Vortragsreihe einen ersten Schritt des Zusammenwachsens beabsichtigten. Das sehr weit gefasste Thema „Raum ohne Zukunft? Was wird aus Stadt – Region – Kultur – Landschaft" war daher bewusst sehr breit und offen gewählt worden; insofern bietet es sich an, den inhaltlichen Ertrag der Reihe am Ende noch einmal zu reflektieren.

In der AG Raum + Region beziehungsweise im Kompetenzzentrum finden sich Angehörige unterschiedlichster raumbezogener Disziplinen, was sich auch in der Auswahl der ReferentInnen widerspiegelt. Es wird deutlich, dass die versammelte Kompetenz am Standort Hannover sich sowohl aus analysierenden wie aus gestaltenden Disziplinen zusammen setzt, dass gleichzeitig aber die Über-

---

1 Die hier zusammengefassten Gedanken basieren zum Teil auf den Vorträgen der Vorlesungsreihe, zum Teil auch auf der abschließenden Podiumsdiskussion vom 8. Juli 2002, an der neben der Autorin als Moderatorin vier Referenten – Heiko Geiling, Hansjörg Küster, Dietmar Scholich, Hans Hermann Wöbse – teilnahmen und sich weitere Mitglieder der AG Raum + Region – insbesondere Carl-Hans Hauptmeyer und Eva Benz-Rababah – aus dem Publikum beteiligten.

gänge zwischen theoretischer Reflexion und praktischer Tätigkeit auch fließend sind.
- Die theoretisch-wissenschaftlichen Anteile werden von allen beteiligten Fachbereichen der Universität Hannover eingebracht: aus der Architektur (Zibell), aus Landschaftsarchitektur und Umweltentwicklung (Fürst, Wöbse), Geschichte, Philosophie und Sozialwissenschaften (Hauptmeyer, Geiling) sowie Biologie (Küster).
- Die wissenschaftlich gestützten, aus eigener Büropraxis angereicherten Anteile kommen erwartungsgemäß aus den gestaltenden Disziplinen der Architektur (Braum, Weber) und der Landschaftsarchitektur (von Seggern).
- Erfahrungen aus der Verwaltungspraxis werden aus der Freien und Hansestadt beziehungsweise Metropolregion Hamburg (Knieling) und der Region Hannover (Priebs) vermittelt; beide Autoren sind auch als Lehrbeauftragte an der Universität Hannover tätig – einmal im Bereich Landschaftsarchitektur und Umweltentwicklung, einmal in Geographie und Geowissenschaften.
- Als besonderes Bindeglied zwischen Wissenschaft und Praxis fungiert der Vertreter der Akademie für Raumforschung und Landesplanung (Scholich).

Die entstandene Themenvielfalt wurde – das ergab auch die abschließende Podiumsdiskussion – für eine Auftaktveranstaltung als angemessen betrachtet; es wurde jedoch auch kritisiert, dass es nicht in allen Teilen gelungen sei, die angestrebte Interdisziplinarität im Diskurs und in der fachübergreifenden Verständigung tatsächlich zu erreichen. Dass dies etwas vom Schwierigsten ist und zu weiten Teilen auch immer noch eine Frage der Sprache, der Disziplinen mit ihren je eigenen Denk- und Ausdrucksweisen, darstellt, braucht nicht besonders betont zu werden.

Im Folgenden sollen daher ersatzweise – und als Basis für die weitere Verständigung der Mitglieder des Kompetenzzentrums untereinander und mit der regionalen Fachöffentlichkeit – die vielen Facetten dessen zusammen getragen werden, was im Rahmen der Vortragsreihe zu den einzelnen Bausteinen der breit gewählten Thematik geäußert wurde.

2 Zu den thematischen Bausteinen: Raum, Stadt und Region, Kultur und Landschaft

Grundlegend ging es um die Problematisierung des Raumes und um dessen Perspektiven für die Zukunft, differenziert nach Stadt, Region, Kultur und Landschaft sowie reflektiert nach den Überschneidungen und Überlagerungen zwi-

Rückblick und Ausblick: Raum zwischen Stadt - Region - Kultur - Landschaft   233

schen diesen — im Grunde nur analytisch zu trennenden — Phänomenen. Drei der Beiträge machten sich das Nachdenken über alle thematischen Bausteine durch die Titelwahl ausdrücklich zum Programm (Zibell, Wöbse, Hauptmeyer); bei drei weiteren werden Stadt und/oder Region beziehungsweise Stadt-Region im Titel genannt (Küster, Geiling, Knieling). Alle anderen nähern sich den verschiedenen Phänomenen mit anderen Begriffen und mit unterschiedlichen Gewichtungen.

2.1 Raum

Im einführenden Beitrag (Zibell) wird der Raumbegriff zunächst grundlegend auf seine verschiedenen Facetten hin ausgeleuchtet. Die vorgenommene Unterscheidung zwischen konkretem und abstraktem, gelebtem und dargestelltem, physisch-körperlichem und psychisch-sozialem Raum legt die Basis für ein umfassendes Raumverständnis. Wichtig für alle planenden und gestaltenden Disziplinen war hier insbesondere die Erkenntnis, dass alle Räume, physische wie soziale, die von Menschen gemacht und erdacht werden (oder wurden), Konstruktionen sind und insofern immer auch anders gedacht und gemacht werden können.

Nahezu alle AutorInnen äußerten sich in der Folge — mehr oder weniger ausdrücklich — zum Begriff des Raumes. In den meisten Fällen wurde Raum jedoch als gegeben hingenommen und entsprechend der Perspektive des jeweiligen Autors/der Autorin zum Beispiel als:

- suburbaner oder Gewerberaum (Scholich),
- deutschsprachiger oder privatwirtschaftlicher Raum (Fürst),
- Wohnraum oder öffentlicher Raum (Geiling, Knieling),
- ländlicher oder verdichteter, kleiner und alltäglich erlebbarer Raum (Hauptmeyer, zum Teil auch Weber, von Seggern),
- als Passiv- oder Aktivraum (Hauptmeyer),
- Ordnungs- oder Planungsraum (Priebs),
- Spielraum (Priebs, Weber) oder Freiraum (von Seggern)

benannt oder auch als Lösungsraum (Fürst) interpretiert. Mit Bezeichnungen wie „raumgebundene Sozialsysteme" (Fürst) oder „raumprägende Lebensäußerungen" (Hauptmeyer) wurden unausgesprochen immer wieder auch übergreifende Bezüge hergestellt zwischen konkreten und abstrakten Raumphänomenen.

In einigen Beiträgen standen Instrumente und Verfahren aus Raumplanungspraxis und -politik im Vordergrund (Scholich, Priebs, Weber), Konkretisierungen, zum Beispiel als Raum Hannover (Küster) oder Raum Frankfurt, niedersächsischer oder Mittelmeerraum (Hauptmeyer), blieben eher den historischen Sichtweisen vorbehalten. Bei den Beiträgen der gestaltenden Disziplinen, die mit Beispielen aus der Planungspraxis arbeiten, wurde der Raum sogleich als Stadtgebiet (von Seggern, Braum), als Region (Knieling, Priebs), Ort oder Dorf (Weber) apostrophiert.

Die verschiedenen Facetten des Raumes wurden in den Beiträgen mehr als deutlich; deutlich wurde zugleich auch die Selbstverständlichkeit, mit der dieser Begriff in den raumwissenschaftlichen respektive raumgestaltenden Disziplinen gemeinhin verwendet wird.

2.2 Stadt

Stadt wird nahezu übereinstimmend nicht nur als Siedlungsform, sondern insbesondere als urbane Lebensform verstanden, die sich mittlerweile über vormals „ländliche Räume" ausgedehnt hat (Zibell). Dabei ist der Bezug zum Umland in aller Regel immanent: als Raum, auf den die Sub-, Des- und Periurbanisierungstendenzen der Stadt gerichtet sind (Scholich, Geiling), als Raum, aus dem die Stadt sich bedient und in den sie sich entsorgt (Wöbse), als die Stadt umgebende Landschaft (Küster) oder als – von der Stadt her beanspruchter – Gestaltungsraum (Hauptmeyer).

Die auf bestimmte Beispiele bezogenen Beiträge nehmen Stadt als Ganzes – Gesamtstadt, Stadtgebiet – oder in ihren Teilen – dann insbesondere als Zentrum, Mitte oder Innenstadt – wahr (Priebs, Braum). Bei Weber wird Stadt als Ort in der Region gesehen, bei Knieling ist Stadt fast identisch mit Region, bei von Seggern ist Stadt insbesondere Stadtlandschaft. Die unterschiedlichen Betrachtungsweisen rühren von dem jeweiligen Objekt der Betrachtung her, das kleine oder größere Städte, wachsende oder schrumpfende, Metropolregionen oder Siedlungsräume umfassen kann, oder von der jeweiligen Aufgabe, die sich den AutorInnen im Bezug auf das einzelne Stadtgebiet stellt.

Leitbilder, die genannt werden, sei dies die „wachsende Stadt" für Hamburg (Knieling) oder ganz allgemein die „europäische Stadt", die es jedoch zu hinterfragen und weiter zu entwickeln gälte (von Seggern, Braum), beziehen sich immer wieder auf einen unbestimmten Stadtbegriff; jedoch wird das Umland – als Zwischenstadt (Zibell, von Seggern) oder als Suburbia (von Seggern) – als ein zentrales Phänomen hervorgehoben, das von der Stadt ausgeht, auf die Stadt bezogen ist und den besiedelten Raum heute zu weiten Teilen prägt. Landschaft gilt dabei nicht (mehr) als Gegensatz von Stadt, sondern als integraler Bestandteil der neuen Stadt-Region (Zibell, Wöbse); dies hat gerade angesichts der Feststellung seine Gültigkeit, dass die Siedlungsfläche innerhalb der Kernstädte wie auch im Umland der Agglomerationen zugenommen hat (Scholich). Landschaft ist damit jedoch auch deutlich zum städtischen Thema geworden.

Dass Entscheidungen für die weitere Entwicklung von Stadt heute kaum noch von topographischen Gegebenheiten abhängig gemacht werden, wird in einem Beitrag ausdrücklich bedauert und – verbunden mit dem Hinweis auf die fehlende Berücksichtigung historischer Bindungen – für die Zukunft wieder eingefordert (Küster); dies kommt einem Plädoyer für die europäische Stadt gleich. Die Kehrseite der Suburbanisierung, die insbesondere auch von den Kernstädten auszutragen ist, die mit den zurück bleibenden sozialen Problemen belastet sind, wird am Beispiel des Stadtteils Vahrenheide in Hannover eingehend beschrieben (Geiling).

Insgesamt wird deutlich, dass Konversion zur Entwicklung der Stadt gehört und zugleich immer wieder neue Formen der Gestaltung einfordert (Küster, von Seggern, Braum); gleichzeitig wird konstatiert, dass das Prinzip „Stadt" seit jeher von Konkurrenz und Differenz geprägt ist (Zibell, Geiling). Aus der historischen Perspektive wird darauf hingewiesen, dass die Verstädterung ein globales Langzeitphänomen darstellt, das sich seit dem Übergang menschlicher Gesellschaften zum Ackerbau phasenweise verstärkt hat (Hauptmeyer).

Dass Städte sich aufgrund der Herausbildung eines Überschusses an Kapital im Laufe der Geschichte zu administrativen und wirtschaftlichen Zentren entwickelt haben (Küster), lässt sich an den beschriebenen Beispielen bis heute nachvollziehen. So wird anhand der Investitionen für die Kernstadt Hamburg deutlich, dass hiervon zugleich eine größere Gemeinde und Länder übergreifende Metropolregion profitiert (Knieling). Die Mittelbarkeit regionaler Entwicklung lässt sich aber genauso nachvollziehen an den Aktivitäten und Befindlichkeiten der kleinen Orte und Vororte, die – gebunden an ihre je eigene Geschichte und Identität – in ihrer Gesamtheit die Region prägen. Die Identität ergibt sich zum einen aus der Verfügung über den eigenen Wohnort (Weber), zum anderen aus den gelebten – über den Ort hinausgehenden – Einzugsbereichen und Aktionsradien.

Stadt ist deutlich Region geworden beziehungsweise in ihr Umland hinaus gewachsen; sie realisiert sich in den Lebensformen der Menschen, die sich im urbanen und urbanisierten Raum bewegen und immer neue Reichweiten erzeugen. Offen geblieben ist in diesem Zusammenhang allerdings die Frage danach, ob – und wenn ja wie – die neuen Informations- und Kommunikationstechnologien hier neue Problemlagen aufwerfen respektive auch Chancen eröffnen.

2.3 Region

Gemäß der thematischen Grundausrichtung der AG Raum + Region und des Kompetenzzentrums steht die Region im Blickpunkt aller Beiträge; alle AutorInnen äußern sich dazu, allerdings geschieht dies mit unterschiedlichen Interpretationen und in unterschiedlicher Intensität.

Die am stärksten fundierte wissenschaftliche Auseinandersetzung mit dem Regionsbegriff findet sich bei Fürst, der Regionen als räumlich abgegrenzte, multifunktionale und übergemeindliche Handlungssysteme bezeichnet, die aber keine Gebietskörperschaften sind. Hier geht es eindeutig um soziale Räume, um Netzwerke von AkteurInnen, die in der Region über eine starke Identifikationsbasis verfügen, um Interaktionen und um Umgangsformen, am Rande auch um inhaltliche Ausrichtungen und Leitvisionen wie das der nachhaltigen Raumentwicklung; baulich-räumliche oder gestalterische Vorstellungen werden jedoch nicht vermittelt. Diese Vertiefung bleibt anderen AutorInnen vorbehalten.

Als Handlungsraum wird die Region, die erweiterte Stadt, auch bei Zibell beschrieben, hier jedoch abgeleitet aus den alltäglichen Aktionsradien der in diesem Raum lebenden und sich bewegenden Menschen. Gleichzeitig werden die Regionen als wichtige neue Handlungsebene im globalisierten Wettbewerb gesehen. Diese Bedeutung wird bei Wöbse durch die Aussage zum Verhältnis von Regionalisierung zu Globalisierung unterstrichen: Die Regionalisierung sei handhabbar, im Gegensatz zur Globalisierung, die in vielen Bereichen eben nicht handhabbar ist.

Die historische Perspektive stellt die Region als eine relativ neue Erkenntnisbasis dar, die insbesondere den „anderen" Teil der Geschichte erfasst, die zu großen Teilen ungeschriebene, eher mündlich vermittelte Alltagskultur, die zum Verständnis der – relativ konstanten – Mentalitäten und Strukturen von Herrschaft und Gesellschaft im Raum jedoch Wesentliches beizutragen vermag (Hauptmeyer).

Insbesondere in den Beiträgen, die sich mit der Region als Gestaltungsraum beschäftigen, wird diese als Betrachtungsebene zugrunde gelegt, ohne dass sie als solche besonders problematisiert würde. Sie ist Stadt und Metropolregion (Knieling), Handlungs- und Entscheidungsraum (Priebs) oder Landschafts- und Gestaltungsraum (von Seggern). Bei Weber ist die Region kollektive Basis für die Gestaltung und Entwicklung der einzelnen Orte mit ihrer je spezifischen Ausprägung und Identität.

Auch wenn die Region im Mittelpunkt der Betrachtung stand, sind hier – erwartungsgemäß – die meisten Fragen offen geblieben. Insbesondere die Frage danach, wie Handlungs- und Gestaltungsraum, gebauter und sozialer Raum zur Deckung gebracht werden oder wie AkteurInnen und Betroffene erfolgreich zusammenarbeiten können, um der allgemeinen Leitvorstellung einer nachhaltigen Entwicklung näher zu kommen, wurde nicht abschließend beantwortet. Im Zusammenhang mit dem Kulturbegriff wurden hierzu jedoch einige Möglichkeiten angedeutet.

2.4 Kultur

Kultur wurde definiert als „die von Menschen und menschlichen Gesellschaften geprägten, zeitlich wirksamen Gestaltungsphänomene" oder als „Gesamtheit aller Lebensäußerungen menschlicher Gesellschaften" (Hauptmeyer). Dass alles, was der Mensch tut, daher bereits Kultur sei, wird jedoch auch bezweifelt (Wöbse). Ohne einen pflegenden und hegenden Umgang mit dem Anvertrauten beziehungsweise mit der Umwelt, sei Kultur nicht zu haben; dies wird – in ganz unterschiedlicher Weise – von beiden AutorInnen zum Ausdruck gebracht, die sich auf den lateinischen Ursprung des Wortes beziehen (Zibell, Wöbse). Die Pflege, das Bebauen und Bestellen des Bodens, aber auch das Bewohnen eines Stadtquartiers oder das Trainieren des Gedächtnisses, das Anbeten der Götter und die Verehrung der Eltern, gehören zu diesem weit gefassten Begriff einer Kultur, deren Grundlage die Sesshaftigkeit ist. Während Wöbse die Realisierung von Kultur jedoch sehr stark auf die Befriedigung des menschlichen Schönheitsbedürfnisses bezieht, bedeutet Kultur bei Zibell eine Form der Lebensäußerung, die sowohl individuell wie kollektiv ein maximales Maß an Verantwortung für den Umgang mit dem gebauten, gestalteten und gelebten Raum übernimmt. Auch Wöbse wertet es jedoch als Zeichen der Kultur, wenn Menschen an Entscheidungen über ihre Umwelt maßgeblich – und nicht nur in einer Alibifunktion – beteiligt werden.

Der Zugang zum Verständnis von Kultur ist bei den einzelnen AutorInnen sehr unterschiedlich: Während es bei Weber die Wohnsitze sind mit ihrem Wohnumfeld, die grundlegende Bedingungen schaffen für ein kulturelles Leben in der Gemeinschaft, werden bei Fürst differenzierte soziokulturelle Kontextbedingungen und regionale Eigenheiten politischer Kultur als Basis unterschiedlich funktionierender Akteursnetzwerke beschrieben. Bei Geiling sind es Praktiken der verschiedenen sozialen Milieus, bis hin zu Subkulturen und Parallelgesellschaften, die aus Abkömmlingen fremder beziehungsweise nicht akzeptierter Provenienzen oder Altersgruppen gebildet werden (zum Beispiel Jugendliche) und zur Segregation zwischen einzelnen Stadtteilen beitragen. Hier greifen auch die zitierten Bourdieu'schen Kapitalformen, insbesondere das kulturelle Kapital, das heißt: die Kompetenz, sich im gegebenen Raum – sei es der gebaute beziehungsweise gestaltete oder der soziale Raum – angemessen zu verhalten. Kulturelle Codes und im familiären beziehungsweise weiteren sozialen Umfeld erlernte Umgangsformen entscheiden über den Zugang zu Einfluss und Entscheidung, zu wirtschaftlicher und politischer Macht (Zibell).

Entsprechend werden bei Braum neben den traditionellen Stadtumbaustrategien auch kulturelle Strategien gefordert, die jedoch einen mentalen Wandel bei Betroffenen (und AkteurInnen!) voraussetzen. Über die Umsetzung der kulturellen Komponente einer nachhaltigen Raumentwicklung (Scholich) wäre in diesem Zusammenhang besonders nachzudenken. Der Kulturbegriff wird in einzelnen Beiträgen insbesondere im Zusammenhang mit Landschaft als Kulturlandschaft thematisiert (Scholich, Hauptmeyer), in anderen Beiträgen auch in der gängigen Version kultureller Einrichtungen und Aufgaben der Kern- und Innenstädte verwendet (Knieling). Kultur, die sich in der Art und Weise der Kommunikation erweist beziehungsweise in den Umgangsformen, die bei der künftigen Entwicklung des regionalen Lebens- und Siedlungsraumes angewendet und gepflegt werden, wurde als Thema aufgeworfen und als Aufgabe eines umfassenden regionalen Agenda-Prozesses formuliert (Zibell), aber nicht eingehend vertieft. Auch hier sind Fragen offen geblieben, die weiteren Diskussionsforen vorbehalten bleiben müssen.

2.5 Landschaft

Landschaft wurde – wie der Raumbegriff – als umfassende Kategorie der den Menschen umgebenden Umwelt verstanden. Dabei trägt insbesondere Wöbse zur Begriffsklärung bei, indem er verschiedene Zitate zusammenträgt, die in der – Humboldt zugeschriebenen – Aussage kulminieren: Landschaft sei der „Totalcharakter einer Erdgegend". Um sich sodann insbesondere der sinnlichen Wahrnehmung von Landschaft, der Landschaftsästhetik, zuzuwenden. Wöbse sieht die landschaftliche Schönheit durch menschliche Eingriffe zunehmend schwinden und damit das sinnliche Erleben wie auch immer berührter Natur. Deutlich wird sein Bedauern darüber, dass ethische Fragen bei der Planung und Entwicklung des Raumes genauso wenig eine Rolle spielen wie Rechtsinstrumente – Umweltverträglichkeitsprüfung oder Eingriffsregelung – wirkungsvoll greifen.

Dagegen setzt Hauptmeyer sein Verständnis von Landschaft, insbesondere Kulturlandschaft, die er als die „von Menschen beeinflusste, genutzte oder gestaltete Landschaft" definiert. Für ihn geht es weniger um die Frage, wo Landschaft am schönsten ist, sondern vielmehr darum, wo und warum Landschaft am stärksten verändert wurde. Landschaften könne man auch „zu Tode schützen". Es gälte, zur Kenntnis zu nehmen, dass die exogenen, vereinheitlichend wirkenden Kräfte der Landschaftsgestaltung gegenüber vorindustriellen Zeiten beständig zunähmen. Mit dieser Aussage begibt er sich in die Nähe anderer Autoren, die die Ubiquität, die Uniformität und Austauschbarkeit beklagen, die auch einzelne Siedlungsbestandteile – bis hin zu den Stadtzentren – heute bereits erreicht hätten (Braum).

Landschaft wird ansonsten als schützenswert vor jeder weiteren Zersiedlung beschrieben (Scholich), am angewandten Beispiel – Hannover und Salzgitter – analysierend beziehungsweise vorausschauend erläutert (Küster, von Seggern) und als rahmensetzender Faktor jeder behutsamen städtebaulichen Planung dargestellt, der eine entsprechende Ortsanalyse vorauszugehen habe (Weber). Insbesondere von Seggern setzt hier neue Maßstäbe mit ihrem innovativen Konzept der Qualifizierung urbaner Landschaften durch dezentrale Systeme der Abwasserableitung und –reinigung, das sie am Prototyp einer zersiedelten Stadt-Landschaft, die mehr suburban und ländlich als im klassischen Sinne städtisch ist, in anschaulicher Weise vorstellt. Dabei weist sie zugleich darauf hin, dass traditionelle Leitbilder der europäischen Stadt hier nicht mehr greifen, sondern dass es darum ginge, Leitbilder auch für andere zukunftsfähige urbane Strukturen, nämlich für „urbane Landschaften", zu entwickeln.

Der theoretische Ansatz von Zibell, bei dem es darum geht, Landschaft in der Stadt-Region als erweiterten Gestaltungsraum zu begreifen, der auf einer neuen Art von Private-Public-Partnership gegründet ist, verweist auf einen veränderten Umgang mit Raum und Umwelt und auf eine veränderte Kommunikationskultur, die in der Region – auch von Seiten der räumlichen Planung – zu installieren wäre.

3 Perspektiven und offene Fragen: Zur Zukunft des Raumes

Das Gemeinsame und Verbindende der Reihe war die räumliche Zukunft, die Zukunft des Raumes; der Perspektiven-Begriff wurde zum Bezugspunkt der abschließenden Podiumsdiskussion.

3.1 Zukunft

Im Zusammenhang mit dem Zukunftsbegriff spielen in den Beiträgen einerseits Rahmen setzende „objektive" Bedingungen wie der technisch-organisatorische Wandel und die Umstrukturierung der Wirtschaft (Scholich) oder die Prognosen eines vehementen Bevölkerungswachstums in den Megastädten der Welt, der Stagnation und Schrumpfung in europäischen Ländern (Hauptmeyer, von Seggern, Braum) eine Rolle, andererseits Möglichkeiten der „subjektiven" Einflussnahme auf die räumliche Entwicklung, die Menschen, AkteurInnen, PlanerInnen in der Hand haben. Hierzu gehören inhaltliche Aspekte wie die Flächenhaushaltspolitik (Scholich) oder organisatorische Fragen wie die Schaffung neuer interkommunaler beziehungsweise regionaler Verbünde (Geiling), kulturlandschaftliche Zukunftsmodelle oder die Veränderung der Triebkräfte räumlicher Entwicklung (Hauptmeyer) durch veränderte gesellschaftliche Wertorientierungen. Hier spielt die nachhaltige oder zukunftsfähige Entwicklung, auf die alle AutorInnen sich verpflichtet fühlen, eine zentrale Rolle.

Ideen zur Gestaltung der Zukunft werden sich aus der Vergangenheit (Hauptmeyer) ebenso speisen wie aus Ansätzen einer futuristischen Architektur (Geiling) oder zukunftsweisenden städtebaulichen Typologien (Knieling), die auch neue Formen, wie zum Beispiel ein „Kaufhaus der Zukunft" (Priebs) einbeziehen, allerdings anders als im beschriebenen Beispiel mit unter Nachhaltigkeitsgesichtspunkten gewählten Standorten und Mischungen, oder auch ganz andere Bau- und Nutzungstypen. Grundlegend ist eine unbefangene Offenheit (Zibell), die von Seiten der traditionellen AkteurInnen aufzubringen ist und auch neuen AkteurInnen mit noch zu erschließendem, unverbrauchtem Innovationspotential Raum lässt.

3.2 Perspektiven

Perspektiven werden von den AutorInnen in verschiedenen sachlichen Zusammenhängen angesprochen und zitiert; dazu gehören:

- Perspektiven für Deutschland, Perspektiven der künftigen Raum- und Siedlungsentwicklung und Perspektiven des westdeutschen Wohnungs- und Büromarktes (Literatur bei Scholich),
- Entwicklungs- und Beschäftigungsperspektiven, die von neuen Gebietskörperschaften und im Verbund mit Fachleuten und AkteurInnen des Wohnungsbaus zu entwerfen wären (Geiling),
- langfristige Perspektiven der Stadtentwicklung, die auf gemeinsamen Denkmustern basieren (Knieling), die im Voraus zu kommunizieren wären, oder
- Zielperspektiven zwischen der kompakten europäischen Stadt und zukunftsfähigen urbanen Landschaften (von Seggern).

Die Steuerungsleistung liegt nach Fürst in der Identifikation gemeinsamer Interessenlagen, und zwar im Wandel enger egoistischer Perspektiven zugunsten der Perspektive wohl verstandener Eigeninteressen und in der Erweiterung der KooperationspartnerInnen über die Grenzen des politisch-administrativen Systems hinweg in den privatwirtschaftlichen und sozialen Raum hinein; präferierte Lösungen hätten dabei insbesondere dann eine Chance, wenn win-win-Perspektiven vermittelt würden.

In der abschließenden Podiumsdiskussion ging es unter anderem um Strategien, mit denen eine Umsetzung der nachhaltigen Entwicklung wirkungsvoll an die Hand zu nehmen wäre:

- Nachhaltige Raumentwicklung müsse als durchlaufender Faktor alle raumrelevanten Politikfelder bestimmen, die **Region** sei dabei ein zentrales Handlungsfeld. (Scholich)

- Es gehe nicht nur darum, Vorsorge zu treffen, sondern auch nachzubessern und aufzuwerten; dies ließe sich ohne **kreatives Denken** kaum wirkungsvoll angehen. (Geiling)
- Grundsätzlich würde zu wenig über die eigenen Lebensgrundlagen und den Umgang damit gesprochen, über das, was essentiell ist; hier gäbe es einen großen Nachholbedarf und gleichzeitig Anknüpfungsmöglichkeiten von Seiten der **Bildung** und der Politik. (Wöbse) Topographische und historische Grundlagen müssten verstanden und zusammengebracht werden, um Neues entwickeln zu können; dies wäre wirkungsvoll in die **Öffentlichkeit** zu tragen. (Küster)

Wer alles in diese Diskussionen und Entscheidungsprozesse einzubeziehen wäre, das blieb eine offene Frage, wäre für die Umsetzung aber dringend festzulegen. TrägerInnen öffentlicher Belange, die in allen formellen und informellen Verfahren zu beteiligen sind, wären vor dem Hintergrund der nachhaltigen Entwicklung zum Beispiel so breit wie möglich zu definieren und laufend zu erweitern.

3.3 Offene Fragen

Zu allen angesprochenen Punkten sind Fragen offen geblieben, die zum Teil auch erst noch zu formulieren wären. In einem groben Überblick werden dazu im Folgenden die genannten aktuellen Problemfelder noch einmal aufgeführt, für die weiterer Klärungs-, Vertiefungs- und Forschungsbedarf besteht:

- im Zusammenhang mit den Schrumpfungsprozessen geht es um Rückbaustrategien (Braum) inklusive den Umgang mit sozialen und technischen Infrastrukturen (von Seggern),
- im Zusammenhang mit sozialräumlichen Polarisierungs- und Segregationstendenzen geht es um angepasste Integrationskonzepte und -strategien, die insbesondere auch interkulturelle Aspekte einbeziehen (Geiling),
- im Zusammenhang mit dem Spannungsfeld zwischen örtlicher und überörtlicher beziehungsweise regionaler Entwicklung geht es um das Finden der richtigen Balance zwischen Gemeinsinn und Eigensinn (Weber, Priebs), das heißt auch: um eine stärkere Kooperation zwischen politisch, wirtschaftlich, sozial oder anders motivierten AkteurInnen im Raum (Fürst),
- im Zusammenhang mit Konzepten und Strategien für wachsende – wie auch für schrumpfende – Städte und Regionen geht es um ein Schauen über den eigenen Tellerrand, um Benchmarking und Best-Practice-Beispiele (Knieling),

- im Zusammenhang mit einer Umsetzung der nachhaltigen Entwicklung geht es um eine verstärkte Kommunikation der im Rahmen fachlicher Auseinandersetzung gewonnen Erkenntnisse (Scholich, Wöbse, Küster),
- im Zusammenhang mit der optimalen Erschließung vorhandener Ressourcen inklusive der menschlichen Kapazitäten geht es um die Wahrnehmung der endogenen Potentiale in ihrer Gesamtheit und um Spielregeln für deren weitestgehende Einbindung in den Gestaltungsprozess (Hauptmeyer, Zibell).

Über diese genannten und angesprochenen Themenbereiche hinaus geht es im weiteren um:

- eine grundlegende **Definition des Raumbegriffs** von Seiten aller raumbezogenen Disziplinen,
- eine Auseinandersetzung mit den Chancen und Risiken der neuen **Informations- und Kommunikationstechnologien** für die Raumentwicklung; dazu gehören auch Fragen des Verkehrs/der Mobilität, die im Rahmen der Vortragsreihe nicht erörtert wurden,
- Versuche neuer **Kooperationen zwischen AkteurInnen und Betroffenen** mit dem Ziel erfolgreicher Zusammenarbeit; diese wäre anhand geeigneter Indikatoren zu messen und laufend zu überprüfen, um in der Operationalisierung der nachhaltigen Entwicklung weiter zu kommen,
- die **Entwicklung geeigneter Umgangsformen** beziehungsweise Verfahren bei der künftigen Gestaltung des gemeinsamen Lebens- und Siedlungsraumes, zum Beispiel im Rahmen eines umfassend verstandenen regionalen Agenda-Prozesses,
- die Definition von Landschaft und Kultur-Landschaft sowie die **Kommunikation** über das, was essentiell ist, und zwar über die eigenen Fachkreise hinaus auch in den Raum von Bildung und Politik hinein.

3.4 Kultur als das alles Umspannende

Das Gemeinsame und Verbindende der Reihe war die räumliche Zukunft, die Zukunft des Raumes, und es ist deutlich geworden, dass dies nicht ohne Kommunikation über gemeinsame Wertvorstellungen, Haltungen, Mentalitäten möglich ist.

Die Operationalisierung der nachhaltigen Entwicklung ist die Aufgabe der Zukunft, eine Aufgabe, die neben ökologischen Aspekten und ökonomischen Machbarkeiten der gesellschaftlichen Dimension ein größeres Gewicht bemessen muss; hierfür das Bewusstsein zu schaffen, ist eine öffentliche Aufgabe, und damit zugleich auch Aufgabe räumlicher Planung. Es geht darum, neue Selbstverständlichkeiten zu entwickeln im Umgang mit und im Einbezug von AkteurInnen und Betroffenen; dazu gehört sowohl eine Differenzierung nach Lebensform und Geschlecht, nach Herkunft sowie sozialem und kulturellem Hintergrund als auch die öffentliche Thematisierung der Bedeutung und der Qualität von Raum und räumlicher Entwicklung in den Medien sowie in Schulen, Bildungsstätten und Weiterbildungseinrichtungen aller Art.

Es geht letztlich um das Suchen und Kommunizieren einer neuen (politischen) Kultur, was – gerade auch angesichts des um sich greifenden Terrorismus und immer wieder neuer Terrorakte überall auf der Welt – so aktuell scheint wie kaum je zuvor: Kultur als der wesentliche Kern der Gesellschaft, der aus Regelwerken, Werthaltungen und Übereinkünften zusammengesetzt ist, die diese sich selbst gegeben hat, ist für ihren Fortbestand zugleich von deren Akzeptanz und Weitergabe abhängig. In Zeiten des Umbruchs – heute durch Globalisierung, Internationalisierung und Regionalisierung gekennzeichnet – stehen diese genauso auf dem Prüfstand wie alle betroffenen Teilsysteme und -strukturen, seien diese materiell-räumlicher oder immaterieller Art. In einer Gesellschaft, die sich nach außen immer stärker öffnet, wird innere Erosion zum Risikofaktor, wird Kommunikation über Werte, Ziele und Leitvorstellungen zum Überlebensprinzip. Denn: Ein friedliches Zusammenleben der unterschiedlichen Kulturen auf engstem Raum wird langfristig nur möglich sein, wenn sie auf dem Boden eines gemeinsamen Wertekonsens politischer Kultur aufgebaut ist.

In diesen Kommunikationsprozess über Werte, Ziele und Leitvorstellungen sind alle gesellschaftlichen Kräfte einzubeziehen, die mit der Zukunft des Raumes im weitesten Sinne zu tun haben. Wenn das Kompetenzzentrum für Raumforschung und Regionalentwicklung in der Region Hannover mit seinen verschiedenen Aktivitäten zur Bildung einer solchen neuen Kommunikationskultur – auch über den engeren Raum der eigenen Region hinaus – beitragen kann, dann ist ein wichtiges Ziel der gemeinsamen Arbeit erreicht.

im Oktober 2002
Barbara Zibell

Zu den Autorinnen und Autoren

Barbara Zibell, Prof. Dr. sc. techn., Dipl.-Ing., Jahrgang 1955, verheiratet, zwei Kinder, lehrt an der Universität Hannover am Institut für Architektur- und Planungstheorie. Sie studierte von 1974-1980 Stadt- und Regionalplanung an der TU Berlin und absolvierte eine zweijährige Referendarausbildung Städtebau in Südhessen. Von 1989-1996 war sie als Oberassistentin am Institut für Orts-, Regional- und Landesplanung der ETH Zürich tätig. Ihre Arbeitsschwerpunkte umfassen Sozialwissenschaftliche Aspekte in der räumlichen Planung, Planungstheorie und nachhaltige Entwicklung sowie Gender Mainstreaming in Städtebau und Raumplanung. Sie ist Vorsitzende des Wissenschaftlichen Beirates des Bundesamtes für Bauwesen und Raumordnung BBR, Mitglied in mehreren Fachvereinigungen und Vorständen und Kooperationspartnerin im Forschungsprojekt Stadt + Um + Land Braunschweig-Wolfsburg-Salzgitter im Rahmen des Wettbewerbs Stadt 2030 des BMBF. Sie hat zahlreiche Vorträge gehalten und Publikationen veröffentlicht, u.a. im Rahmen des Wettbewerbs „Regionen der Zukunft", im Zuge der Weltausstellung in Hannover zu „Frauen + EXPO" etc.

Dietmar Scholich, Prof. Dr.-Ing., Dipl.-Ing., Jahrgang 1947, verheiratet, zwei Kinder, ist der Generalsekretär der Akademie für Raumforschung und Landesplanung (ARL) und lehrt als Honorarprofessor am Fachgebiet Landschafts- und Regionalplanung der Architekturfakultät an der Technischen Universität Bratislava. Er hat Bauingenieurwesen und Raum- und Umweltplanung studiert. Derzeit amtiert er als Vorstandsvorsitzender des Kompetenzzentrums für Raumforschung und Regionalentwicklung in der Region Hannover und hat die Funktion des Sprechers des Netzwerkes der raumwissenschaftlichen Einrichtungen in der Leibniz-Gemeinschaft. Darüber hinaus ist er Mitglied des Vorstandes des Förderkreises für Raum- und Umweltforschung e. V., Mitglied des Beirats der Wissenschaftlichen Gesellschaft zum Studium Niedersachsens e.V., Hannover, und Jurymitglied des Walter-Christaller-Preises des Deutschen Verbandes für Angewandte Geographie. Auf internationaler Ebene ist er u.a. Mitglied in verschiedenen Supervisory Boards und Editorial Boards.

Dietrich Fürst, Prof. Dr. rer. pol. Dipl.-Vw., Jahrgang 1940, verheiratet, lehrt an der Universität Hannover am Institut für Landesplanung und Raumforschung. Er hat von 1960-64 Wirtschaftswissenschaften in Kiel und Köln studiert, war von 1965-67 wissenschaftlicher Mitarbeiter am Kommunalwissenschaftlichen Forschungszentrum Berlin (heute: Difu), war anschließend wissenschaftlicher Mitarbeiter am Seminar für Finanzwissenschaft in Köln und wurde 1974 zum Professor am Fachbereich Politik- und Verwaltungswissenschaft der Universität Konstanz berufen. Seit 1981 ist er Professor am Fachbereich Landschaftsarchitektur und Umweltentwicklung der Universität Hannover. Schwerpunkte legt er in seiner Arbeit auf regionale Planungs- und Kooperationsprozesse. Seine umfangreiche Publikationsliste sowie weitere Informationen sind zu finden unter: http://www.laum.uni-hannover.de/ilr/mitarbeiter/fuerst.html

Hans Hermann Wöbse, Prof. Dr. rer. hort., Jahrgang 1940, verheiratet, zwei Kinder, ist Hochschullehrer am Institut für Landschaftspflege und Naturschutz der Universität Hannover. Er hat Landespflege studiert und war danach mehrere Jahre an der TU Graz in der Ausbildung von Architekten und Raumplanern tätig. Am Fachbereich Landschaftsarchitektur und Umweltentwicklung vertritt er in der Landschaftsplanerausbildung die Schwerpunkte, Landschaftsästhetik und Schutz, Pflege und Entwicklung Historischer Kulturlandschaft. Seine zahlreichen Publikationen befassen sich vor allem mit historischen Kulturlandschaften, dem Landschaftsbild, der Erlebniswirksamkeit der Landschaft und Landschaftsästhetik.

Hansjörg Küster, Prof. Dr., Jahrgang 1956, ledig, keine Kinder, ist Universitätsprofessor für Pflanzenökologie am Institut für Geobotanik der Universität Hannover. Er hat von 1975-81 in Stuttgart-Hohenheim Biologie studiert, wo er 1985 auch promovierte. 1981-1998 war er Wissenschaftlicher Mitarbeiter am Institut für Vor- und Frühgeschichte der Universität München (Aufbau und Leitung der Arbeitsgruppe für Vegetationsgeschichte). Er habilitierte 1992 an der Forstwissenschaftlichen Fakultät der Universität München, nahm Lehraufträge an den Universitäten Potsdam, Würzburg, Regensburg und Freiburg wahr und ist nun seit 1998 Universitätsprofessor in Hannover. In seiner Arbeit beschäftigt er sich mit Ökologie, Vegetations- und Landschaftsgeschichte. Er ist Vorsitzender

der Kommission für Umwelt und Naturschutz beim Niedersächsischen Heimatbund, hat ca. 200 wissenschaftliche Publikationen veröffentlicht sowie ca. 300 Vorträge gehalten. Zudem ist er freier Mitarbeiter bei der Süddeutschen Zeitung für ökologische Themen und Buchbesprechungen im Feuilleton.

Carl-Hans Hauptmeyer, Prof. Dr., Jahrgang 1948, verheiratet, eine Tochter, ist Universitätsprofessor am Historischen Seminar der Universität Hannover für Geschichte des späten Mittelalters und der frühen Neuzeit unter Einschluss der Regional- und Lokalgeschichte. Er studierte Geschichte, Geographie und Politische Wissenschaft, war von 1974-1979 Wissenschaftlicher Assistent an der TU Hannover, wo er 1975 promoviert wurde und sich 1978 für „Mittlerer und Neuerer Geschichte" habilitierte. Nach Tätigkeit an der Universität Hamburg wurde er 1983 zum Professor an der Universität Hannover ernannt. Seine Schwerpunkte liegen auf Theorie und Anwendung der Regionalgeschichte, auf Stadtgeschichte, Geschichte ländlicher Räume, Wirtschafts- und Sozialgeschichte Niedersachsens, allgemeine Geschichte des späten Mittelalters und der frühen Neuzeit. Er ist u.a. Vorstandsvorsitzender des Niedersächsischen Instituts für Historische Regionalforschung e.V. und Mitglied in zahlreichen weiteren Kommissionen und Ausschüssen der historischen Regionalforschung. Seit 1974 veröffentlichte er zahlreiche Publikationen zur historischen Regionalforschung.

Heiko Geiling, Apl. Prof. Dr. phil. habil, Jahrgang 1952, verheiratet, eine Tochter, ist wissenschaftlicher Angestellter am Institut für Politische Wissenschaft der Universität Hannover sowie stellvertretender Direktor der Arbeitsgruppe Interdisziplinäre Sozialstrukturforschung (agis). Er hat Germanistik und Politik studiert (1. u. 2. Staatsexamen Lehramt Gymnasien). Als Forschungsassistent war er am Institut für Soziologie und am Institut für Politische Wissenschaft der Universität Hannover tätig, wo er von 1990-1997 die Vertretung einer Professur übernahm. Seine Arbeitsschwerpunkte umfassen Politische Soziologie (der Stadt), Sozialstruktur- und Milieuanalysen, Soziale Bewegungen, sozial- und politikwissenschaftliche Methoden in Forschung und Lehre. Er ist Mitglied der Arbeitsgruppe Raumplanung und Regionalentwicklung sowie des Beirats der Kooperationsstelle Hochschulen & Gewerkschaften in der Region Hannover, er amtiert u.a. als Vorsitzender des Sozialforschungszentrums agis e.V. sowie als Vertrauensdozent der Hans-Böckler-Stiftung.

Jörg Knieling, Dr.-Ing. / M.A., Jahrgang 1964, ist Lehrbeauftragter an den Universitäten Hannover und Osnabrück sowie Gesellschafter des Büros KoRiS – Kommunikative Stadt- und Regionalentwicklung in Hannover. Von seiner Tätigkeit im Planungsstab der Senatskanzlei Hamburg ist er derzeit beurlaubt und habilitiert über „Metropolitan Governance". Er hat Stadt- und Regionalplanung sowie Politikwissenschaften und Soziologie studiert. Schwerpunkte seiner Arbeit liegen in der Stadt- und Regionalplanung, der Raumordnung und der Regionalpolitik. Er ist u.a. Vorstandsmitglied des „Kompetenzzentrums für Raumforschung und Regionalentwicklung in der Region Hannover" und des Förderkreises für Raum- und Umweltforschung (FRU) sowie Mitglied der Akademie für Raumforschung und Landesplanung (ARL) und der Vereinigung für Stadt-, Regional- und Landesplanung (SRL). Veröffentlicht hat er u.a. zu Leitbildprozessen und Regionalmanagement, Regional Governance und kooperativen Handlungsformen in der Planung.

Axel Priebs, Dr. rer. nat., Jahrgang 1956, verheiratet, 2 Kinder, ist Erster Regionsrat der Region Hannover (Dezernent für Ökologie und Planung), Honorarprofessor an der Universität Kiel und Lehrbeauftragter an der Universität Hannover. Er hat Geographie studiert und hat sich dabei auf Landes- und Regionalplanung spezialisiert. Forschungsaufenthalt 1990/91 an der Universität Kopenhagen. Planungstätigkeiten in den Regionen Bremen, Berlin und Hannover. Derzeitiger Arbeitsschwerpunkt ist die Planungs- und Umweltpolitik in der Region Hannover. Er ist Mitglied der Akademie für Raumforschung und Landesplanung (ARL) sowie der Deutschen Akademie für Städtebau und Landesplanung (DASL) und arbeitet u.a. im gemeinsamen Arbeitskreis „Großstadtregionen" beider Akademien mit. Seine Publikationen betreffen vor allem Fragen der Regional- und Landesplanung, des Strukturwandels in innerstädtischen Hafengebieten sowie der Neuorganisation von Stadtregionen.

Jürgen Weber, Dr.-Ing., Jahrgang 1930, verheiratet mit der Architektin Charlotte Völker, ein Sohn, eine Tochter, ist tätig als Berater und Verfasser freier Studien.
Von 1973 bis 1995 lehrte er als Akademischer Oberrat an der Universität Hannover in den Fachbereichen Architektur, Landschaftsarchitektur und Umweltenwicklung. Er studierte Architektur an den Technischen Hochschulen Hannover und München, lehrte als Assistent von Prof. Dr. Wortmann, TH Hannover und Prof. Dr. Hebebrand, HBK Hamburg. 1964 wurde er zum Leiter der Abteilung Planungswesen am Institut für Städtebau der Uni Hannover berufen und 1974 zum Akademischen Rat bei Prof. Spenglin ernannt. Er betreute von 1981 bis 2000 Studienseminare der Politechnika Poznanska , Posen und der Uni Hannover. 1990 wurde er an der Politechnika Poznanska promoviert. Er ist Mitglied im deutschen Verband für Wohnungswesen, Städtebau und Raumordnung sowie Mitglied der Arbeitsgruppe Raumplanung und Regionalentwicklung der Universität Hannover.

Zu den Autorinnen und Autoren

Hille von Seggern, Prof. Dr.- Ing., Jahrgang 1945, lehrt an der Universität Hannover , FB LAUM, Institut für Freiraumentwicklung und planungsbezogene Soziologie, (ifps) Freiraumplanung und städtische Entwicklung und ist Mitinhaberin des Büros Ohrt – von Seggern – Partner, Architektur, Städtebau, Stadtforschung in Hamburg (seit 1982). Sie hat Architektur und Städtebau an der TU Braunschweig und der TH Darmstadt studiert.
Zur Bürotätigkeit gehören Wettbewerbe – mit zahlreichen Preisen, Gutachten, Beiräte und Preisgerichte. Arbeitsschwerpunkte in der Forschung liegen im Bereich nachhaltiger Raumentwicklung, urbaner Landschaftsentwicklung im Verstädterungsprozess, vor allem Wasser im regionalen Kontext. Mensch – Verhalten – Umwelt – Fragen bilden einen weiteren Schwerpunkt. Sie ist Mitglied in der Vereinigung für Stadt -, Regional- und Landesplanung (SRL), Bundesvorsitzende von 1989 bis 1993, und ist Mitglied der Deutschen Akademie für Städtebau und Landesplanung (DASL). Vorträge und Veröffentlichungen sind zu finden unter: http://www.laum.uni-hannover.de/ifps.

Michael Braum, Prof. Dipl.-Ing., Jahrgang 1953, 2 Kinder, lehrt seit 1998 Städtebauliches Entwerfen und stadtplanerische Instrumente an der Universität Hannover, ist aber auch Praktizierender Städtebauer seit 1980. Studiert hat er Stadt- und Regionalplanung und Architektur. 1980 bis 1988 war er Mitarbeiter der Freien Planungsgruppe Berlin und zeitweise parallel wissenschaftlicher Mitarbeiter am Fachgebiet Städtebau und Siedlungswesen der Technischen Universität Berlin. Ab 1988 war er Gesellschafter der Freien Planungsgruppe Berlin, bis er 1996 sein eigenes Büro mit Bernhard Conradi und Matthias Bockhorst gründete. In der Forschung legt er Schwerpunkte auf den Wandel städtebaulicher Leitbilder, das „ Planwerk Hannover" (in Vorbereitung), den Internationalen Vergleich zur Reaktivierung von Konversionsstandorten (in Vorbereitung); in der Praxis dagegen konzentriert er sich auf städtebauliche Wettbewerbe und Gutachten sowie Preisrichtertätigkeiten. 2002 erschien die Überarbeitung des Buches „Berliner Wohnquartiere", an dem er beteiligt ist.

Stadt und Region als Handlungsfeld

Herausgegeben vom
Kompetenzzentrum für Raumforschung und Regionalentwicklung in der Region Hannover

Band 1   Barbara Zibell (Hrsg.): Zur Zukunft des Raumes. Perspektiven für Stadt – Region – Kultur – Landschaft. 2003.

Gilles Duhem / Boris Grésillon / Dorothée Kohler /
Stefan Krätke / Holger Kuhle (Hrsg.)

Paris – Berlin

Ein neuer Blick auf die europäischen Metropolen

Frankfurt/M., Berlin, Bern, Bruxelles, New York, Oxford, Wien, 2001.
243 S., zahlr. Abb.
ISBN 3-631-36549-7 · br. € 45.50*

Paris und Berlin unterscheiden sich in ihrer Rolle in Geschichte, Politik, Wirtschaft und schließlich in ihrer Bebauungs- und Bevölkerungsdichte voneinander. Dennoch stehen beide Städte heute vor ähnlichen Herausforderungen. Sie müssen die Folgen einer intensiven Immobilien- und Bodenspekulation im letzten Jahrzehnt verarbeiten und mit dem Auf und Ab der internationalisierten Finanzmärkte als unumkehrbaren Prozess fertig werden. Das aus den Fugen geratene Wachstum des jeweiligen Umlandes muss gestaltet werden, ohne dabei den Kampf gegen die Ausgrenzung bedeutsamer Bevölkerungsgruppen aus den Augen zu verlieren. Diese Entwicklungen bewirken seit Anfang der 90er Jahre eine zunehmende Bebauung und Fragmentierung des urbanen Raumes und der Gesellschaft in beiden Hauptstädten.
Wie reagieren Paris und Berlin darauf? Wie stellt sich die banalisierende und nivellierende Internationalisierung ihrer Entwicklung dar? Wie nutzen und gestalten Paris und Berlin künftig ihre städtischen Räume? Und wie sind die Strukturveränderungen ihrer Stadtgesellschaft mit räumlichen Auswirkungen zu charakterisieren?

Aus dem Inhalt: Dieses Buch enthält Beiträge von Geographen, Stadtplanern, Architekten, Soziologen und Wirtschaftswissenschaftlern aus Frankreich und Deutschland, die aus wechselnder Perspektive die Entwicklungen beider Metropolenräume gegenüberstellen. Hiermit wird eine Zusammenschau des aktuellen wissenschaftlichen deutsch-französischen Dialogs im Bereich der Stadtforschung vorgelegt.

Frankfurt/M · Berlin · Bern · Bruxelles · New York · Oxford · Wien
Auslieferung: Verlag Peter Lang AG
Moosstr. 1, CH-2542 Pieterlen
Telefax 00 41 (0) 32 / 376 17 27

*inklusive der in Deutschland gültigen Mehrwertsteuer
Preisänderungen vorbehalten
Homepage http://www.peterlang.de